U0342051

全国生态环境十年变化
遥感调查与评估专项 STSN-7

国家级自然保护区生态环境变化调查与评估（2000～2010年）

王 智 钱者东 张 慧等 著

科学出版社

北 京

内 容 简 介

　　随着我国经济社会的快速发展，我国国家级自然保护区生态环境发生巨大变化，保护与开发矛盾日益突出。一系列生态环境问题引起社会的高度重视，如不解决将会直接影响我国国家级自然保护区的健康发展。本书依托环境保护部联合中国科学院共同开展的全国生态环境十年变化调查与评估专项，拟在国家尺度生态环境变化分析的基础上，依据国家级自然保护区的特点，基于中高分辨率遥感影像数据和地面调查结果，对国家级自然保护区开展生态环境变化调查与评估，反映国家级自然保护区面临的环境问题和胁迫驱动情况，综合评价保护效果。

　　本书可为国家级自然保护区的环境管理与决策、生态恢复与生态补偿政策的执行等提供参考。

图书在版编目（CIP）数据

国家级自然保护区生态环境变化调查与评估：2000～2010 年/王智等著.
—北京：科学出版社，2017.11
　ISBN 978-7-03-055330-0

　Ⅰ. ①国… Ⅱ. ①… Ⅲ. ①自然保护区–生态环境–调查研究–中国–2000-2010　Ⅳ. ①S759.992

中国版本图书馆 CIP 数据核字（2017）第 281176 号

责任编辑：王腾飞　曾佳佳　冯　钊/责任校对：孙婷婷
责任印制：张克忠/封面设计：许　瑞

科 学 出 版 社 出版

北京东黄城根北街 16 号
邮政编码：100717
http://www.sciencep.com

中国科学院印刷厂 印刷
科学出版社发行　各地新华书店经销

*

2017 年 11 月第　一　版　　开本：787×1092　1/16
2017 年 11 月第一次印刷　　印张：21 1/4
字数：510 000

定价：198.00 元
（如有印装质量问题，我社负责调换）

《国家级自然保护区生态环境变化调查与评估（2000～2010年）》编写组

著　　者　王　智　钱者东　张　慧

主要成员　徐网谷　周大庆　仇　洁

　　　　　高　军　吕莹莹　范鲁宁

　　　　　张建亮　夏　欣　张昊楠

前　言

　　自然保护区是生物多样性保护的核心区域，是推进生态文明、建设美丽中国的重要载体。自然保护区的健康发展在保护我国自然资源和生态环境、维护国家生态安全等方面发挥着极为重要的作用。当前，随着我国社会的快速发展，自然保护区面临的威胁逐渐增多。栖息地丧失、资源过度利用等问题，对自然保护区内生物多样性造成了极大威胁，影响我国自然保护区的健康发展。

　　长期以来，大尺度的自然保护区保护效果评估一直缺乏有效技术方法，生态系统保护状况及变化动态不清，给国家决策和自然保护区管理带来极大困扰。为此，环境保护部和中国科学院在全国生态环境十年变化（2000～2010 年）遥感调查与评估专项中设立了国家级自然保护区生态环境调查与评估专项，在国家尺度生态环境变化分析的基础上，基于中高分辨率遥感影像数据和地面调查结果，对国家级自然保护区生态系统格局与质量、人类活动状况开展系统评估，反映国家级自然保护区面临的环境问题和胁迫驱动情况，综合评价保护效果，并提出相应的生态环境管理对策。

　　本书共四章，第一章由王智、徐网谷撰写，介绍了本书的研究背景、研究目标和主要任务，确定了技术路线；第二章由张慧、钱者东、王智等撰写，介绍了国家级自然保护区生态系统格局与质量变化的评价方法，对全国以及七大区国家级自然保护区生态系统格局与质量变化情况进行了分析与评价，并对各大区各类型国家级自然保护区生态系统格局与质量变化情况进行了比较；第三章由徐网谷、吕莹莹、王智等撰写，介绍了国家级自然保护区人类活动遥感监测与评价方法，对 2000 年、2010 年国家级自然保护区内人类活动状况及其变化情况进行了分析，并评价了国家级自然保护区人类活动的影响程度，提出了人类活动监督管理以及人类活动遥感监测的问题与建议；第四章由钱者东、王智等撰写，介绍了国家级自然保护区保护效果评价方法，对 319 个国家级自然保护区的保护效果进行了评价，并对保护效果的影响因素进行分析，提出相应的对策建议。全书由王智、钱者东、徐网谷统稿。

　　本书得到了柏成寿、侯代军、刘玉平、房志、高吉喜、蒋明康、刘晓曼、周守标、李言阔、李忠秋、徐爱春等领导和专家学者的大力支持和帮助，谨此向他们表示诚挚谢意！

　　由于时间仓促和能力有限，书中不足之处在所难免，敬请读者批评指正！

作　者

2017 年

目　录

第一章　概　　述

自然保护区的建设管理是生物多样性保护最有效的手段。我国最洁净的自然环境、最珍贵的自然遗产、最丰富的生物多样性和最优美的自然景观都存在于自然保护区中。近年来，在各级人民政府的大力支持和有关部门的共同努力下，我国的自然保护区事业取得了巨大的成绩。截至 2010 年年底，全国（不含香港、澳门特别行政区和台湾地区）共建立各种类型、不同级别的自然保护区 2588 个，保护区总面积 14944 万 hm^2（其中陆域面积约 14307 万 hm^2，海域面积约 637 万 hm^2），陆地自然保护区面积约占陆地面积的 14.90%。国家级自然保护区建设取得积极进展。我国已建有国家级自然保护区 319 个，面积占陆地面积的 9.65%。国家级自然保护区的健康发展在保护我国自然资源和生态环境、维护国家生态安全、促进国民经济持续发展和社会文明进步等方面发挥着极为重要的作用。

当前，随着我国经济社会的快速发展，自然资源和环境状况整体上不容乐观，自然保护区面临着巨大的开发压力，面临的威胁逐渐增多，尤其是保护与开发的矛盾日益突出。我国自然保护区内均存在不同程度的人类活动，涉及自然保护区的能源、资源、交通等各类开发建设项目越来越多，一些项目在核心区或缓冲区开展旅游以及种植业和养殖业。此外，当地社区也逐渐侵占保护区内的土地，大大超出了自然保护区的生态承载力，对保护区的主要保护对象及资源环境造成了极大破坏。而且，全球气候变化、栖息地丧失、资源过度利用、外来物种入侵等问题对自然保护区内的生物多样性造成了极大威胁，如再不引起高度重视，将会直接影响我国自然保护区的健康发展。尤其是一直缺乏有效的技术方法对自然保护区的保护效果进行评估，生态系统保护状况及变化动态不清，给国家决策和保护区管理带来了极大的困扰。这些问题给国家级自然保护区的建设管理带来了巨大的挑战。

为此，环境保护部联合中国科学院共同开展全国生态环境十年变化（2000～2010年）遥感调查与评估项目，专门设立了国家级自然保护区生态环境调查与评估课题，拟在国家尺度生态环境十年变化分析的基础上，依据国家级自然保护区的特点，基于中高分辨率遥感影像数据和地面调查结果，对国家级自然保护区开展 2000～2010 年生态环境变化调查与评估，分析人类活动对国家级自然保护区的影响，研究国家级自然保护区面临的环境问题和胁迫驱动情况，综合评估我国国家级自然保护区的保护效果，有针对性地提出国家级自然保护区生态环境管理对策。

一、研究目标

查明全国 319 个国家级自然保护区 2000～2010 年生态系统格局和质量变化特征，摸清人类活动对国家级自然保护区的影响，综合评估我国国家级自然保护区的保护效果，掌据保护区面临的主要环境问题和胁迫驱动情况，提出相应的保护对策与建议，为国家级自然保护区生态环境管理与决策、生态恢复与生态补偿政策的执行等提供技术支持。

二、主要任务

本书以环境卫星CCD、Landsat TM和ALOS等中、高分遥感影像数据为基础，采用面向对象分类和目视解译的方法，综合地面调查、生态定位研究、环境监测、社会经济统计数据调查等方法，全面分析我国国家级自然保护区内生态系统分布与格局、生态系统结构和功能、生态系统质量、人类活动胁迫、主要生态环境问题等及其时空间变化，揭示我国国家级自然保护区生态环境质量的基本状况，全面掌握我国国家级自然保护区过去十年间生态环境变化的特点和规律。本书的主要研究任务包括国家级自然保护区生态系统格局和质量变化状况调查、国家级自然保护区人类活动遥感监测与评价、国家级自然保护区保护效果评价与对策建议三部分内容，具体如下：

1. 国家级自然保护区生态系统格局与质量变化状况调查

以319个国家级自然保护区为研究单位，基于遥感的土地覆盖分类数据，对2000年和2010年两个时期的国家级自然保护区内森林、灌丛、草地、湿地、荒漠五大土地覆盖类型的13个二级类型进行面积统计和构成比例计算。对比分析各保护区在2000～2010年各土地覆被类型的多寡、类型面积及其构成比例的变化状况。

通过对二级分类的生态系统进行归并整合，构成生态系统变化转移矩阵，分析生态系统综合变化率（EC）和土地覆被类型的转化趋势（LCCI）。在此基础上，重点分析各国家级自然保护区内主要保护的自然生态系统的变化趋势。结合国家级自然保护区功能分区，统计分析各功能分区内的生态系统格局变化特征。

以319个国家级自然保护区为研究单位，采用全国2000年和2010年的植被覆盖度、净初级生产力、生物量和叶面积指数等数据，测算并验证不同时期各国家级自然保护区内二级分类的自然生态系统的植被覆盖度、叶面积指数、生物量和相对初级生产力等质量指标。

2. 国家级自然保护区人类活动遥感监测与评价

以环境卫星CCD、Landsat TM和SPOT、ALOS中、高分遥感影像数据为基础，采用面向对象分类和目视解译的方法，提取国家级自然保护区内的工矿用地、旅游区、农田、养殖区、居民区、道路，以及其他人工建筑等人类活动干扰的分布数据。

将人类活动干扰图层和保护区功能分区图层空间叠加，得到国家级自然保护区核心区、缓冲区和实验区内的人类活动干扰的空间分布、面积及其比例。

运用模糊系统分类法和专家打分法，建立国家级自然保护区人类活动遥感评价方法，根据人类活动干扰信息的遥感分类结果，评价国家级自然保护区内人类活动干扰变化状况并进行分级评价。

3. 国家级自然保护区保护效果评价与对策建议

在上述调查的基础上，从主要保护分布面积比例、生境格局与质量、人类活动干扰程度、保护区管理现状等方面提出适用于不同类型国家级自然保护区保护效果的评价指标体系。

采用层次分析法确定不同层面的权重，构建适用于我国自然保护区保护效果的评价模型，对各国家级自然保护区的自然生态系统保护情况做出基本评价；通过生态机理分析，结合专家知识以及调查情况，推理不同类型国家级自然保护区保护效果的等级状态、存在的主要问题，为制定保护区管理措施和相关政策建议提供基础。

对比 2000～2010 年国家级自然保护区分项评估和综合评估结果，通过数据统计、模型模拟的方法，分析研究近十年来国家级自然保护区的保护效果，揭示影响各类国家级自然保护区保护效果的主导因子。

基于国家级自然保护区内生态系统格局、质量变化、人类活动影响的分析结果，并根据各个功能区的生态环境特点及管理要求，采用查阅资料、专家咨询等方法识别保护区面临的主要生态环境问题，提出增强国家级自然保护区保护效果的对策与建议。

三、技术路线

根据遥感影像，调查国家级自然保护区生态系统格局和质量状况。同时在高分遥感影像的基础上，目视解译各种人类活动信息，并与核心区、缓冲区和实验区叠加，分析不同功能区的人类活动现状，并对人类活动干扰现状进行分级评价。通过评估国家级自然保护区生态系统格局、质量和人类活动变化状况，提出国家级自然保护区保护效果评价方法，对 2000～2010 年国家级自然保护区保护效果进行逐一评价和分析。

通过对国家级自然保护区生态环境变化开展调查与评估，为相关管理部门提供详实、准确的数据支持，获取国家级自然保护区的生态系统格局和质量、人类活动变化与影响等评价保护区保护效果的指标数据，掌握全国国家级自然保护区生态系统格局和质量、人类活动变化的整体情况，并以此为基础客观分析和评价国家级自然保护区近十年来的保护效果，明确目前保护区建设管理中存在的主要问题和威胁，明确其驱动机制和威胁因素，全面了解保护区的变化动态，提出相应的对策建议，为国家相关部门采取有针对性的措施提供技术支撑。本书技术路线如图 1.1 所示。

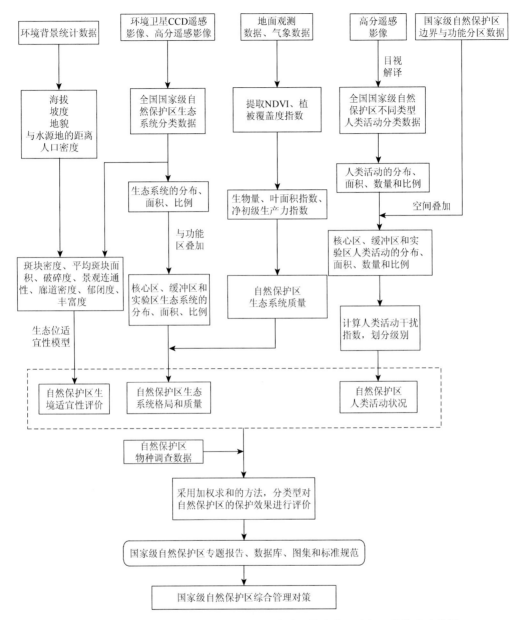

图 1.1　2000～2010 年国家级自然保护区生态环境变化调查与评估技术路线图

第二章　国家级自然保护区生态系统格局与质量

第一节　国家级自然保护区生态系统变化评价方法

一、国家级自然保护区生态系统格局变化评价方法

根据 2000～2010 年国家级自然保护区生态系统转化幅度与转化类型情况,同时考虑各功能区的重要程度,对全国国家级自然保护区生态系统转化程度进行定量评价,将生态系统格局转化程度分为明显改善、轻微改善、基本维持、轻微退化、明显退化五级。

(一)生态系统格局转化程度计算方法

生态系统格局转化程度计算公式为

$$G = \sum_{i=1}^{m} aX_i Y_i$$

式中, G 为生态系统构成与格局评价指数; a 为功能区系数,实验区、缓冲区、核心区分别取 1、3、5; X_i 为某一生态系统转化为另一生态系统的类型指数; Y_i 为同一功能区内某一生态系统转化为另一生态系统的幅度指数; m 为生态系统之间相互转化的种类。

(二)生态系统转化类型指数赋值

生态系统转化类型指数采用动态赋分法进行赋值。首先确定该自然保护区最重要的自然生态系统(Ⅰ)、次重要的生态系统(Ⅱ)、第三重要生态系统(Ⅲ)、一般负面生态系统(Ⅳ)以及建设用地(Ⅴ),再根据不同生态系统类型两两转化情况进行赋值,见表 2.1。

表 2.1　生态系统转化类型指数赋值表

2000 年类型	2010 年类型				
	Ⅰ	Ⅱ	Ⅲ	Ⅳ	Ⅴ
Ⅰ	0	3	4	7	10
Ⅱ	3	0	1	4	7
Ⅲ	4	1	0	3	6
Ⅳ	7	4	3	0	3
Ⅴ	10	7	6	3	0

（三）生态系统转化幅度指数赋值

同一功能区内某一生态系统转化为另一生态系统的转化幅度指数赋值见表 2.2。

表 2.2　生态系统转化幅度指数赋值表

主要生态系统面积比例	赋值					
	−5	−3	−1	1	3	5
≥80%	<−2%	−2%～−0.4%	−0.4%～0	0～0.1%	0.1%～0.5%	>0.5%
<80%	<−2%	−2%～−0.4%	−0.4%～0	0～0.2%	0.2%～1.0%	>1.0%

注：鉴于建设用地对生物的影响及扩散效应，转换为建设用地时，按其变化幅度乘以 3 进行赋值

（四）生态系统格局转化程度分级

根据专家咨询法，确定生态系统格局转化程度评价指数分级标准，见表 2.3。

表 2.3　生态系统格局转化程度评价指数分级

评价指数	≤−250	−250～−100	−100～100	100～250	≥250
分级	明显退化	轻微退化	基本维持	轻微改善	明显改善

二、国家级自然保护区生态系统质量变化评价方法

（一）湿地和草地生态系统 NPP 变化趋势

利用一元线性回归趋势线法分析全国国家级自然保护区 2000～2010 年生态质量变化特征。一元线性回归分析可以进行像元的变化计算，模拟出每一个像元在 2000～2010 年的变化趋势，计算公式如下。

针对湿地和草地生态系统：

$$slope = \frac{n \times \sum\limits_{j=1}^{n} j \times NPP_j - \sum\limits_{j=1}^{n} j \sum\limits_{j=1}^{n} NPP_j}{n \times \sum\limits_{j=1}^{n} j^2 - \left(\sum\limits_{j=1}^{n} j\right)^2}$$

式中，n 为研究时间段的年数；NPP_j 为第 j 年的 NPP；slope 为趋势线的斜率，变化趋势图反映了在研究时间范围内的时间序列中，研究地区植被 NPP 的年际变化趋势。其中，slope>0 说明 NPP 在 n 年间的变化趋势是增加的；slope<0 说明 NPP 在 n 年间的变化趋势是减少的。

将 2000～2010 年的 NPP 数据代入公式进行分析，得到 NPP 的趋势特征，将 slope 值的变化范围定义为 5 个变化区间，见表 2.4。

表 2.4　国家级自然保护区湿地和草地生态系统的 slope 区间

序号	slope	变化情况
1	<−0.3	明显退化
2	−0.3～−0.1	轻微退化
3	−0.1～0.1	正常浮动
4	0.1～0.3	轻微转好
5	>0.3	明显转好

（二）森林和灌丛生态系统生物量变化趋势

针对森林和灌丛生态系统：

$$\text{slope}=\frac{n\times\sum_{j=1}^{n}j\times\text{BIO}_j-\sum_{j=1}^{n}j\sum_{j=1}^{n}\text{BIO}_j}{n\times\sum_{j=1}^{n}j^2-\left(\sum_{j=1}^{n}j\right)^2}$$

式中，n 为研究时间段的年数；BIO_j 为第 j 年的生物量；slope 为趋势线的斜率，变化趋势图反映了在研究时间范围内的时间序列中，研究地区植被 BIO 的年际变化趋势。其中，slope>0 说明 BIO 在 n 年间的变化趋势是增加的；slope<0 说明 BIO 在 n 年间的变化趋势是减少的。

将 2000 年、2005 年和 2010 年的 BIO 数据代入公式进行分析，得到 2000～2010 年 BIO 的趋势特征，将 slope 值的变化范围定义为 5 个变化区间，见表 2.5。

表 2.5　国家级自然保护区森林和灌丛生态系统的 slope 区间

序号	slope	变化情况
1	<−0.3	明显退化
2	−0.3～−0.1	轻微退化
3	−0.1～0.1	正常浮动
4	0.1～0.3	轻微转好
5	>0.3	明显转好

（三）国家级自然保护区质量变化趋势

国家级自然保护区中森林、湿地、草地、灌丛生态系统明显退化、轻微退化、正常浮动、轻微转好、明显转好的面积及占比计算公式如下：

$$S = ma_1 + na_2 + oa_3 + pa_4 + qa_5$$

式中，m、n、o、p、q 分别取-0.3、-0.1、0、0.1、0.3；a_1、a_2、a_3、a_4、a_5 分别表示明显退化、轻微退化、正常浮动、轻微转好、明显转好面积的占比。得到的 S 分为 3 个等级，见表 2.6。

表 2.6　国家级自然保护区质量变化区间

序号	S	变化情况
1	<-0.5	退化
2	$-0.5～0.5$	基本维持
3	>0.5	改善

第二节　全国国家级自然保护区格局和质量变化

一、全国国家级自然保护区格局变化分析

2000～2010 年来我国国家级自然保护区建设取得了巨大的成就。2000 年年底，我国已建成国家级自然保护区 155 个，面积 5904 万 hm^2，数量仅占全国自然保护区总数的 12.63%，但面积占全国保护区总面积的 60.11%，占陆地面积的 6.15%。2010 年年底，我国已建成国家级自然保护区 319 个，面积 9267 万 hm^2，数量仅占全国自然保护区总数的 12.33%，但面积占全国保护区总面积的 62.01%，占陆地面积的 9.65%。由此可见，国家级自然保护区的面积已经占到很高的比例。

由此可见，随着国家综合实力的增强和社会公众对自然保护事业的重视，2000～2010 年来我国国家级自然保护区数量和面积均呈现持续、快速增长态势，覆盖了所有自然保护区类型，发展形势喜人，国家级自然保护区已经成为我国自然保护区的主体。我国大多数的陆地生态系统类型、天然湿地、野生动植物，特别是具有涵养水源、防风固沙、保持水土、调蓄洪水、调节气候等重要生态功能的区域和大多数自然遗迹在自然保护区内得到了保护。

（一）全国国家级自然保护区生态系统类型构成

从表 2.7、图 2.1 和图 2.2 可以看出：从全国国家级自然保护区的生态系统类型构成来看，其包括了海洋、森林、灌丛、草地、湿地、农田、城镇、荒漠、冰川/永久积雪、裸地 10 类生态系统类型。其中草地生态系统占比最高，占全国国家级自然保护区面积的 58%左右，其他生态系统依次为荒漠、湿地、森林、灌丛、农田、冰川/永久积雪、海洋、城镇和裸地。核心区、缓冲区和实验区也是以草地生态系统占比最高。

表 2.7 全国国家级自然保护区不同功能分区不同年份一级生态系统类型和二级生态系统类型面积与比例

一级生态系统类型	二级生态系统类型	核心区 2000年 面积/hm²	核心区 2000年 比例/%	核心区 2010年 面积/hm²	核心区 2010年 比例/%	缓冲区 2000年 面积/hm²	缓冲区 2000年 比例/%	缓冲区 2010年 面积/hm²	缓冲区 2010年 比例/%	实验区 2000年 面积/hm²	实验区 2000年 比例/%	实验区 2010年 面积/hm²	实验区 2010年 比例/%	全国合计 2000年 面积/hm²	全国合计 2000年 比例/%	全国合计 2010年 面积/hm²	全国合计 2010年 比例/%
海洋	海洋	425398.61	1.40	416206.23	1.37	482980.09	1.62	477233.43	1.60	374550.35	1.07	369336.69	1.05	1282929.05	1.34	1262776.35	1.32
	合计	425398.61	1.40	416206.23	1.37	482980.09	1.62	477233.43	1.60	374550.35	1.07	369336.69	1.05	1282929.05	1.34	1262776.35	1.32
森林	常绿阔叶林	515352.98	1.69	519092.66	1.70	284595.49	0.95	282478.49	0.94	319767.81	0.91	316886.89	0.90	1119756.28	1.17	1118458.04	1.17
	落叶阔叶林	553027.15	1.82	588976.61	1.93	457114.25	1.53	491849.03	1.65	1144935.12	3.27	1157795.67	3.30	2155104.52	2.26	2238621.31	2.35
	常绿针叶林	1316269.15	4.32	1316811.27	4.32	722819.38	2.42	723633.67	2.42	1162599.77	3.32	1164439.61	3.32	3201688.30	3.36	3204884.55	3.36
	落叶针叶林	141173.41	0.46	141200.77	0.46	97208.10	0.33	97206.47	0.33	208089.40	0.59	208140.70	0.59	446470.91	0.47	446547.94	0.47
	针阔混交林	140424.87	0.46	140300.79	0.46	69683.80	0.23	69435.99	0.23	153208.08	0.44	154012.58	0.44	363316.75	0.38	363749.36	0.38
	稀疏林	23493.87	0.08	21534.25	0.07	13685.77	0.05	11680.73	0.04	5801.55	0.02	5624.57	0.02	42981.19	0.05	38839.55	0.04
	合计	2689781.43	8.83	2727916.35	8.94	1645134.79	5.51	1676284.38	5.61	2994401.73	8.55	3006900.02	8.57	7329317.95	7.69	7411100.75	7.77
灌丛	常绿阔叶灌木林	208355.72	0.68	202947.10	0.67	91290.62	0.31	90894.21	0.30	236854.32	0.68	231053.21	0.66	536200.66	0.56	524894.52	0.55
	落叶阔叶灌木林	921486.28	3.03	893860.00	2.94	744799.86	2.49	718958.35	2.40	1449517.54	4.13	1452959.54	4.14	3115803.68	3.27	3065777.89	3.21
	常绿针叶灌木林	73575.92	0.24	71998.55	0.24	43350.74	0.15	43200.94	0.14	56012.69	0.16	56005.51	0.16	172939.35	0.18	171205.00	0.18
	稀疏灌木林	216612.85	0.71	215657.20	0.71	240821.77	0.81	240752.93	0.81	117349.27	0.33	118976.31	0.34	574783.89	0.60	575386.44	0.60
	合计	1419730.77	4.66	1384462.85	4.56	1120262.99	3.76	1093806.43	3.65	1859733.82	5.30	1858994.57	5.30	4399727.58	4.61	4337263.85	4.54
草地	草甸	1737058.70	5.70	1715922.81	5.63	2323952.07	7.77	2324483.52	7.78	3491958.49	9.96	3478003.66	9.92	7552969.26	7.92	7518409.99	7.88
	草原	6347389.42	20.84	6349888.29	20.85	6686874.56	22.37	6671325.96	22.32	8345227.73	23.80	8363041.99	23.85	21379491.71	22.41	21384256.24	22.41
	草丛	62997.49	0.21	62426.21	0.21	47739.53	0.16	46674.44	0.16	89819.40	0.26	89594.51	0.26	200556.42	0.21	198695.16	0.21
	稀疏草地	8620174.98	28.31	8569053.69	28.14	10325413.78	34.54	10288513.16	34.41	7149676.80	20.39	7134364.83	20.35	26095265.56	27.35	25991931.68	27.24
	合计	16767620.59	55.06	16697291.00	54.83	19383979.94	64.84	19330997.08	64.67	19076682.42	54.41	19065004.99	54.38	55228282.95	57.89	55093293.07	57.74

一级生态系统类型	二级生态系统类型	核心区 2000年 面积/hm²	比例/%	核心区 2010年 面积/hm²	比例/%	缓冲区 2000年 面积/hm²	比例/%	缓冲区 2010年 面积/hm²	比例/%	实验区 2000年 面积/hm²	比例/%	实验区 2010年 面积/hm²	比例/%	全国合计 2000年 面积/hm²	比例/%	全国合计 2010年 面积/hm²	比例/%
湿地	森林沼泽	3510.98	0.01	1885.63	0.01	5342.88	0.02	4476.04	0.01	11765.29	0.03	9251.25	0.03	20619.15	0.02	15612.92	0.02
	灌丛沼泽	9907.24	0.03	7085.30	0.02	5203.43	0.02	2755.44	0.01	26065.33	0.07	24363.54	0.07	41176.00	0.04	34204.28	0.04
	草本沼泽	990410.70	3.25	1001839.61	3.29	962320.78	3.22	966317.13	3.23	1014577.71	2.89	1020497.15	2.91	2967309.19	3.11	2988653.89	3.13
	湖泊	1418162.32	4.66	1506807.54	4.95	733351.53	2.45	809054.72	2.71	1265153.33	3.61	1272236.96	3.63	3416667.18	3.58	3588099.22	3.76
	水库/坑塘	43658.17	0.14	47127.21	0.15	50228.46	0.17	50965.01	0.17	137073.68	0.39	127485.60	0.36	230960.31	0.24	225577.82	0.24
	河流	330817.12	1.09	332963.39	1.09	167923.42	0.56	168127.92	0.56	235261.37	0.67	242351.04	0.69	734001.91	0.77	743442.35	0.78
	运河/水渠	1415.84	0.00	1264.57	0.00	1761.93	0.01	1646.06	0.01	5143.44	0.01	4904.53	0.01	8321.21	0.01	7815.16	0.01
	合计	2797882.37	9.18	2898973.25	9.51	1926132.43	6.45	2003342.32	6.70	2695040.15	7.67	2701090.07	7.70	7419054.95	7.77	7603405.64	7.98
农田	水田	39118.78	0.13	37467.81	0.12	63379.52	0.21	66136.63	0.22	303842.97	0.87	318722.59	0.91	406341.27	0.43	422327.03	0.44
	旱地	189651.73	0.62	187347.39	0.62	279777.34	0.94	273776.68	0.92	992268.70	2.83	965151.22	2.75	1461697.77	1.53	1426275.29	1.49
	乔木园地	2596.79	0.01	2549.20	0.01	4909.96	0.02	5819.29	0.02	7310.09	0.02	8108.15	0.02	14816.84	0.02	16476.64	0.02
	灌木园地	16573.87	0.05	16841.62	0.06	17169.13	0.06	17816.66	0.06	34146.33	0.10	36647.64	0.10	67889.33	0.07	71305.92	0.07
	合计	247941.17	0.81	244206.02	0.81	365235.95	1.23	363549.26	1.22	1337568.09	3.82	1328629.60	3.78	1950745.21	2.05	1936384.88	2.02
城镇	居住地	7816.26	0.03	9913.23	0.03	16119.60	0.05	18917.54	0.06	60553.82	0.17	70810.38	0.20	84489.68	0.09	99641.15	0.10
	乔木绿地	65.11	0.00	55.27	0.00	56.66	0.00	56.66	0.00	529.83	0.00	799.71	0.00	651.60	0.00	911.64	0.00
	灌木绿地	7881.37	0.03	9968.50	0.03	16176.26	0.05	18974.20	0.06	11.18	0.00	11.33	0.00	24068.81	0.03	28954.03	0.03
	草本绿地	484.33	0.00	555.57	0.00	1276.51	0.00	1284.16	0.00	1395.31	0.00	1477.58	0.00	3156.15	0.00	3317.31	0.00
	工业用地	285.26	0.00	832.23	0.00	538.52	0.00	2741.33	0.00	4343.49	0.01	8102.22	0.02	5167.27	0.01	11675.78	0.01
	交通用地	2980.04	0.01	4875.44	0.02	10109.53	0.03	12276.94	0.04	26353.21	0.08	37142.88	0.11	39442.78	0.04	54295.26	0.06
	采矿场	1748.94	0.01	3157.32	0.01	1313.15	0.01	1729.98	0.01	5432.13	0.02	9003.10	0.03	8494.22	0.01	13890.40	0.01
	合计	21261.31	0.08	29357.56	0.09	45590.23	0.13	55980.81	0.13	98618.97	0.28	127347.20	0.36	165470.51	0.18	212685.57	0.21

续表

一级生态系统类型	二级生态系统类型	核心区				缓冲区				实验区				全国合计			
		2000年		2010年		2000年		2010年		2000年		2010年		2000年		2010年	
		面积/hm²	比例/%	面积/hm²	比例/%	面积/hm²	比例/%	面积/hm²	比例/%	面积/hm²	比例/%	面积/hm²	比例/%	面积/hm²	比例/%	面积/hm²	比例/%
荒漠(干旱半干旱)	沙漠沙地	663361.49	2.18	661595.54	2.17	629803.74	2.11	629630.86	2.11	449931.57	1.28	453426.17	1.29	1742496.80	1.83	1744652.57	1.83
	苔藓地衣	392825.83	1.29	392368.86	1.29	907.77	0.00	775.96	0.00	2372.75	0.01	2295.79	0.01	396106.35	0.42	395440.61	0.41
	裸岩	1472091.30	4.83	1482870.03	4.87	1446108.88	4.84	1446443.86	4.84	2394372.78	6.83	2392572.25	6.82	5312572.96	5.57	5321886.14	5.58
	裸土	2773556.64	9.11	2750461.47	9.03	2276798.71	7.62	2257655.72	7.55	3455783.84	9.86	3430568.39	9.78	8506139.19	8.92	8438685.58	8.84
	盐碱地	67154.43	0.22	62344.27	0.20	87706.94	0.29	74897.47	0.25	113004.45	0.32	113770.27	0.32	267865.82	0.28	251012.01	0.26
	合计	5368989.69	17.63	5349640.17	17.56	4441326.04	14.86	4409403.87	14.75	6414865.39	18.30	6392632.87	18.22	16225181.12	17.02	16151676.91	16.92
冰川/永久积雪	冰川/永久积雪	700050.44	2.30	689287.69	2.26	498087.27	1.67	499308.51	1.67	202242.46	0.58	203917.43	0.58	1400380.17	1.47	1392513.63	1.46
	合计	700050.44	2.30	689287.69	2.26	498087.27	1.67	499308.51	1.67	202242.46	0.58	203917.43	0.58	1400380.17	1.47	1392513.63	1.46
裸地(湿润半湿润)	沙漠沙地	370.02	0.00	405.82	0.00	323.69	0.00	307.66	0.00	417.13	0.00	324.44	0.00	1110.84	0.00	1037.92	0.00
	裸岩	3408.38	0.01	3487.61	0.01	803.03	0.00	790.64	0.00	1528.91	0.00	1547.70	0.00	5740.32	0.01	5825.95	0.01
	裸土	17151.70	0.06	20433.26	0.07	2293.03	0.01	3943.55	0.01	7038.32	0.02	6963.60	0.02	26483.05	0.03	31340.41	0.03
	合计	20930.10	0.07	24326.69	0.08	3419.75	0.01	5041.85	0.01	8984.36	0.02	8835.74	0.02	33334.21	0.04	38204.28	0.04
合计		30459586.48	100.00	30461667.81	100.00	29912149.48	100.00	29914947.94	100.00	35062687.74	100.00	35062689.18	100.00	95434423.7	100.00	95439304.93	100.00

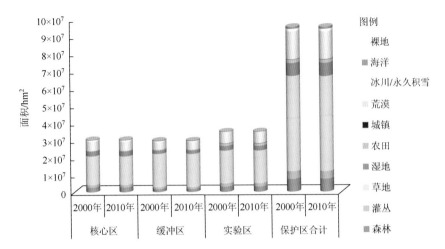

图 2.1　全国国家级自然保护区不同功能分区不同年份一级生态系统类型面积

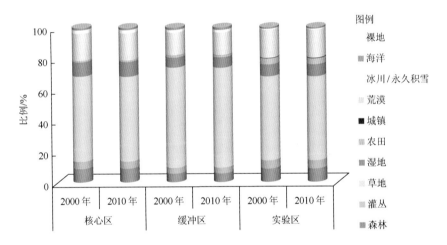

图 2.2　全国国家级自然保护区不同功能分区不同年份一级生态系统类型比例

草地面积减少。草地生态系统 2000 年占全国国家级自然保护区面积的 57.89%，2010 年占 57.74%，面积减少。草地生态系统中以稀疏草地生态系统为主。其中，草地生态系统在核心区中 2000 年占 55.06%，2010 年占 54.83%；在缓冲区中 2000 年占 64.84%，2010 年占 64.67%；在实验区中 2000 年占 54.41%，2010 年占 54.38%。

荒漠面积略有下降。荒漠生态系统 2000 年占全国国家级自然保护区面积的 17.02%，2010 年占 16.92%，面积略有下降。荒漠生态系统中以裸土生态系统为主。其中，荒漠生态系统在核心区中 2000 年占 17.63%，2010 年占 17.56%；在缓冲区中 2000 年占 14.86%，2010 年占 14.75%；在实验区中 2000 年占 18.30%，2010 年占 18.22%。

湿地面积增加，但存在问题。湿地生态系统 2000 年占全国国家级自然保护区面积的 7.77%，2010 年占 7.98%，面积有所增加。湿地中生态系统以湖泊为主。其中，湿地生态系统在核心区中 2000 年占 9.18%，2010 年占 9.51%；在缓冲区中 2000 年占 6.45%，2010 年占 6.70%；在实验区中 2000 年占 7.67%，2010 年占 7.70%。保护区湿地面积增加主要是西藏、新疆等西部地区湖泊面积增加，由气温升高、冰川融化所致；而中东部保护区湿地开发现象较为严重，湿地生态系统退化明显。

森林面积有所增加。森林生态系统 2000 年占全国国家级自然保护区面积的 7.69%，2010 年占 7.77%，面积有所上升。森林生态系统中以常绿针叶林生态系统为主。其中，森林生态系统在核心区中 2000 年占 8.83%，2010 年占 8.94%；在缓冲区中 2000 年占 5.51%，2010 年占 5.61%；在实验区中 2000 年占 8.55%，2010 年占 8.57%。

灌丛面积减少。灌丛生态系统 2000 年占全国国家级自然保护区面积的 4.61%，2010 年占 4.54%，面积有所下降。不少保护区灌丛转换为森林，植被得到恢复。灌丛生态系统中以落叶阔叶灌木林生态系统为主。其中，灌丛生态系统在核心区中 2000 年占 4.66%，2010 年占 4.56%；在缓冲区中 2000 年占 3.76%，2010 年占 3.65%；在实验区中 2000 年占 5.30%，2010 年占 5.30%。

农田面积基本不变。农田生态系统 2000 年占全国国家级自然保护区面积的 2.05%，2010 年占 2.02%，面积基本不变。农田中以旱地生态系统为主。其中，农田生态系统在核心区中 2000 年占 0.81%，2010 年占 0.81%；在缓冲区中 2000 年占 1.23%，2010 年占 1.22%；在实验区中 2000 年占 3.82%，2010 年占 3.78%。

冰川/永久积雪面积略微下降。冰川/永久积雪生态系统 2000 年占全国国家级自然保护区面积的 1.47%，2010 年占 1.46%，面积下降跟气候变化有关。冰川/永久积雪生态系统在核心区中 2000 年占 2.30%，2010 年占 2.26%；在缓冲区中 2000 年占 1.67%，2010 年占 1.67%；在实验区中 2000 年占 0.58%，2010 年占 0.58%。

海洋面积减少。海洋生态系统 2000 年占全国国家级自然保护区面积的 1.34%，2010 年占 1.32%。海洋生态系统在核心区中 2000 年占 1.40%，2010 年占 1.37%；在缓冲区中 2000 年占 1.62%，2010 年占 1.60%；在实验区中 2000 年占 1.07%，2010 年占 1.05%。

城镇面积增长迅速，但比例较低。城镇 2000 年占全国国家级自然保护区面积的 0.18%，2010 年占 0.21%，面积增加。城镇中的自然生态系统以灌木绿地为主。其中，城镇生态系统在核心区中 2000 年占 0.08%，2010 年占 0.09%；在缓冲区中 2000 年占 0.13%，2010 年占 0.18%；在实验区中 2000 年占 0.28%，2010 年占 0.36%。

裸地面积略有增加。裸地生态系统占比极低，2000 年占全国国家级自然保护区面积的 0.04%，2010 年占 0.04%。裸地生态系统中以裸土生态系统为主。其中，裸地生态系统在核心区中 2000 年占 0.07%，2010 年占 0.08%；在缓冲区中 2000 年占 0.01%，2010 年占 0.01%；在实验区中 2000 年占 0.02%，2010 年占 0.02%。

（二）全国国家级自然保护区生态系统类型转化情况

生态系统转化形式多样。2000～2010 年的全国国家级自然保护区各功能分区一级生态系统类型转化面积可以看出（表 2.8、表 2.9 和图 2.3），生态系统两两转化形式多达 76 种，其中不论是核心区、缓冲区、实验区还是整个保护区，草地变更为湿地的面积最多，后面依次为灌丛变更为森林、荒漠变更为湿地、湿地变更为草地、湿地变更为农田、农田变更为湿地、农田变更为森林、湿地变更为荒漠等。

表 2.8 全国自然保护区一级生态系统类型转化面积与比例

年份	类型	海洋 面积/hm²	比例/%	森林 面积/hm²	比例/%	灌丛 面积/hm²	比例/%	草地 面积/hm²	比例/%	湿地 面积/hm²	比例/%	农田 面积/hm²	比例/%	城镇 面积/hm²	比例/%	荒漠 面积/hm²	比例/%	冰川/永久积雪 面积/hm²	比例/%	裸地 面积/hm²	比例/%
	海域	126274211	100.00	429.42	0.01	10.75	0.00	37.80	0.00	13581.00	0.18	308.60	0.02	206.96	0.11	0.68	0.00	0.00	0.00	5611.71	14.76
	森林	0.00	0.00	72735880.8	97.55	6107.87	0.14	3297.29	0.01	4876.34	0.06	3445.22	1.79	2354.17	1.27	4653.47	0.03	0.00	0.00	108.49	0.29
	灌丛	0.00	0.00	117909.70	1.58	4272320.74	99.52	5130.26	0.01	390.99	0.01	1771.76	0.09	742.86	0.40	1418.87	0.01	0.72	0.00	38.13	0.10
	草地	0.00	0.00	7905.52	0.11	5204.50	0.12	54963047.43	99.77	215798.69	2.84	11749.90	0.61	17261.59	9.29	7262.51	0.04	41.93	0.00	11.05	0.03
2000～2010 年	湿地	4.72	0.00	11190.21	0.15	1397.57	0.03	8640.12	0.16	72155030.06	94.79	62028.04	3.26	5455.71	2.93	35168.87	0.22	22.97	0.00	826.69	2.17
	农田	0.20	0.00	44189.30	0.59	5902.21	0.14	118377.6	0.02	5904.90	0.73	18136669.27	94.03	16726.69	9.00	1558.85	0.01	0.00	0.00	956.02	2.51
	城镇	0.00	0.00	74.89	0.00	0.94	0.00	34.11	0.00	135.32	0.00	99.89	0.01	1404940.12	75.82	2.33	0.00	0.00	0.00	3.43	0.01
	荒漠	0.00	0.00	948.18	0.01	2027.49	0.05	19519.52	0.04	103336.79	1.36	3701.45	0.19	2155.58	1.16	16084565.16	99.59	8746.32	0.63	180.62	0.48
	冰川/永久积雪	0.00	0.00	0.09	0.00	0.37	0.00	34.19	0.00	143.55	0.00	0.00	0.00	0.00	0.00	1650.77	0.10	13837700.20	99.37	0.00	0.00
	裸土	0.00	0.00	300.27	0.00	24.58	0.00	255.42	0.00	2048.50	0.03	303.82	0.02	56.04	0.03	6.31	0.00	0.00	0.00	3083.27	79.65

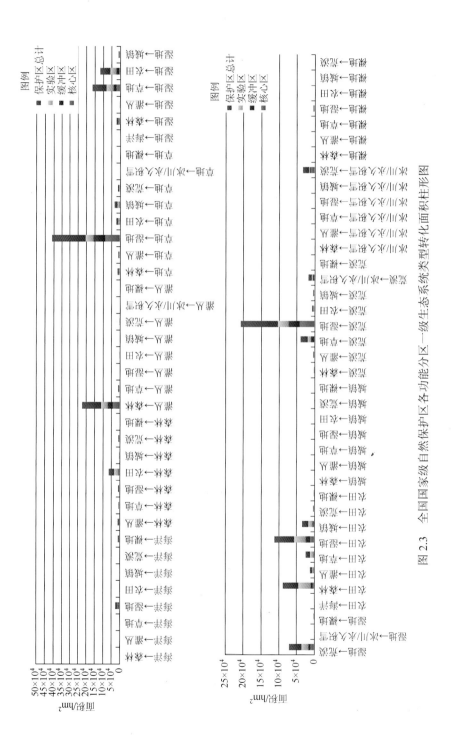

图 2.3　全国国家级自然保护区各功能分区一级生态系统类型转化面积柱形图

表 2.9　全国国家级自然保护区各功能分区一级生态系统类型转化面积与比例

变更方式	核心区/hm²	占核心区比例/%	缓冲区/hm²	占缓冲区比例/%	实验区/hm²	占实验区比例/%	总计/hm²
海洋→森林	179.35	0.00	149.07	0.00	101.00	0.00	429.42
海洋→灌丛	1.09	0.00	7.41	0.00	2.25	0.00	10.75
海洋→草地	9.03	0.00	9.45	0.00	19.32	0.00	37.80
海洋→湿地	5366.61	0.02	4115.89	0.01	4098.50	0.01	13581.00
海洋→农田	183.83	0.00	30.83	0.00	93.94	0.00	308.60
海洋→城镇	87.05	0.00	33.17	0.00	86.74	0.00	206.96
海洋→荒漠	0.00	0.00	0.00	0.00	0.68	0.00	0.68
海洋→裸地	3383.73	0.01	1407.05	0.00	820.93	0.00	5611.71
森林→灌丛	1789.23	0.01	3324.16	0.01	994.48	0.00	6107.87
森林→草地	1310.70	0.00	1149.52	0.00	837.07	0.00	3297.29
森林→湿地	755.43	0.00	493.47	0.00	3627.45	0.01	4876.35
森林→农田	3456.57	0.01	3995.60	0.01	27000.05	0.08	34452.22
森林→城镇	288.06	0.00	240.19	0.00	1825.92	0.01	2354.17
森林→荒漠	2661.22	0.01	1388.85	0.00	603.40	0.00	4653.47
森林→裸地	10.86	0.00	77.88	0.00	19.75	0.00	108.49
灌丛→森林	44746.66	0.15	31688.43	0.11	41494.61	0.12	117929.70
灌丛→草地	1370.81	0.00	895.84	0.00	2863.61	0.01	5130.26
灌丛→湿地	101.64	0.00	94.12	0.00	192.18	0.00	387.94
灌丛→农田	1042.50	0.00	235.40	0.00	426.98	0.00	1704.88
灌丛→城镇	81.72	0.00	167.66	0.00	563.40	0.00	812.78
灌丛→荒漠	1089.03	0.00	163.62	0.00	166.23	0.00	1418.88
灌丛→冰川/永久积雪	0.00	0.00	0.72	0.00	0.00	0.00	0.72
灌丛→裸地	32.46	0.00	0.01	0.00	5.66	0.00	38.13
草地→森林	3061.94	0.01	1766.01	0.01	3077.58	0.01	7905.53
草地→灌丛	713.63	0.00	990.60	0.00	3500.29	0.01	5204.52
草地→湿地	94396.60	0.31	71898.35	0.24	49503.73	0.14	215798.68
草地→农田	2069.76	0.01	1362.62	0.00	8319.38	0.02	11751.76
草地→城镇	2752.12	0.01	3240.74	0.01	11266.84	0.03	17259.70
草地→荒漠	1369.04	0.00	1651.92	0.01	4241.56	0.01	7262.52
草地→冰川/永久积雪	31.43	0.00	7.02	0.00	3.48	0.00	41.93
草地→裸地	11.05	0.00	0.00	0.00	0.00	0.00	11.05
湿地→海洋	2.31	0.00	0.00	0.00	2.41	0.00	4.72
湿地→森林	4283.27	0.01	2868.43	0.01	4038.51	0.01	11190.21
湿地→灌丛	657.36	0.00	381.17	0.00	359.05	0.00	1397.58
湿地→草地	25035.12	0.08	16632.94	0.06	44972.07	0.13	86640.13
湿地→农田	9496.99	0.03	15568.39	0.05	37762.71	0.11	62828.09
湿地→城镇	727.45	0.00	581.20	0.00	4147.04	0.01	5455.69
湿地→荒漠	10675.26	0.04	5269.29	0.02	19224.31	0.05	35168.86

续表

变更方式	核心区/hm²	占核心区比例/%	缓冲区/hm²	占缓冲区比例/%	实验区/hm²	占实验区比例/%	总计/hm²
湿地→冰川/永久积雪	0.96	0.00	21.90	0.00	0.11	0.00	22.97
湿地→裸地	249.85	0.00	98.85	0.00	478.00	0.00	826.70
农田→海洋	0.04	0.00	0.07	0.00	0.09	0.00	0.20
农田→森林	4462.38	0.01	5122.92	0.02	34604.02	0.10	44189.32
农田→灌丛	648.69	0.00	1724.50	0.01	3529.03	0.01	5902.22
农田→草地	1132.12	0.00	1418.11	0.00	9287.52	0.03	11837.75
农田→湿地	11951.03	0.04	11953.68	0.04	32000.16	0.09	55904.87
农田→城镇	1937.64	0.01	2984.49	0.01	11804.56	0.03	16726.69
农田→荒漠	164.68	0.00	619.56	0.00	774.61	0.00	1558.85
农田→裸地	451.88	0.00	302.32	0.00	201.82	0.00	956.02
城镇→森林	9.72	0.00	7.68	0.00	57.49	0.00	74.89
城镇→灌丛	0.00	0.00	0.00	0.00	0.94	0.00	0.94
城镇→草地	1.64	0.00	17.57	0.00	14.91	0.00	34.12
城镇→湿地	1.61	0.00	1.89	0.00	131.82	0.00	135.32
城镇→农田	6.72	0.00	6.52	0.00	86.65	0.00	99.89
城镇→荒漠	0.00	0.00	0.20	0.00	2.13	0.00	2.33
城镇→裸地	0.09	0.00	0.39	0.00	2.95	0.00	3.43
荒漠→森林	607.05	0.00	149.66	0.00	191.48	0.00	948.19
荒漠→灌丛	401.39	0.00	302.03	0.00	1324.10	0.00	2027.52
荒漠→草地	2297.77	0.01	7763.87	0.03	9457.89	0.03	19519.53
荒漠→湿地	42226.76	0.14	30699.51	0.10	30410.51	0.09	103336.78
荒漠→农田	451.59	0.00	606.58	0.00	2643.25	0.01	3701.42
荒漠→城镇	104.40	0.00	424.47	0.00	1626.71	0.00	2155.58
荒漠→冰川/永久积雪	1620.03	0.01	2797.99	0.01	4328.29	0.01	8746.31
荒漠→裸地	133.55	0.00	8.58	0.00	38.50	0.00	180.63
冰川/永久积雪→森林	50.00	0.00	0.09	0.00	0.00	0.00	50.09
冰川/永久积雪→灌丛	0.00	0.00	0.37	0.00	0.00	0.00	0.37
冰川/永久积雪→草地	15.03	0.00	14.78	0.00	4.39	0.00	34.20
冰川/永久积雪→湿地	103.54	0.00	3.47	0.00	36.54	0.00	143.55
冰川/永久积雪→城镇	55.00	0.00	0.00	0.00	0.00	0.00	55.00
冰川/永久积雪→荒漠	12296.38	0.04	1589.46	0.01	2615.93	0.01	16501.77
裸地→森林	22.57	0.00	110.24	0.00	167.45	0.00	300.26
裸地→灌丛	0.91	0.00	0.90	0.00	22.77	0.00	24.58
裸地→草地	242.06	0.00	1.97	0.00	11.39	0.00	255.42
裸地→湿地	575.18	0.00	127.06	0.00	1346.25	0.00	2048.49
裸地→农田	1.17	0.00	30.90	0.00	271.76	0.00	303.83
裸地→城镇	3.25	0.00	0.16	0.00	52.63	0.00	56.04
裸地→荒漠	44.27	0.00	3.48	0.00	14.56	0.00	62.31

草地转化为湿地面积最多。全国国家级自然保护区有 215798.68hm² 的草地变更为湿地，其中核心区 94396.60hm²，缓冲区 71898.35hm²，实验区 49503.73hm²。转变面积最多的省份为西藏，转变面积为 156329.5hm²，占全国国家级自然保护区转变面积的 72.44%；其次是新疆，为 34557.45hm²，变化面积占全国国家级自然保护区变化面积的 16.01%，其余省份变化较小。

有 103336.78hm² 的荒漠变更为湿地，其中核心区 42226.76hm²，缓冲区 30699.51hm²，实验区 30410.5Jhm²。转变面积最多的省份为青海，为 56781.61hm²，变化面积占全国国家级自然保护区变化面积的 54.95%；其次是新疆，为 16751.65hm²，变化面积占全国国家级自然保护区变化面积的 16.21%，其余省份变化较小。

以上两种类型变化主要是近十年来青海、西藏、新疆等地气候变暖，冰雪融化，降水量增加，湖泊、湿地面积增加造成的。

灌丛转化为森林其次。有 117929.70hm² 的灌丛变更为森林，其中核心区 44746.66hm²，缓冲区 31688.43hm²，实验区 41494.61hm²。转变面积最多的省份为河南，转变面积达 93822.73hm²，占全国国家级自然保护区转变面积的 79.56%，其余省份变化较小。这主要是由于近十年来河南地区的灌丛自然生长，由灌丛变更为森林，也有一部分是由于保护区通过人工植树造林，增加了林地的面积。

有 86640.13hm² 的湿地变更为草地，其中核心区 25035.12hm²，缓冲区 16632.94hm²，实验区 44972.07hm²。转变面积最多的省份为内蒙古，为 42360.6hm²，变化面积占全国国家级自然保护区变化面积的 48.89%，主要是由于近几年内蒙古草原气候逐渐干旱，许多地区工业化和农业化进程加速，严重破坏了草原水生态系统，生态环境迅速恶化；其次是西藏，有 33559.3hm²，变化面积占全国国家级自然保护区变化面积的 38.73%，其余省份变化较小。

有 62828.09hm² 的湿地变更为农田，其中核心区 9496.99hm²，缓冲区 15568.39hm²，实验区 37762.71hm²。转变面积最多的省份为江苏，为 28712.76hm²，变化面积占全国国家级自然保护区变化面积的 45.70%，主要是近十年来江苏沿海自然保护区滩涂围垦造成的；其次是黑龙江，为 24405.22hm²，变化面积占全国国家级自然保护区变化面积的 38.84%，主要是近十年来保护区的湿地不断被围垦为农田造成的，其余省份变化较小。

有 55904.87hm² 的农田变更为湿地，其中核心区 11951.03hm²，缓冲区 11953.68hm²，实验区 32000.16hm²。转变面积最多的省份为黑龙江，为 37979.62hm²，占全国国家级自然保护区变化面积的 67.94%，其余省份变化较小。这主要是因为黑龙江内部分保护区管理部门引导当地居民从事渔业、水产养殖活动。

有 44189.32hm² 的农田变更为森林，其中核心区 4462.38hm²，缓冲区 5122.92hm²，实验区 34604.02hm²。转变面积最多的省份为黑龙江，为 32930.07hm²，占全国国家级自然保护区变化面积的 74.52%，其余省份变化较小。这主要是因为黑龙江内保护区加强了对于林地的保护，同时积极实施人工植树造林的结果。

有 35168.86hm² 的湿地变更为荒漠，其中核心区 10675.26hm²，缓冲区 5269.29hm²，实验区 19224.31hm²。转变面积最多的省份为内蒙古，为 12712.96hm²，占全国变化面积的 36.15%；其次是西藏，转变面积达 9725.78hm²，占了全国国家级自然保护区变化面积的 27.65%；再次是新疆，为 7593.63hm²，占了全国国家级自然保护区变化面积的 21.59%，其余省份变化较小。这主要是由于内蒙古、西藏和新疆三个自治区北部的保护区近年来荒漠化日趋加重和沙尘暴的增多致使湖泊面积减少，同时也由于部分保护区面积较大，难以实施较好的管理，使得一些人类活动对湿地植物根系造成了破坏，解除了湿地植物根系对于盐分的天然拦截机制，蒸腾作用减弱，盐分积累于地表，导致湿地沙漠化。

（三）全国国家级自然保护区生态系统格局变化评价

按照全国国家级自然保护区生态系统格局变化评价指数分级方法，评价表明：18 个国家级自然保护区生态系统格局明显改善，占保护区总数的 5.64%；34 个国家级自然保护区生态系统格局轻微改善，占保护区总数的 10.66%；219 个国家级自然保护区生态系统格局基本维持，占保护区总数的 68.65%；27 个国家级自然保护区生态系统格局轻微退化，占保护区总数的 8.46%；21 个国家级自然保护区生态系统格局明显退化，占保护区总数的 6.58%（图 2.4 和图 2.5）。

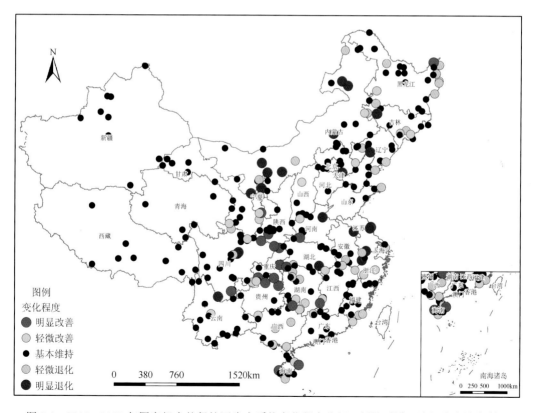

图 2.4 2000～2010 年国家级自然保护区生态系统变化程度分级（暂缺香港、澳门和台湾资料）

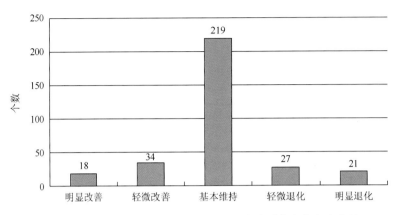

图 2.5　2000～2010 年国家级自然保护区生态系统变化程度统计

　　十年来国家级自然保护区生态系统格局得以维持，部分地区生态系统格局得到改善，但一些地区生态系统格局在不同程度上有所退化，改善的保护区数量略多于退化的保护区数量。从空间分布来看，退化的保护区多分布在东部省份、内蒙古高原、东北平原一带，改善的保护区多分布在秦岭、大巴山、大娄山、南岭一带。东部省份国家级自然保护区退化数量较多，主要是因为这些区域人口稠密，区域经济开发建设对自然保护区的干扰较大；东北平原国家级自然保护区退化主要是由于该区域农田开垦压力增大；内蒙古高原国家级自然保护区退化主要由矿产资源开发、基础设施建设导致。改善的国家级自然保护区多处于省、市、区交界处，人烟稀少，自然恢复较好，加上保护区的建设和管理，限制了人类开发，近年来退耕还林、天然林保护等工程的实施，使生态系统格局有所改善。

二、全国国家级自然保护区质量变化分析

（一）森林生态系统生物量变化

　　森林生态系统生物量明显增加。从表 2.10 和图 2.6 可以看出，2000～2010 年全国国家级自然保护区森林生态系统生物量呈上升趋势，2010 年的生物量最多，为58182.85 万 t；其次为 2005 年，生物量为 50631.42 万 t；最少的是 2000 年，生物量为 47705.88 万 t。

表 2.10　2000～2010 年全国国家级自然保护区森林生态系统生物量

年份	2000 年	2005 年	2010 年
生物量/万 t	47705.88	50631.42	58182.85

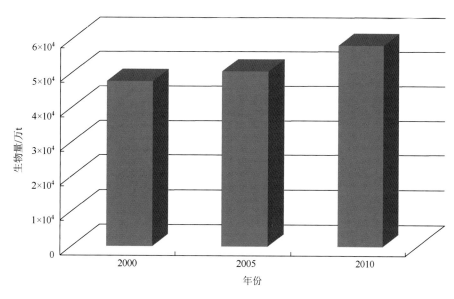

图 2.6　2000～2010 年全国国家级自然保护区森林生态系统生物量

从表 2.11、图 2.7 和图 2.8 中可以看出，将全国国家级自然保护区森林生态系统生物量变化趋势分为 5 个等级，分别为明显退化、轻微退化、正常浮动、轻微好转和明显好转，所占比例基本呈上升趋势。其中明显好转的占比最高，为 40.01%，轻微好转占 19.48%，好转区域主要集中在西南地区的西藏和云南部分保护区、西北地区的陕西部分保护区、东北地区的黑龙江和吉林部分保护区、华中地区的湖北和湖南大部分保护区、华北地区的北京和河北大部分保护区；其次是正常浮动，为 25.55%，正常浮动区域主要集中在西南的西藏地区、西北的新疆、甘肃以及青海的大部分地区和华北的内蒙古等；最后是轻微退化为 10.50%，明显退化为 4.47%，退化区域主要集中在西藏南部、甘肃南部、青海南部、吉林南部的保护区和黑龙江东北的小部分保护区。

表 2.11　2000～2010 年全国国家级自然保护区森林生态系统生物量变化趋势各等级面积与比例

统计参数	明显退化	轻微退化	正常浮动	轻微好转	明显好转
面积/km²	4281.75	10061.31	24489.63	18669.44	38347.00
比例/%	4.47	10.50	25.55	19.48	40.01

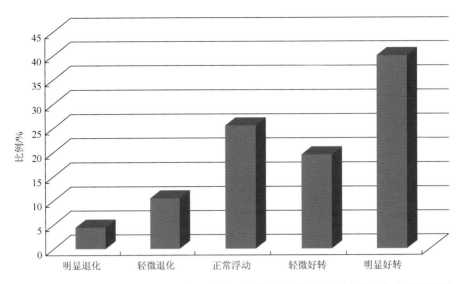

图 2.7　2000～2010 年全国国家级自然保护区森林生态系统生物量变化趋势各等级比例

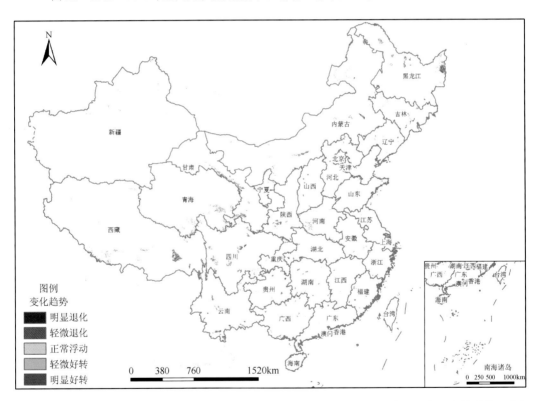

图 2.8　2000～2010 年全国国家级自然保护区森林生态系统生物量变化趋势空间分布（暂缺香港、澳门和台湾资料）

（二）其他生态系统年均净初级生产力变化

其他生态系统主要包括草原生态系统、湿地生态系统、农田生态系统和其他类型生态系统。

将年均净初级生产力分为低、较低、中、较高、高五级，每级对应取值为0～6、6～12、12～18、18～24、24～+∞，统计2000～2010年年均净初级生产力面积与比例，并将年均净初级生产力成图（图2.9和图2.10）。

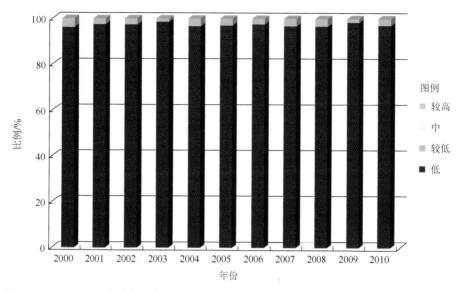

图2.9　2000～2010年全国国家级自然保护区其他生态系统年均净初级生产力各等级比例

其他生态系统年均净初级生产力基本维持。从表2.12、图2.9和图2.10可以看出，2000～2010年全国国家级自然保护区年均净初级生产力全部集中在低（0～6）、较低（6～12）、中（12～18）和较高（18～24）四个等级，其中以低（0～6）为主。整体上看，2000～2010年全国国家级自然保护区年均净初级生产力各等级面积和比例相差不大，低（0～6）占比维持在96%～98%；较低（6～12）占比维持在1%～3%；其他等级的占比很小。

表2.12　2000～2010年全国国家级自然保护区其他生态系统年均净初级生产力各等级面积与比例

年份	统计参数	低	较低	中	较高
2000	面积/km²	768408.20	31059.76	36.25	0.00
	比例/%	96.13	3.88	0.00	0.00
2001	面积/km²	779126.45	20326.95	50.83	0.00
	比例/%	97.45	2.54	0.01	0.00
2002	面积/km²	778574.37	20873.83	55.94	0.06
	比例/%	97.38	2.61	0.01	0.00
2003	面积/km²	788267.31	11166.33	70.44	0.13
	比例/%	98.59	1.40	0.01	0.00
2004	面积/km²	773003.39	26457.70	43.13	0.00
	比例/%	96.68	3.31	0.01	0.00

续表

年份	统计参数	低	较低	中	较高
2005	面积/km²	775877.95	23608.46	17.81	0.00
	比例/%	97.03	2.95	0.00	0.00
2006	面积/km²	779831.70	19622.47	50.07	0.00
	比例/%	97.54	2.45	0.01	0.00
2007	面积/km²	773550.94	25911.70	41.50	0.06
	比例/%	96.75	3.24	0.01	0.00
2008	面积/km²	772817.51	26653.19	33.51	0.00
	比例/%	96.65	3.33	0.00	0.00
2009	面积/km²	786502.00	12925.26	76.56	0.38
	比例/%	98.37	1.62	0.01	0.00
2010	面积/km²	775935.09	23516.63	52.50	0.00
	比例/%	97.05	2.94	0.01	0.00

从表 2.13 和图 2.10 可以看出，2000～2010 年全国国家级自然保护区其他生态系统整体呈波浪线的趋势，净初级生产力年总量最高的是 2010 年，为 4310.69 万 t，最低的是 2003 年，为 3800.77 万 t。

表 2.13　2000～2010 年全国国家级自然保护区其他生态系统净初级生产力年总量　（单位：万 t）

年份	2000	2001	2002	2003	2004	2005	2006	2007	2008	2009	2010
净初级生产力	4255.23	3858.55	4099.69	3800.77	4230.5	4071.52	4025.26	4231.88	4140.63	3948.21	4310.69

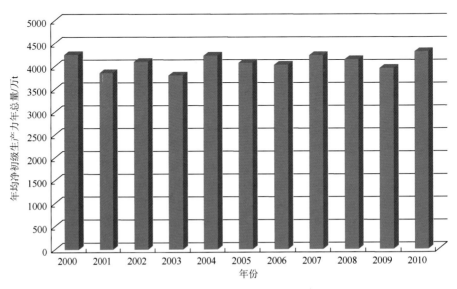

图 2.10　2000～2010 年全国国家级自然保护区其他生态系统年均净初级生产力年总量

从表 2.14、图 2.11 和图 2.12 可以看出，全国国家级自然保护区其他生态系统净初级生产力变化趋势大部分在正常浮动内，占 96.87%。正常浮动区域主要分布在新疆南部、西藏北部、青海南部、甘肃南部等地区的国家级自然保护区内；其次是轻微好转占 1.53%，明显好转占 0.09%，好转区域主要分布在青海南部部分保护区、青海的三江源国家级自然保护区、西藏的羌塘国家级自然保护区、内蒙古东部以及与东北三省交界地带、黑龙江的东部沿海地区、湖南湖北两省交界处；最后是轻微退化占 1.45%，明显退化为 0.06%，退化区域主要分布在青海、四川、宁夏三省交界处，内蒙古南部和东北区域，江西北部，西南地区的西藏的西南部，东北三省沿海地带等小部分保护区内。

表 2.14　2000～2010 年全国国家级自然保护区其他生态系统净初级生产力变化趋势各等级面积及比例

统计参数	明显退化	轻微退化	正常浮动	轻微好转	明显好转
面积/km^2	477.13	11628.07	775456.95	12222.63	748.64
比例/%	0.06	1.45	96.87	1.53	0.09

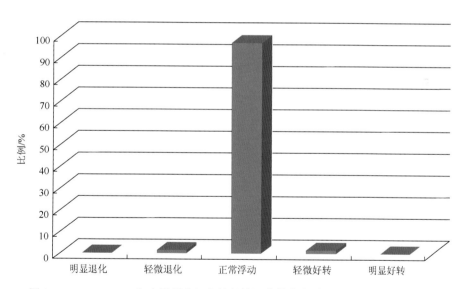

图 2.11　2000～2010 年全国国家级自然保护区其他生态系统变化趋势各等级比例

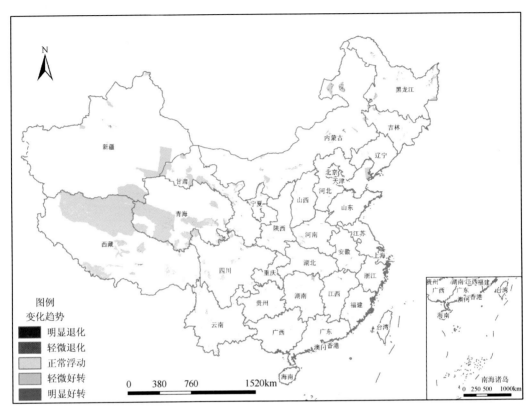

图 2.12　2000～2010 年全国国家级自然保护区其他生态系统变化趋势各等级时空分布（暂缺香港、澳门和台湾资料）

（三）全国国家级自然保护区质量变化情况

根据 2000～2010 年全国国家级自然保护区净初级生产力和生物量的变化幅度情况，同时考虑各功能区的重要程度，对全国国家级自然保护区生态质量转化程度进行定量评价，将生态系统质量变化程度分为改善、基本维持、退化三级。

评价表明：全国国家级自然保护区生态系统质量趋于改善。319 个国家级自然保护区中，201 个国家级自然保护区生态质量趋于改善，占保护区总数的 63.01%；6 个国家级自然保护区生态系统质量趋于退化，占保护区总数的 1.88%；112 个国家级自然保护区生态系统质量基本维持，占保护区总数的 35.11%。从图中可见，生态系统质量趋于改善的国家级自然保护区大部分都集中在东部和中部，基本维持的国家级自然保护区大部分集中在西部（图 2.13 和图 2.14）。

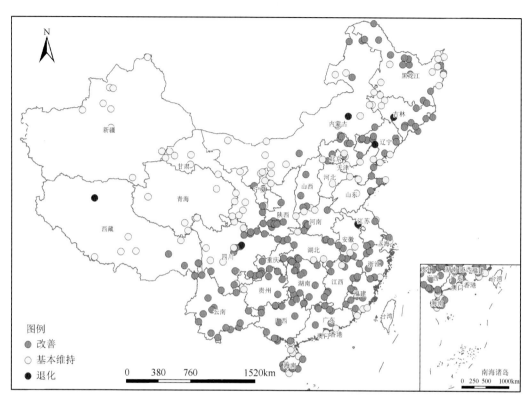

图 2.13　2000～2010 年全国国家级自然保护区生态系统质量变化程度分级
（暂缺香港、澳门和台湾资料）

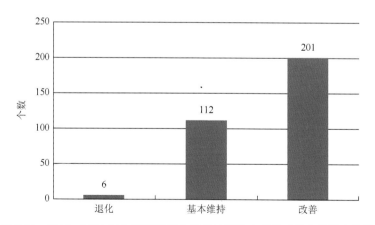

图 2.14　2000～2010 年全国国家级自然保护区生态系统质量变化程度统计

三、小结

（1）2000～2010 年全国国家级自然保护区的生态系统类型构成包括了所有的 10 类陆

地生态系统和海洋生态系统。其中草地生态系统占比最高，其他生态系统依次为荒漠、湿地、森林、灌丛、农田、冰川/永久积雪、海洋、城镇和裸地。草地生态系统 2000 年占全国国家级自然保护区面积的 57.89%，以稀疏草地生态系统为主，2010 年占 57.74%，面积略有下降；荒漠生态系统其次，占 17% 左右；湿地生态系统占 8% 左右，以湖泊为主，近十年来面积有所增加；森林生态系统占全国国家级自然保护区面积不足 8%，以常绿针叶林、落叶阔叶林和常绿阔叶林为主，近十年来面积有所增加，核心区和实验区的森林占比（8.5%～8.9%）显著高于缓冲区（5.5%～5.6%）；城镇占全国国家级自然保护区面积比例由 0.18% 增至 0.21%，面积略有增加。

（2）2000～2010 年全国国家级自然保护区各功能分区一级生态系统类型不论是核心区、缓冲区、实验区还是整个保护区草地变更为湿地的面积最多。后面依次为灌丛变更为森林、荒漠变更为湿地、湿地变更为草地、湿地变更为农田、农田变更为湿地、农田变更为森林、湿地变更为荒漠等。其中有约 21.6 万 hm² 的草地变更为湿地，转变面积最多的省份为西藏，其次是荒漠变更为湿地，转变面积达 10 万 hm²。变化面积较大的是新疆，两类变化面积均占了总变化面积的 16%，其余省份变化较小。以上两种类型变化主要是近十年来青海、西藏、新疆等地气候变暖，冰雪融化，降水量增加，湖泊、湿地面积增加造成的。

（3）2000～2010 年全国国家级自然保护区生态系统格局基本维持。18 个国家级自然保护区生态系统格局明显改善，占保护区总数的 5.64%；34 个国家级自然保护区生态系统格局轻微改善，占保护区总数的 10.66%；219 个国家级自然保护区生态系统格局基本维持，占保护区总数的 68.65%；27 个国家级自然保护区生态系统格局轻微退化，占保护区总数的 8.46%；21 个国家级自然保护区生态系统格局明显退化，占保护区总数的 6.58%。

（4）2000～2010 年全国国家级自然保护区森林生态系统生物量呈上升趋势。2010 年的生物量最多，为 58182.85 万 t；其次为 2005 年，生物量为 50631.42 万 t；最少的是 2000 年，生物量为 47705.88 万 t。将全国国家级自然保护区森林生态系统生物量变化趋势分为 5 个等级，分别为明显退化、轻微退化、正常浮动、轻微好转和明显好转，所占比例基本呈上升趋势。首先，明显好转的占比最高，为 40.01%，轻微好转占 19.48%，好转区域主要集中在西南地区的西藏和云南部分保护区、西北地区的陕西部分保护区、东北地区的黑龙江和吉林部分保护区、华中地区的湖北和湖南大部分保护区、华北地区的北京和河北大部分保护区；其次，正常浮动占 25.55%，正常浮动区域主要集中在西南的西藏地区、西北的新疆、甘肃以及青海的大部分地区和华北的内蒙古等；最后，轻微退化占 10.50%，明显退化占 4.47%，退化区域主要集中在西藏南部、甘肃南部、青海南部、吉林南部的保护区和黑龙江东北的小部分保护区。

（5）2000～2010 年全国国家级自然保护区年均净初级生产力基本维持。全部集中在低（0～6）、较低（6～12）、中（12～18）和较高（18～24）四个等级，其中以低（0～6）为主。整体上，全国国家级自然保护区近十年年均净初级生产力各等级面积和比例相差不大，低（0～6）占比维持在 96%～98%；较低（6～12）占比维持在 1%～3%；其他等级的占比很小。2000～2010 年全国国家级自然保护区其他生态系统整体呈波浪线的趋势，净初级生产力年总量最高的是 2010 年，总量为 4310.69万 t，最低的是 2003 年，为 3800.77 万 t；全国国家级自然保护区其他生态系统净初级生产力变化趋势大部分在正常浮动内，占 96.87%。正常浮动区域主要分布在新疆南部、西藏北部、青海南部、甘肃南部等地区的国家级自然保护区内；其次是轻微好转占 1.53%，明显好转占 0.09%，好转区域主要分布在青海南部部分保护区、青海的三江源国家级自然保护区、西藏的羌塘国家级自然保护区、内蒙古东部以及与东北三省交界地带、黑龙江的东部沿海地区、湖南湖北两省交界处；最后是轻微退化占 1.45%，明显退化为 0.06%，退化区域主要分布在青海、四川、宁夏三省交界处，内蒙古南部和东北区域，江西北部，西南地区的西藏的西南部，东北三省沿海地带等小部分保护区内。

（6）2000～2010 年全国国家级自然保护区生态系统质量趋于改善。319 个国家级自然保护区中生态质量趋于改善的有 201 个，占保护区总数的 63.01%，绝大部分处于东部和中部；生态系统质量趋于退化的有 6 个，占保护区总数的 1.88%，分别为赛罕乌拉国家级自然保护区、双台河口国家级自然保护区、伊通火山群国家级自然保护区、泗洪洪泽湖湿地国家级自然保护区、白水河国家级自然保护区和羌塘国家级自然保护区；生态质量基本维持的有 112 个，占保护区总数的 35.11%，绝大部分集中在西部。

第三节　华北地区国家级自然保护区格局和质量变化

一、华北地区国家级自然保护区格局变化分析

华北地区包括北京、天津、河北、山西、内蒙古，共 44 处国家级自然保护区，涉及 9 个类型的自然保护区，以森林生态系统类型自然保护区为主。其中，森林生态系统类型 20 处，草地生态系统类型 3 处，荒漠生态系统类型 3 处，内陆湿地和水域生态系统类型 3 处，海洋生态系统类型 2 处，野生动物类型 8 处，野生植物类型 1 处，自然遗迹类型 4 处。

（一）华北地区国家级自然保护区生态系统类型构成

从表 2.15、图 2.15 和图 2.16 可以看出：从华北地区国家级自然保护区（以下简称华北保护区）的生态系统类型构成可以看出，有海洋、森林、灌丛、草地、湿地、农田、裸地、城镇和荒漠 9 类海洋生态系统和陆地生态系统。其中占比最高的是草地生态系统，其他生态系统依次为森林、湿地、灌丛、农田、裸地、城镇、海洋和荒漠。在核心区、缓冲区和实验区中也是草地生态系统占比最高。

表 2.15　华北保护区不同功能分区不同年份一级和二级生态系统类型面积与比例

一级生态系统类型	二级生态系统类型	核心区				缓冲区				实验区				保护区合计			
		2000 年		2010 年		2000 年		2010 年		2000 年		2010 年		2000 年		2010 年	
		面积/hm²	比例/%	面积/hm²	比例/%	面积/hm²	比例/%	面积/hm²	比例/%	面积/hm²	比例/%	面积/hm²	比例/%	面积/hm²	比例/%	面积/hm²	比例/%
海洋	海洋	6867.14	0.75	6730.58	0.74	12819.93	1.95	12683.55	1.93	673.31	0.02	313.38	0.01	20360.38	0.44	19727.50	0.42
	合计	6867.14	0.75	6730.58	0.74	12819.93	1.95	12683.55	1.93	673.31	0.02	313.38	0.01	20360.38	0.44	19727.50	0.42
森林	落叶阔叶林	132586.20	14.51	137041.68	15.00	71972.52	10.93	75385.18	11.44	132215.07	4.27	138579.44	4.47	336773.80	7.21	351006.30	7.51
	常绿针叶林	36407.64	3.98	37085.02	4.06	21959.11	3.33	22470.33	3.41	53571.25	1.73	54331.01	1.75	111938.00	2.40	113886.36	2.44
	落叶针叶林	61927.63	6.78	61836.35	6.77	34129.80	5.18	34082.66	5.17	32170.48	1.04	32121.64	1.04	128227.90	2.74	128040.65	2.74
	温性针叶林	119.25	0.01	119.25	0.01	20.32	0.00	20.32	0.00	491.79	0.02	470.56	0.02	631.36	0.01	610.13	0.01
	稀疏林	271.06	0.03	271.06	0.03	362.08	0.05	362.08	0.05	477.82	0.02	473.58	0.02	1110.96	0.02	1106.72	0.02
	合计	231311.78	25.31	236353.36	25.86	128443.83	19.49	132320.57	20.07	218926.41	7.08	225976.23	7.30	578682.02	12.38	594650.16	12.72
灌丛	落叶阔叶灌木林	64007.95	7.00	60181.20	6.59	46971.95	7.13	44811.04	6.80	117867.72	3.80	112519.20	3.63	228847.61	4.90	217511.44	4.66
	稀疏灌木林	7872.01	0.86	7872.01	0.86	7522.20	1.14	7522.20	1.14	6051.18	0.20	6046.48	0.20	21445.40	0.46	21440.70	0.46
	合计	71879.96	7.86	68053.21	7.45	54494.15	8.27	52333.24	7.94	123918.90	4.00	118565.68	3.83	250293.01	5.36	238952.14	5.12
草地	草甸	23983.98	2.62	21901.48	2.40	12782.40	1.94	13353.05	2.03	51360.43	1.66	60298.22	1.95	88126.80	1.89	95552.75	2.04
	草原	374520.20	40.98	380840.84	41.68	315759.08	47.93	317982.50	48.27	1994463.95	64.34	2011251.40	64.88	2684743.23	57.46	2710074.74	58.00
	草丛	4705.71	0.51	3505.52	0.38	5809.51	0.88	4174.57	0.63	19575.37	0.63	17661.90	0.57	30090.59	0.64	25341.99	0.54
	稀疏草地	46439.49	5.08	45353.88	4.96	27322.77	4.15	27269.34	4.14	73301.03	2.36	71405.41	2.30	147063.29	3.15	144028.62	3.08
	合计	449649.38	49.19	451601.72	49.42	361673.76	54.90	362779.46	55.07	2138700.78	68.99	2160616.93	69.70	2950023.91	63.14	2974998.10	63.66
湿地	灌丛沼泽	671.42	0.07	660.22	0.07	745.27	0.11	710.14	0.11	1232.40	0.04	1721.54	0.06	2649.09	0.06	3091.90	0.07
	草本沼泽	60854.36	6.66	59348.79	6.49	18418.96	2.80	19194.51	2.91	54059.03	1.74	58783.26	1.90	133332.34	2.85	137326.57	2.94
	湖泊	7828.62	0.86	6019.89	0.66	11619.94	1.76	7009.59	1.06	259447.57	8.37	213851.13	6.90	278896.12	5.97	226880.61	4.86
	水库/坑塘	3840.36	0.42	2993.97	0.33	2593.03	0.39	2146.75	0.33	4550.83	0.15	5077.82	0.16	10984.22	0.24	10218.55	0.22
	河流	2562.69	0.28	2857.36	0.31	480.27	0.07	619.93	0.09	3240.22	0.10	3683.06	0.12	6283.18	0.13	7160.35	0.15
	运河/水渠	82.32	0.01	44.06	0.01	50.78	0.01	32.76	0.00	407.03	0.01	396.50	0.01	540.12	0.01	473.32	0.01
	合计	75839.77	8.30	71924.29	7.86	33908.25	5.14	29713.68	4.50	322937.08	10.41	283513.31	9.15	432685.07	9.26	385151.30	8.25

续表

一级生态系统类型	二级生态系统类型	核心区				缓冲区				实验区				保护区合计			
		2000 年		2010 年		2000 年		2010 年		2000 年		2010 年		2000 年		2010 年	
		面积/hm²	比例/%	面积/hm²	比例/%	面积/hm²	比例/%	面积/hm²	比例/%	面积/hm²	比例/%	面积/hm²	比例/%	面积/hm²	比例/%	面积/hm²	比例/%
农田	水田	546.88	0.06	546.88	0.06	535.80	0.08	538.92	0.08	2951.35	0.10	2190.04	0.07	4034.02	0.09	3275.84	0.07
	旱地	15689.90	1.72	15347.89	1.68	21883.35	3.32	21382.39	3.25	176313.44	5.69	174039.11	5.61	213886.68	4.58	210769.40	4.51
	乔木园地	0.00	0.00	0.00	0.00	14.11	0.00	14.11	0.00	310.63	0.01	376.05	0.01	324.74	0.01	390.17	0.01
	灌木园地	0.37	0.00	0.37	0.00	61.19	0.01	61.19	0.01	17.29	0.00	17.29	0.00	78.85	0.00	78.85	0.00
	合计	16237.15	1.78	15895.14	1.74	22494.45	3.41	21996.61	3.34	179592.71	5.80	176622.49	5.69	218324.29	4.68	214514.26	4.59
城镇	居住地	505.20	0.06	676.26	0.07	1375.81	0.21	1841.53	0.28	13380.15	0.43	16974.76	0.55	15261.16	0.33	19492.55	0.42
	乔木绿地	0.00	0.00	0.00	0.00	0.00	0.00	0.00	0.00	355.97	0.01	355.48	0.01	355.97	0.01	355.48	0.01
	草本绿地	445.95	0.05	481.44	0.05	1259.89	0.19	1259.28	0.19	1357.21	0.04	1397.99	0.05	3063.04	0.07	3138.71	0.07
	工业用地	7.97	0.00	8.80	0.00	16.67	0.00	67.10	0.01	356.64	0.01	760.12	0.02	381.27	0.01	836.03	0.02
	交通用地	299.90	0.03	1238.48	0.14	309.43	0.05	1010.52	0.15	5522.01	0.18	10295.39	0.33	6131.35	0.13	12544.39	0.27
	采矿场	88.65	0.01	1174.92	0.13	50.96	0.01	180.82	0.01	3962.05	0.13	6788.23	0.22	4101.66	0.09	8143.97	0.17
	合计	1347.67	0.15	3579.90	0.39	3012.76	0.46	4359.25	0.66	24934.03	0.80	36571.97	1.18	29294.45	0.64	44511.13	0.96
荒漠	盐碱地	1570.64	0.17	1527.58	0.17	1757.69	0.27	2109.29	0.32	13675.85	0.44	14932.92	0.48	17004.18	0.36	18569.78	0.40
	合计	1570.64	0.17	1527.58	0.17	1757.69	0.27	2109.29	0.27	13675.85	0.44	14932.92	0.48	17004.18	0.36	18569.78	0.40
裸地	裸岩	2284.23	2.50	2284.23	2.50	10984.41	1.67	10990.36	1.67	13065.43	0.42	13089.72	0.42	46874.07	1.00	46904.31	1.00
	裸土	22158.12	2.42	22145.70	2.42	19914.34	3.02	19911.26	3.02	24172.34	0.78	24196.67	0.78	66244.80	1.42	66253.62	1.42
	沙漠/沙地	14138.08	1.55	13188.21	1.44	9283.52	1.41	9589.79	1.46	39325.40	1.27	45522.91	1.47	62747.00	1.34	68300.90	1.46
	合计	59120.43	6.47	58158.14	6.36	40182.27	6.10	40491.41	6.15	76563.17	2.47	82809.30	2.67	178865.87	3.76	181458.83	3.88
合计		913823.92	100.00	913823.92	100.00	658787.09	100.00	658787.06	100.00	3099922.24	100.00	3099922.21	100.00	4672533.18	100.00	4672533.20	100.00

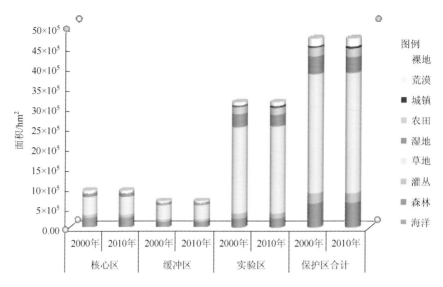

图 2.15 华北保护区不同功能分区不同年份一级生态系统类型面积

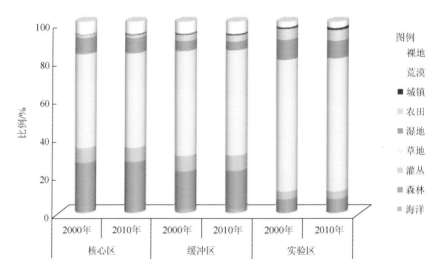

图 2.16 华北保护区不同功能分区不同年份一级生态系统类型比例

草地面积增加。草地生态系统 2000 年占整个地区保护区面积的 63.14%，2010 年占 63.66%，面积增加，草地中主要是草原。其中，草地生态系统在核心区中 2000 年占 49.19%，2010 年占 49.42%；在缓冲区中 2000 年占 54.90%，2010 年占 55.07%；在实验区中 2000 年占 68.99%，2010 年占 69.70%。

森林面积略有增加。森林生态系统 2000 年占整个地区保护区面积的 12.38%，2010 年占 12.72%，面积略有增加，森林中主要是落叶阔叶林。其中，森林生态系统在核心区中 2000 年占 25.31%，2010 年占 25.86%；在缓冲区中 2000 年占 19.49%，2010 年占 20.07%；在实验区中 2000 年占 7.08%，2010 年占 7.30%。

湿地生态系统 2000 年占整个地区保护区面积的 9.26%，2010 年占 8.25%，面积大幅度下降，湿地中主要是湖泊。其中，湿地生态系统在核心区中 2000 年占 8.30%，2010 年占 7.86%；在缓冲区中 2000 年占 5.14%，2010 年占 4.50%；在实验区中 2000 年占 10.41%，2010 年占 9.15%。

灌丛面积减少。灌丛生态系统 2000 年占整个地区保护区面积的 5.36%，2010 年占 5.12%，灌丛中主要是落叶阔叶灌木林。其中，灌丛生态系统在核心区中 2000 年占 7.86%，2010 年占 7.45%；在缓冲区中 2000 年占 8.27%，2010 年占 7.94%；在实验区中 2000 年占 4.00%，2010 年占 3.83%。

农田比例下降。农田生态系统 2000 年占整个地区保护区面积的 4.68%，2010 年占 4.59%，面积略有减少，农田中主要是旱地。其中，农田生态系统在核心区中 2000 年占 1.78%，2010 年占 1.74%；在缓冲区中 2000 年占 3.41%，2010 年占 3.34%；在实验区中 2000 年占 5.80%，2010 年占 5.69%。

裸地略有增加。裸地生态系统 2000 年占整个地区保护区面积的 3.76%，2010 年占 3.88%，面积略有增加，裸地中主要是裸土和沙漠/沙地。其中，裸地生态系统在核心区中 2000 年占 6.47%，2010 年占 6.36%；在缓冲区中 2000 年占 6.10%，2010 年占 6.15%；在实验区中 2000 年占 2.47%，2010 年占 2.67%。

城镇扩张迅速。城镇生态系统 2000 年占整个地区保护区面积的 0.64%，2010 年占 0.96%，面积大幅度增加，城镇中自然生态系统主要是草本绿地。其中，城镇生态系统在核心区中 2000 年占 0.15%，2010 年占 0.39%；在缓冲区中 2000 年占 0.46%，2010 年占 0.66%；在实验区中 2000 年占 0.80%，2010 年占 1.18%。

海洋面积减少。海洋生态系统 2000 年占整个地区保护区面积的 0.44%，2010 年占 0.42%，面积略有减少。其中，海洋生态系统在核心区中 2000 年占 0.75%，2010 年占 0.74%；在缓冲区中 2000 年占 1.95%，2010 年占 1.93%；在实验区中 2000 年占 0.02%，2010 年占 0.01%。

荒漠面积略有增加。荒漠生态系统全部是盐碱地，2000 年占整个地区保护区面积的 0.36%，2010 年占 0.40%，面积略有增加。其中，荒漠生态系统在核心区中 2000 年和 2010 年都占 0.17%；在缓冲区中 2000 年占 0.27%，2010 年占 0.32%；在实验区中 2000 年占 0.44%，2010 年占 0.48%。

（二）华北地区自然保护区生态系统类型转化情况

从 2000～2010 年的华北保护区各功能分区一级生态系统类型转化面积可以看出（表 2.16、表 2.17 和图 2.17），华北保护区生态系统类型变化中湿地变更为草地的面积最多，后面依次为草地变更为城镇、湿地变更为裸地、灌丛变更为森林、草地变更为湿地、裸地变更为草地、草地变更为森林、农田变更为草地、草地变更为农田和灌丛变更为草地。

表2.16 华北保护区一级生态系统类型转化面积与比例

年份	类型	海洋		森林		灌丛		草地		湿地		农田		城镇		荒漠		裸地	
		面积/hm²	比例/%	面积/hm²	比例/%	面积/hm²	比例/%	面积/hm²	比例/%	面积/hm²	比例/%	面积/hm²	比例/%	面积/hm²	比例/%	面积/hm²	比例/%	面积/hm²	比例/%
2000~2010年	海洋	19727.50	96.89	270.17	1.33	9.57	0.05	37.80	0.19	306.55	1.51	0.00	0.00	8.10	0.04	0.08	0.00	0.60	0.00
	森林	0.00	0.00	577191.03	99.74	410.07	0.07	303.06	0.05	181.01	0.03	233.55	0.04	185.84	0.03	21.43	0.13	156.02	0.09
	灌丛	0.00	0.00	11107.38	4.44	235770.30	94.20	3281.51	1.31	36.80	0.01	28.39	0.01	61.17	0.02	0.90	0.01	6.55	0.00
	草地	0.00	0.00	4811.65	0.16	2708.71	0.09	2916067.07	98.85	7218.14	0.24	4235.23	0.14	11779.54	0.40	386.97	2.28	2816.60	1.60
	湿地	0.00	0.00	80.80	0.02	26.85	0.01	42372.78	9.79	375490.56	86.78	1428.60	0.33	560.36	0.13	1537.11	9.04	11188.02	6.36
	农田	0.00	0.00	1172.06	0.54	21.87	0.01	4462.22	2.04	1492.18	0.68	208117.02	95.32	2537.12	1.16	63.03	0.37	458.80	0.26
	城镇	0.00	0.00	10.96	0.04	0.00	0.00	2.10	0.01	24.86	0.08	60.73	0.21	29193.73	99.66	0.25	0.00	1.84	0.00
	荒漠	0.00	0.00	1.19	0.00	1.45	0.00	1398.41	0.87	66.72	0.04	67.00	0.04	30.83	0.02	14994.40	88.18	0.00	0.00
	裸地	0.00	0.00	6.03	0.00	7.33	0.00	7069.54	4.39	337.31	0.21	338.71	0.21	155.85	0.10	0.00	0.00	161237.45	91.68

表 2.17　华北保护区各功能分区一级生态系统类型转化面积与比例

变更方式	核心区/hm²	占核心区比例/%	缓冲区/hm²	占缓冲区比例/%	实验区/hm²	占实验区比例/%	总计/hm²
海洋→森林	126.45	0.01	105.01	0.02	38.71	0.00	270.17
海洋→灌丛	1.08	0.00	6.24	0.00	2.25	0.00	9.57
海洋→草地	9.03	0.00	9.45	0.00	19.32	0.00	37.80
海洋→湿地	0.00	0.00	7.58	0.00	298.97	0.01	306.55
海洋→城镇	0.00	0.00	8.10	0.00	0.00	0.00	8.10
海洋→荒漠	0.00	0.00	0.00	0.00	0.08	0.00	0.08
海洋→裸地	0.00	0.00	0.00	0.00	0.60	0.00	0.60
森林→灌丛	232.98	0.03	42.64	0.01	134.45	0.00	410.07
森林→草地	109.94	0.01	70.39	0.01	122.73	0.00	303.06
森林→湿地	70.41	0.01	23.95	0.00	86.65	0.00	181.01
森林→农田	5.26	0.00	15.59	0.00	212.70	0.01	233.55
森林→城镇	21.27	0.00	15.02	0.00	149.56	0.00	185.85
森林→荒漠	5.49	0.00	29.72	0.01	120.82	0.00	156.03
森林→裸地	0.75	0.00	4.08	0.00	16.59	0.00	21.42
灌丛→森林	3842.29	0.42	2408.76	0.37	4856.33	0.16	11107.38
灌丛→草地	322.95	0.04	376.85	0.06	2581.71	0.08	3281.51
灌丛→湿地	4.06	0.00	26.29	0.00	6.46	0.00	36.81
灌丛→农田	1.46	0.00	1.53	0.00	25.40	0.00	28.39
灌丛→城镇	0.00	0.00	27.83	0.00	33.34	0.00	61.17
灌丛→荒漠	0.00	0.00	0.82	0.00	0.09	0.00	0.91
灌丛→裸地	0.00	0.00	5.70	0.00	0.85	0.00	6.55
草地→森林	1279.07	0.14	1389.00	0.21	2143.58	0.07	4811.65
草地→灌丛	257.49	0.03	584.16	0.09	1867.06	0.06	2708.71
草地→湿地	1392.49	0.15	1407.91	0.21	4417.74	0.14	7218.14
草地→农田	113.57	0.01	250.48	0.04	3871.17	0.12	4235.22
草地→城镇	1958.72	0.21	783.35	0.12	9037.47	0.29	11779.54
草地→荒漠	21.95	0.00	11.88	0.00	353.14	0.03	386.97
草地→裸地	159.77	0.02	86.45	0.01	2570.38	0.06	2816.60
湿地→森林	5.54	0.00	13.83	0.00	61.43	0.00	80.80
湿地→灌丛	5.58	0.00	2.07	0.00	19.21	0.00	26.86
湿地→草地	4957.94	0.54	4323.87	0.66	33090.97	1.07	42372.78
湿地→农田	135.04	0.01	147.67	0.02	1145.90	0.04	1428.61
湿地→城镇	62.81	0.01	121.63	0.02	375.91	0.01	560.35
湿地→荒漠	53.65	0.00	171.91	0.01	1311.55	0.05	1537.11
湿地→裸地	4969.59	0.05	1592.31	0.21	4626.12	0.30	11188.02
农田→森林	80.29	0.01	204.09	0.03	887.69	0.03	1172.07
农田→灌丛	0.14	0.00	0.71	0.00	21.02	0.00	21.87
农田→草地	212.32	0.02	0.10	0.00	4249.80	0.14	4462.22
农田→湿地	155.57	0.02	350.13	0.05	986.48	0.03	1492.18
农田→城镇	177.21	0.02	354.74	0.05	2005.18	0.06	2537.13
农田→荒漠	3.18	0.00	5.33	0.00	54.52	0.00	63.03

续表

变更方式	核心区/hm²	占核心区比例/%	缓冲区/hm²	占缓冲区比例/%	实验区/hm²	占实验区比例/%	总计/hm²
农田→裸地	23.14	0.00	38.77	0.01	396.89	0.01	458.80
城镇→森林	3.18	0.00	0.72	0.00	7.06	0.00	10.96
城镇→草地	0.00	0.00	0.00	0.00	2.10	0.00	2.10
城镇→湿地	0.00	0.00	0.00	0.00	24.86	0.00	24.86
城镇→农田	6.16	0.00	3.38	0.00	51.18	0.00	60.72
城镇→荒漠	0.00	0.00	0.00	0.00	0.25	0.00	0.25
城镇→裸地	0.00	0.00.00	0.00	0.000	1.84	0.00	1.84
荒漠→森林	0.00	0.00	0.00	0.00	1.19	0.00	1.19
荒漠→灌丛	0.03	0.00	1.25	0.00	0.17	0.00	1.45
荒漠→草地	251.01	0.02	138.79	0.02	1008.61	0.08	1398.41
荒漠→湿地	12.10	0.00	3.83	0.00	50.79	0.00	66.72
荒漠→农田	7.84	0.00	5.82	0.00	53.34	0.00	67.00
荒漠→城镇	3.67	0.00	6.71	0.00	20.44	0.00	30.82
裸地→森林	0.00	0.00	0.00	0.00	6.03	0.00	6.03
裸地→灌丛	1.00	0.00	5.23	0.00	1.10	0.00	7.33
裸地→草地	1268.96	0.15	701.64	0.11	5098.94	0.12	7069.54
裸地→湿地	61.17	0.01	19.36	0.13	256.77	0.01	337.30
裸地→农田	39.63	0.01	29.42	0.00	269.65	0.01	338.70
裸地→城镇	18.55	0.00	33.92	0.00	103.33	0.00	155.80

　　湿地变更为草地的面积最多。湿地变更为草地的面积为 42372.78hm²，其中核心区变化面积为 4957.94hm²，缓冲区为 4323.87hm²，实验区为 33090.97hm²。转变最多的省份为内蒙古，面积为 42360.60hm²，占华北保护区湿地转变为草地面积的 99.97%，其他省份占比较少。

　　草地变更为城镇其次。草地变更为城镇面积为 11779.54hm²，其中核心区变化面积为 1958.72hm²，缓冲区为 783.35hm²，实验区为 9037.47hm²。转变最多的省份为内蒙古，其面积为 11685.61hm²，占华北保护区草地转变为城镇面积的 99.20%，其他省份占比较少。

　　湿地变更为荒漠/裸地，其面积为 12725.13hm²，其中核心区变化面积为 5023.24hm²，缓冲区为 1764.22hm²，实验区为 5937.67hm²。转变最多的省份为内蒙古，其面积为 12712.96hm²，占华北保护区湿地变更为荒漠/裸地面积的 99.90%，其他省份较少。

　　这三种变化主要是因为 2000～2010 年气温升高，内蒙古降水量减少，其是湿地面积萎缩的主要自然因素；其次，人口的增长，大量沼泽湿地开垦为耕地，这是其主要社会驱动力，导致沼泽湿地向草地、城镇、荒漠/裸地转移。

　　灌丛变更为森林，其面积为 11107.38hm²，其中核心区变化面积为 3842.29hm²，缓冲区为 2408.76hm²，实验区为 4856.33hm²。转变最多的是山西，其变化面积为 10816.36hm²，

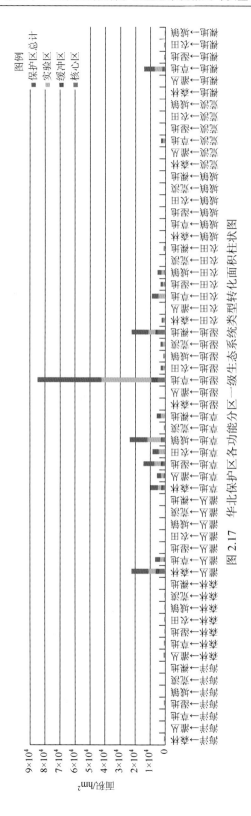

图 2.17　华北保护区各功能分区一级生态系统类型转化面积柱状图

占华北保护区灌丛转变为森林面积的 97.38%，其他省份较少。这主要是因为经过十年的自然生长，大量灌丛发育成森林，林地面积大量增加；其次，当地管理者注重林地的保护，开展了大量植被恢复工作也是转变的原因。这是一个积极的转变方式。

草地变更为湿地，其面积为 7218.14hm²，其中核心区变化面积为 1392.49hm²，缓冲区为 1407.91hm²，实验区为 4417.74hm²。转变最多的省份为内蒙古，其面积为 7142.31hm²，占华北保护区草地转变为城镇面积的 98.95%，其他省份占比较少。这是由内蒙古有些区域降水丰富，草地大量积蓄雨水，逐渐形成沼泽所致。

荒漠/裸地变更为草地，其面积为 8467.95hm²，其中核心区变化面积为 1519.97hm²，缓冲区为 840.43hm²，实验区为 6107.55hm²。转变最多的省份为内蒙古，其面积为 8448.51hm²，占华北保护区荒漠/裸地变更为草地面积的 99.77%，其他省份占比较少。这主要是内蒙古保护区加强对草地生态系统的保护，开展草地植被恢复工作，把在荒漠/裸地上种植耐旱耐碱植物恢复草地所造成的。

华北保护区一级生态系统类型转化面积中有灌丛变更为森林，其面积为 11107.38hm²，灌丛变更为草地，其面积为 3281.51hm²，草地变更为森林，其面积为 4811.65hm²，农田变更为草地，其面积为 4462.22hm² 和裸地变更为草地，其面积为 7069.54hm²，这对于华北保护区的生态环境的保护是有利的，改善了森林生态系统，维护了湿地生态环境。但是，草地变更为农田，其面积为 4235.22hm²，草地变更为城镇，其面积为 11779.54hm²，湿地变更为裸地，其面积为 11188.02hm²，其中城镇化建设使得城镇生态系统增多，对于自然保护区生态环境的保护是十分不利的。

（三）生态系统格局变化分级评价

根据生态系统格局变化分级计算方法得出，华北地区 44 个国家级自然保护区中，生态系统格局变化情况为：轻微改善 3 个，基本维持 33 个，轻微退化 2 个，明显退化 6 个（图 2.18）。

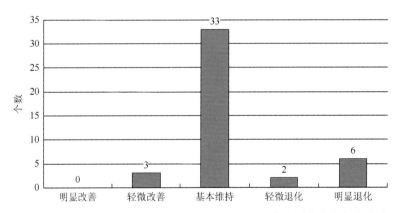

图 2.18　2000～2010 年华北地区国家级自然保护区生态系统变化程度统计

华北地区内蒙古退化率最高。内蒙古国家级自然保护区退化率为 34.78%，23 个国家级自然保护区中 2 个轻微退化，分别为内蒙古大青山、额尔古纳国家级自然保护区；6 个明显退化，分别为哈腾套海、西鄂尔多斯、红花尔基樟子松林、辉河、达里诺尔、鄂尔多斯遗鸥国家级自然保护区。

山西改善率最高。山西国家级自然保护区改善率为20%，5个国家级自然保护区中1个轻微改善，为芦芽山国家级自然保护区（图2.19和图2.20）。

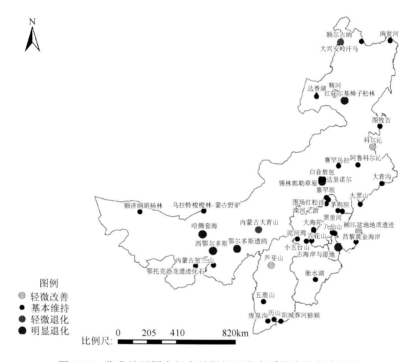

图2.19　华北地区国家级自然保护区生态系统变化程度分级

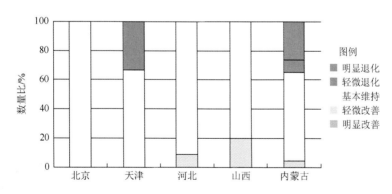

图2.20　华北地区国家级自然保护区生态系统变化程度数量比

二、华北地区国家级自然保护区质量变化分析

（一）森林生态系统生物量变化

华北地区森林生态系统生物量呈增加趋势。从表2.18、图2.21可以看出，2010年的

生物量最大，为 3163.42 万 t；其次为 2005 年，生物量为 2734.15 万 t；最少的是 2000 年，生物量为 2437.20 万 t。

表 2.18　2000～2010 年华北地区森林生态系统生物量

年份	2000	2005	2010
生物量/万 t	2437.20	2734.15	3163.42

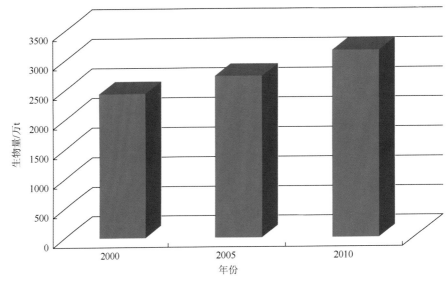

图 2.21　2000～2010 年华北地区森林生态系统生物量

从表 2.19、图 2.22 和图 2.23 中可以看出，可将华北地区森林生态系统生物量变化趋势分为 5 个等级，分别为明显退化、轻微退化、正常浮动、轻微好转和明显好转，所占比例呈上升趋势，其中明显好转占比最高，占 59.04%，轻微好转占 17.85%，好转区域主要分布在内蒙古的额尔古纳、大兴安岭汗马国家级自然保护区，河北的滦河上游、茅荆坝、小五台山国家级自然保护区，北京的百花山国家级自然保护区，天津的八仙山国家级自然保护区和山西的芦芽山等国家级自然保护区；其次是正常浮动占 15.56%，正常浮动的区域主要分布在内蒙古南部和东部、河北北部、山西西侧；最后是轻微退化占 5.43%，明显退化占 2.11%，退化区域主要分布在内蒙古赛罕乌拉国家级自然保护区内，以及额尔古纳和大兴安岭汗马国家级自然保护区的小部分区域，河北的围场红松洼、滦河上游、茅荆坝、河北雾灵山以及山西的历山和阳城莽河猕猴等国家级自然保护区。

表 2.19　2000～2010 年华北地区森林生态系统生物量变化趋势各等级面积与比例

统计参数	明显退化	轻微退化	正常浮动	轻微好转	明显好转
面积/km²	166.38	427.44	1224.31	1405.06	4646.38
比例/%	2.11	5.43	15.56	17.85	59.04

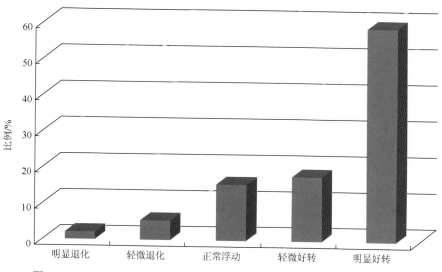

图 2.22　2000～2010 年华北地区森林生态系统生物量变化趋势各等级比例

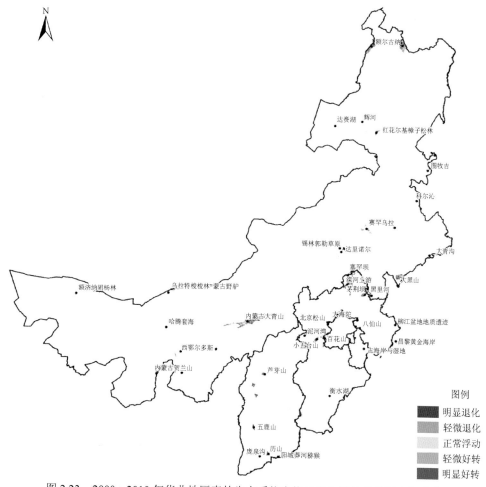

图 2.23　2000～2010 年华北地区森林生态系统生物量变化趋势各等级空间分布

（二）其他生态系统年均净初级生产力变化

华北地区其他生态系统年均净初级生产力基本维持。从表 2.20、图 2.24 和图 2.25 可以看出，2000～2010 年年均净初级生产力全部集中在低（0～6）、较低（6～12）、中（12～18）三个等级，其中以低（0～6）、较低（6～12）为主。整体上，十年华北地区年均净初级生产力各等级面积和比例相差不大，低（0～6）占比维持在 93%～98%，2006 年最高，为 98.05%；较低（6～12）占比基本维持在 2%～6%，略有波动，2000 年最高，为 6.62%。

表 2.20　2000～2010 年华北地区其他生态系统年均净初级生产力各等级面积与比例

年份	统计参数	低	较低	中
2000	面积/km²	33468.56	2374.81	5.56
	比例/%	93.36	6.62	0.02
2001	面积/km²	34780.38	1066.69	1.88
	比例/%	97.02	2.98	0.01
2002	面积/km²	34494.50	1351.69	2.75
	比例/%	96.22	3.77	0.01
2003	面积/km²	34792.81	1051.63	4.50
	比例/%	97.05	2.93	0.01
2004	面积/km²	34166.31	1674.44	8.19
	比例/%	95.31	4.67	0.02
2005	面积/km²	33841.94	1998.44	8.56
	比例/%	94.40	5.57	0.02
2006	面积/km²	35148.88	698.88	1.19
	比例/%	98.05	1.95	0.00
2007	面积/km²	34826.25	1018.88	3.81
	比例/%	97.15	2.84	0.01
2008	面积/km²	34729.69	1114.31	4.94
	比例/%	96.88	3.11	0.01
2009	面积/km²	34962.00	883.69	3.25
	比例/%	97.53	2.47	0.01
2010	面积/km²	34711.38	1136.81	0.75
	比例/%	96.83	3.17	0.00

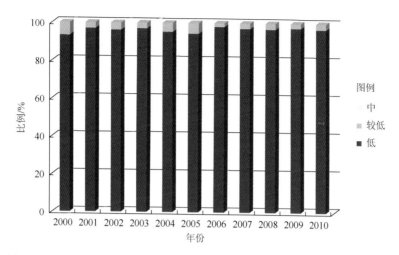

图 2.24　2000~2010 年华北地区其他生态系统年均净初级生产力各等级比例

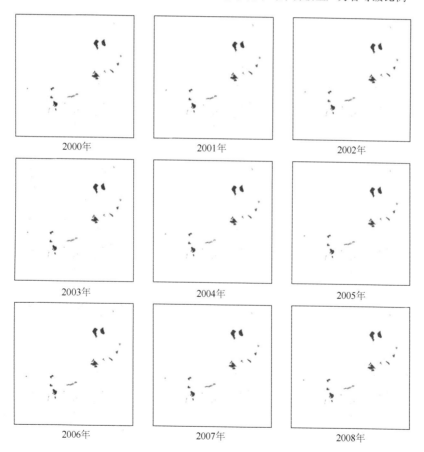

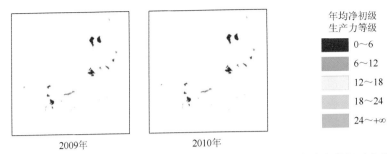

图 2.25　2000～2010 年华北地区其他生态系统年均净初级生产力各等级时空分布

从表 2.21 和图 2.26 可以看出，2000～2010 年其他生态系统年均净初级生产力年总量整体趋势呈波浪线。2001 年最小，为 264.82 万 t；净初级生产力年总量最高的是 2002 年，总量为 357.64 万 t。

表 2.21　2000～2010 年华北地区其他生态系统净初级生产力年总量　（单位：万 t）

年份	2000	2001	2002	2003	2004	2005	2006	2007	2008	2009	2010
净初级生产力	346.80	264.82	357.64	333.67	336.03	351.70	292.37	281.33	349.96	284.99	327.31

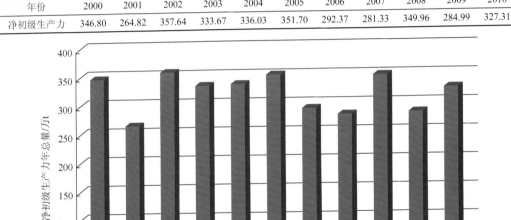

图 2.26　2000～2010 年华北地区其他生态系统净初级生产力年总量

从表 2.22、图 2.27 和图 2.28 可以看出，华北地区其他生态系统净初级生产力变化趋势大部分区域维持在基本浮动或之上，其中正常浮动占 86.18%，基本维持的大部分面积分布在内蒙古，主要集中在达赉湖、辉河、锡林郭勒草原、内蒙古大青山、阿鲁科尔沁、图牧吉、西鄂尔多斯、赛罕乌拉等国家级自然保护区；好转区域中轻微好转占 3.07%，明显好转占 0.24%，好转区域主要分布在内蒙古东北部和南部，主要由保护区部分农田变更为草地、湿地等造成。退化区域中明显退化占 0.27%，轻微退化占 10.25%，退化区域主要分布在内蒙古的锡林郭勒草原、达赉湖、赛罕乌拉国家级自然保护区，天津的古海岸与湿地国家级自然保护区，河北的围场红松洼、滦河上游、茅荆坝、河北雾灵山等国家级自然保护区，主要是由保护区部分草地、湿地转变成农田、建设用地等造成的。

表2.22　2000～2010年华北地区其他生态系统净初级生产力变化趋势各等级面积与比例

统计参数	明显退化	轻微退化	正常浮动	轻微好转	明显好转
面积/km²	95.75	3690.75	31022.38	1104.94	85.13
比例/%	0.27	10.25	86.18	3.07	0.24

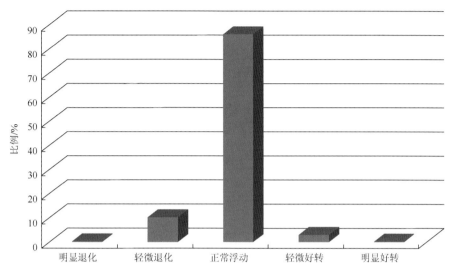

图2.27　2000～2010年华北地区其他生态系统净初级生产力变化趋势各等级比例

图2.28　2000～2010年华北地区其他生态系统净初级生产力变化趋势各等级空间分布

三、小结

（1）华北保护区生态系统类型包括海洋、森林、灌丛、草地、湿地、农田、裸地、城镇和荒漠九类生态系统。其中占比最高的为草地生态系统，2000年占整个地区保护区面积的63.14%，2010年占63.66%；其次为森林生态系统，2000年占12.38%，2010年占12.72%。

（2）华北保护区一级生态系统类型转化中，湿地变更为草地的面积最多，后面依次为草地变更为城镇、湿地变更为裸地、灌丛变更为森林、草地变更为湿地、裸地变更为草地、草地变更为森林、农田变更为草地、草地变更为农田和灌丛变更为草地。湿地变更为草地的面积为42372.78hm^2，占华北保护区湿地转变为草地面积的99.97%；草地变更为城镇，其面积为11779.54hm^2；湿地变更为荒漠/裸地，其面积为12725.13hm^2，以上转化面积大部分集中在内蒙古。这主要是因为过去十年气温升高，内蒙古降水量减少，其是湿地面积萎缩的主要自然因素；其次是人口的增长，大量沼泽湿地开垦为耕地，这是其主要社会驱动力，导致沼泽湿地向草地、城镇、荒漠/裸地转移。灌丛变更为森林，其面积为11107.38hm^2，转变面积最多的是山西。这主要是因为经过十年的自然生长，大量灌丛发育成森林，林地面积大量增加；其次，当地管理者注重林地的保护，开展了大量植被恢复工作也是转变的原因，这是一个积极的转变方式。草地变更为湿地，其面积为7218.14hm^2，转变最多的是内蒙古，这是由内蒙古有些区域降水丰富，草地大量积蓄雨水，逐渐形成沼泽所导致的。

华北地区44个国家级自然保护区中，生态系统格局变化情况为：轻微改善3个，基本维持33个，轻微退化2个，明显退化6个。

（3）2000～2010年华北地区森林生态系统生物量呈增加趋势。2010年的生物量最大，为3163.42万t；其次是2005年，生物量为2734.15万t；最少的是2000年，生物量为2437.20万t。将华北地区森林生态系统生物量变化趋势分为5个等级，分别为明显退化、轻微退化、正常浮动、轻微好转和明显好转，所占比例呈上升趋势，其中明显好转占比最高，为59.04%，轻微好转占17.85%，好转区域主要分布在内蒙古的额尔古纳、大兴安岭汗马国家级自然保护区，河北的滦河上游、茅荆坝、小五台山国家级自然保护区，北京的百花山国家级自然保护区，天津的八仙山国家级自然保护区和山西的芦芽山等国家级自然保护区；其次是正常浮动占15.56%，正常浮动的区域主要分布在内蒙古南部和东部、河北北部、山西西侧；最后是轻微退化占5.43%，明显退化占2.11%，退化区域主要分布在内蒙古赛罕乌拉国家级自然保护区内，以及额尔古纳和大兴安岭汗马国家级自然保护区的小部分区域，河北的围场红松洼、滦河上游、茅荆坝、河北雾灵山以及山西的历山和阳城莽河猕猴等国家级自然保护区。

（4）2000～2010年华北地区年均净初级生产力基本维持。全部集中在低（0～6）、较低（6～12）、中（12～18）三个等级，其中以低（0～6）、较低（6～12）为主。整体上，十年华北地区年均净初级生产力各等级面积和比例相差不大，低（0～6）占比维持在93%～98%，2006年最高，为98.05%；较低（6～12）占比基本维持在2%～6%，略有波动，2000年最高，为6.62%。2000～2010年华北地区其他生态系统年均净初级生产力年总量整体趋势呈波浪线。2001 年最小，为 264.82 万 t；净初级生产力年总量最高的是 2002 年，总量为 357.64 万 t。2000~2010 年华北地区其他生态系统净初级生产力变化趋势大部分区域维持在基本浮动或之上，其中正常浮动 86.18%，基本维持的大部分面积分布在内蒙古，主要集中在达赉湖、辉河、锡林郭勒草原、内蒙古大青山、阿鲁科尔沁、图牧吉、西鄂尔多斯、赛罕乌拉等国家级自然保护区；好转区域中轻微好转占 3.07%，明显好转占 0.24%，好转区域主要分布在内蒙古东北部和南部，主要由保护区部分农田变更为草地、湿地等造成。退化区域中明显退化占 0.27%，轻微退化占 10.25%，退化区域主要分布在内蒙古的锡林郭勒草原、达赉湖、赛罕乌拉国家级自然保护区，天津的古海岸与湿地自然保护区，河北的围场红松洼、滦河上游、茅荆坝、河北雾灵山等国家级自然保护区，主要是由保护区部分草地、湿地转变成农田、建设用地等造成的。

第四节　东北地区国家级自然保护区格局和质量变化

东北地区包括吉林、黑龙江和辽宁三省，共 50 处国家级自然保护区，涉及 7 个类型，以湿地和森林生态系统类型自然保护区为主。其中，森林生态系统类型 15 处，内陆湿地和水域生态系统类型 18 处，海洋与海岸生态系统类型 1 处，野生动物类型 8 处，野生植物类型 3 处，自然遗迹类型 5 处。

一、东北地区国家级自然保护区格局变化分析

（一）东北地区国家级自然保护区生态系统类型构成

从表 2.23、图 2.29 和图 2.30 可以看出：2000 年和 2010 年东北地区国家级自然保护区（以下简称东北保护区）的生态系统类型构成来看，包括了海洋、森林、灌丛、草地、湿地、农田、城镇、荒漠和裸地 9 类陆地生态系统和海洋生态系统。其中森林、湿地、农田和海洋生态系统占比较高，其他生态系统类型依次为灌丛、草地、城镇、荒漠和裸地。核心区、缓冲区和实验区均是以森林生态系统为主。

森林面积增加。东北保护区生态系统类型占比最高的是森林生态系统，2000 年占整个保护区面积的 38.27%，2010 年占保护区面积的 38.43%，面积略有增加。森林生态系统以落叶阔叶林生态系统为主，落叶阔叶林生态系统 2000 年占整个保护区面积的 26.53%，2010 年占 26.67%。森林生态系统 2000 年占核心区面积的比例为 36.65%，2010 年占 36.84%；森林生态系统 2000 年占缓冲区面积的比例为 30.67%，2010 年占 30.62%；森林生态系统 2000 年占实验区面积的比例为 42.73%，2010 年占 43.01%。

湿地面积略有增加。湿地生态系统 2000 年占整个保护区面积的 22.36%，2010 年占保护区面积的 22.44%，面积略有增加。湿地生态系统以草本沼泽生态系统为主。湿地生态系统 2000 年占核心区面积的比例为 31.36%，2010 年占 31.34%；湿地生态系统 2000 年占缓冲区面积的比例为 21.24%，2010 年占 21.22%；湿地生态系统 2000 年占实验区面积的比例为 17.68%，2010 年占 17.87%。

表 2.23　东北保护区不同功能分区不同年份一级和二级生态系统类型面积与比例

一级生态系统类型	二级生态系统类型	核心区 2000年 面积/hm²	比例/%	核心区 2010年 面积/hm²	比例/%	缓冲区 2000年 面积/hm²	比例/%	缓冲区 2010年 面积/hm²	比例/%	实验区 2000年 面积/hm²	比例/%	实验区 2010年 面积/hm²	比例/%	保护区合计 2000年 面积/hm²	比例/%	保护区合计 2010年 面积/hm²	比例/%
海洋	海洋	28134893	20.62	27422458	20.10	35868227	32.44	35630736	32.22	173167.79	7.32	170660.74	7.21	813198.99	16.81	801192.67	16.56
	合计	28134893	20.62	27422458	20.10	35868227	32.44	35630736	32.22	173167.79	7.32	170660.74	7.21	813198.99	16.81	801192.67	16.56
森林	落叶阔叶林	294438.82	21.58	296349.36	21.72	232663.69	21.04	231863.32	20.97	756032.37	31.94	761922.46	32.19	1283134.88	26.53	1290135.13	26.67
	常绿针叶林	67038.00	4.91	67314.40	4.93	20258.83	1.83	20408.21	1.85	39687.34	1.68	39704.05	1.68	126984.18	2.63	127426.66	2.63
	落叶针叶林	68894.29	5.05	68995.20	5.06	53404.68	4.83	53400.26	4.83	156616.98	6.62	156635.41	6.62	278915.95	5.77	279030.88	5.77
	针阔混交林	69665.96	5.11	69958.59	5.13	32819.48	2.97	32797.78	2.97	58917.66	2.49	59684.42	2.52	161403.10	3.34	162440.79	3.36
	稀疏林	7.56	0.00	14.43	0.00	1.16	0.00	4.65	0.00	0.00	0.00	0.00	0.00	8.73	0.00	19.08	0.00
	合计	500044.63	36.65	502631.98	36.84	339147.84	30.67	338474.22	30.62	1011254.36	42.73	1017946.35	43.01	1850446.82	38.27	1859052.54	38.43
灌丛	落叶阔叶灌木林	7445.90	0.55	8366.92	0.61	7242.38	0.65	9989.23	0.90	13967.37	0.59	13927.39	0.59	28655.65	0.59	32283.54	0.67
	常绿针叶灌木林	0.00	0.00	0.00	0.00	0.00	0.00	0.00	0.00	0.00	0.00	0.92	0.00	0.00	0.00	0.92	0.00
	合计	7445.90	0.55	8366.92	0.61	7242.38	0.65	9989.23	0.90	13967.37	0.59	13928.31	0.59	28655.65	0.59	32284.46	0.67
草地	草甸	7620.08	0.56	4802.47	0.35	12325.48	1.11	12874.50	1.16	13540.91	0.57	14628.37	0.62	33486.47	0.69	32305.34	0.67
	草原	18230.46	1.34	19150.94	1.40	11017.28	1.00	11496.14	1.04	22165.31	0.94	23553.24	1.00	51413.05	1.06	54200.32	1.12
	草丛	1481.96	0.11	1486.75	0.11	568.88	0.05	598.21	0.05	405.44	0.02	403.55	0.02	2456.27	0.05	2488.51	0.05
	合计	27332.50	2.01	25440.16	1.86	23911.64	2.16	24968.85	2.25	36111.66	1.53	38585.16	1.64	87355.79	1.80	88994.17	1.84
湿地	森林沼泽	2175.51	0.16	550.23	0.04	1157.44	0.10	295.16	0.02	3795.71	0.16	1281.67	0.06	7128.65	0.15	2127.05	0.04
	灌丛沼泽	8796.06	0.65	6064.25	0.45	4044.25	0.37	1796.10	0.16	16623.28	0.70	18001.36	0.76	29463.61	0.61	25861.71	0.54
	草本沼泽	348617.38	25.55	356705.44	26.15	184658.29	16.7	190073.87	17.19	217531.62	9.19	223172.6	9.43	750807.3	15.52	769051.92	15.92
	湖泊	36186.62	2.65	29575.85	2.17	25070.77	2.27	22397.98	2.03	133991.08	5.66	130453.79	5.51	195248.47	4.04	182427.62	3.77
	水库/坑塘	9703.33	0.71	12443.41	0.91	4181.71	0.38	5382.07	0.49	21962.21	0.93	22840.21	0.96	35847.25	0.74	40665.69	0.84
	河流	21985.26	1.61	21894.63	1.60	14715.73	1.33	13793.06	1.25	23671.55	1.00	26567.32	1.12	60372.55	1.25	62255.01	1.29
	运河/水渠	414.24	0.03	300.44	0.02	972.52	0.09	895.28	0.08	1000.48	0.04	741.89	0.03	2387.24	0.05	1937.61	0.04
	合计	427878.40	31.36	427534.25	31.34	234800.71	21.24	234633.52	21.22	418575.93	17.68	423058.84	17.87	1081255.07	22.36	1085226.61	22.44

续表

一级生态系统类型	二级生态系统类型	核心区 2000年 面积/hm²	比例/%	2010年 面积/hm²	比例/%	缓冲区 2000年 面积/hm²	比例/%	2010年 面积/hm²	比例/%	实验区 2000年 面积/hm²	比例/%	2010年 面积/hm²	比例/%	保护区合计 2000年 面积/hm²	比例/%	2010年 面积/hm²	比例/%
农田	水田	14219.56	1.04	13293.95	0.97	20419.46	1.85	17813.89	1.61	200896.08	8.49	203249.99	8.59	235535.09	4.87	234357.83	4.84
	旱地	70428.98	5.16	73539.95	5.39	106155.18	9.60	106694.18	9.65	477789.30	20.18	457572.78	19.33	654373.46	13.53	637806.91	13.19
	乔木园地	0.00	0.00	0.00	0.00	0.00	0.00	0.00	0.00	192.59	0.01	193.81	0.01	192.59	0.00	193.81	0.00
	灌木园地	0.00	0.00	0.00	0.00	0.52	0.00	0.52	0.00	2.54	0.00	2.54	0.00	3.06	0.00	3.06	0.00
	合计	84648.54	6.20	86833.90	6.36	126575.16	11.45	124508.59	11.26	678880.51	28.68	661019.12	27.93	890104.20	18.40	872361.61	18.03
城镇	居住地	1700.85	0.12	2016.05	0.15	4093.01	0.37	4337.77	0.39	18891.23	0.80	20551.72	0.87	24685.09	0.51	26905.54	0.56
	工业用地	25.21	0.00	67.45	0.00	9.15	0.00	3.13	0.00	39.60	0.00	71.25	0.00	73.96	0.00	141.83	0.00
	交通用地	1066.88	0.08	1523.30	0.11	1331.46	0.12	1783.56	0.16	5984.37	0.25	9301.25	0.39	8382.71	0.17	12608.12	0.26
	采矿场	12.27	0.00	12.27	0.00	20.81	0.00	20.81	0.00	25.24	0.00	25.24	0.00	58.32	0.00	58.32	0.00
	合计	2805.21	0.20	3619.07	0.26	5454.43	0.49	6145.27	0.55	24940.44	1.05	29949.46	1.26	33200.08	0.68	39713.81	0.82
荒漠(干旱/半干旱)	苔藓/地衣	20841.53	1.53	20336.89	1.49	907.77	0.08	775.96	0.07	2372.75	0.10	2295.79	0.10	24122.05	0.50	23408.64	0.48
	盐碱地	7395.56	0.54	7180.04	0.53	7614.20	0.69	7103.98	0.64	6008.27	0.25	6650.32	0.28	21018.03	0.43	20934.34	0.43
	合计	28237.09	2.07	27516.93	2.02	8521.97	0.77	7879.94	0.71	8381.02	0.35	8946.11	0.38	45140.08	0.93	44342.98	0.91
裸地(湿润/半湿润)	沙漠/沙地	370.02	0.03	405.82	0.03	323.69	0.03	307.66	0.03	353.11	0.01	259.06	0.01	1046.82	0.02	972.53	0.02
	裸岩	3152.42	0.23	3234.85	0.24	634.26	0.06	639.36	0.06	1190.02	0.05	1215.79	0.05	4976.70	0.10	5090.00	0.11
	裸土	1204.00	0.09	4659.20	0.34	473.49	0.04	1913.84	0.17	243.34	0.01	1496.62	0.06	1920.83	0.04	8069.66	0.17
	合计	4726.44	0.35	8299.87	0.61	1431.44	0.13	2860.86	0.26	1786.47	0.07	2971.47	0.12	7944.35	0.16	14132.19	0.30
合计		1364467.64	100.00	1364467.66	100.00	1105767.84	100.00	1105767.84	100.00	2367065.54	100.00	2367065.55	100.00	4837301.05	100.00	4837301.04	100.00

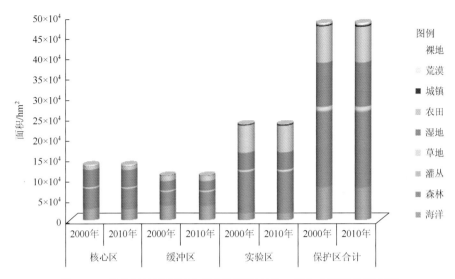

图 2.29　东北保护区不同功能分区不同年份一级生态系统类型面积

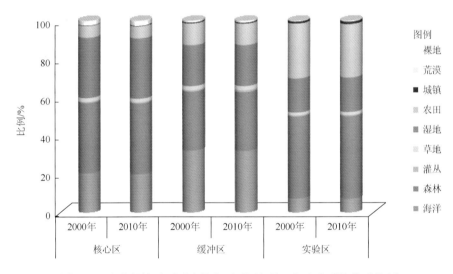

图 2.30　东北保护区不同功能分区不同年份一级生态系统类型比例

海洋面积减少。海洋生态系统 2000 年占整个保护区面积的 16.81%，2010 年占保护区面积的 16.56%；海洋生态系统 2000 年占核心区面积比例为 20.62%，2010 年占 20.10%；海洋生态系统 2000 年占缓冲区面积比例为 32.44%，2010 年占 32.22%；海洋生态系统 2000 年占实验区面积比例为 7.32%，2010 年占 7.21%。

农田面积基本不变。农田生态系统 2000 年占整个保护区面积的 18.40%，2010 年占保护区面积的 18.03%，面积略有下降。农田生态系统以旱地生态系统为主。旱地生态系统 2000 年占整个保护区面积的 13.53%，2010 年占 13.19%；农田生态系统 2000 年占核心区面积比例为 6.20%，2010 年占 6.36%；农田生态系统 2000 年占缓冲区面积比例为 11.45%，2010 年占 11.26%；农田生态系统 2000 年占实验区面积比例为 28.68%，2010 年占 27.93%。

灌丛面积略有增加。灌丛生态系统 2000 年占整个保护区面积的 0.59%，2010 年占保护区面积的 0.67%。灌丛生态系统以落叶阔叶灌木林生态系统为主。灌丛生态系统 2000 年占核心区面积比例为 0.55%，2010 年占 0.61%；灌丛生态系统 2000 年占缓冲区面积比例为 0.65%，2010 年占 0.90%；灌丛生态系统 2000 年占实验区面积比例为 0.59%，2010 年占 0.59%。

草地面积略有增加。草地生态系统 2000 年占整个保护区面积的 1.80%，2010 年占保护区面积的 1.84%。草地生态系统以草原生态系统为主。草地生态系统 2000 年占核心区面积比例为 2.01%，2010 年占 1.86%；草地生态系统 2000 年占缓冲区面积比例为 2.16%，2010 年占 2.25%；草地生态系统 2000 年占实验区面积比例为 1.53%，2010 年占 1.64%。

城镇面积增加迅速。城镇生态系统 2000 年占整个保护区面积的 0.68%，2010 年占保护区面积的 0.82%。城镇生态系统以居住地生态系统为主。城镇生态系统 2000 年占核心区面积比例为 0.20%，2010 年占 0.26%；城镇生态系统 2000 年占缓冲区面积比例为 0.49%，2010 年占 0.55%；城镇生态系统 2000 年占实验区面积比例为 1.05%，2010 年占 1.26%。

荒漠面积基本不变。荒漠生态系统 2000 年占整个保护区面积的 0.93%，2010 年占保护区面积的 0.91%。荒漠生态系统以苔藓/地衣生态系统为主。荒漠生态系统 2000 年占核心区面积比例为 2.07%，2010 年占 2.02%；荒漠生态系统 2000 年占缓冲区面积比例为 0.77%，2010 年占 0.71%；荒漠生态系统 2000 年占实验区面积比例为 0.35%，2010 年占 0.38%。

裸地面积增加。裸地生态系统 2000 年占整个保护区面积的 0.16%，2010 年占保护区面积的 0.30%。裸地生态系统以裸岩生态系统为主。裸地生态系统 2000 年占核心区面积比例为 0.35%，2010 年占 0.61%；裸地生态系统 2000 年占缓冲区面积比例为 0.13%，2010 年占 0.26%；裸地生态系统 2000 年占实验区面积比例为 0.07%，2010 年占 0.12%。

（二）东北地区国家级自然保护区生态系统类型转化情况

从 2000～2010 年的东北保护区各功能分区一级生态系统类型转化面积可以看出（表 2.24、表 2.25 和图 2.31），东北保护区农田变更为湿地的面积最多，其次为农田变更为森林、湿地变更为农田、森林变更为农田、湿地变更为森林、草地变更为湿地。

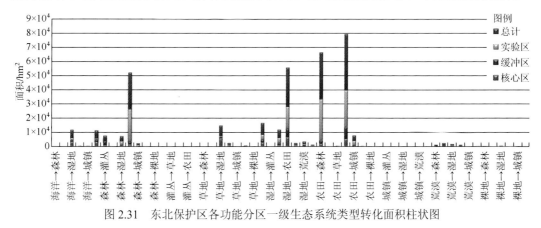

图 2.31　东北保护区各功能分区一级生态系统类型转化面积柱状图

表2.24 东北保护区一级生态系统类型转化面积与比例

年份	类型	海洋 面积/hm²	海洋 比例/%	森林 面积/hm²	森林 比例/%	灌丛 面积/hm²	灌丛 比例/%	草地 面积/hm²	草地 比例/%	湿地 面积/hm²	湿地 比例/%	农田 面积/hm²	农田 比例/%	城镇 面积/hm²	城镇 比例/%	荒漠 面积/hm²	荒漠 比例/%	裸地 面积/hm²	裸地 比例/%
2000~2010年	海洋	801172.92	98.52	158.79	0.02	1.18	0.00	0.00	0.00	5852.18	0.72	210.60	0.03	191.61	0.02	0.00	0.00	5611.71	0.69
	森林	0.00	0.00	18157767.66	98.13	3750.27	0.20	52.52	0.00	3602.57	0.19	26096.62	1.41	1100.08	0.06	0.72	0.00	76.39	0.00
	灌丛	0.00	0.00	14.51	0.05	28344.52	98.91	142.64	0.50	128.13	0.45	24.33	0.08	1.52	0.01	0.00	0.00	0.00	0.00
	草地	0.00	0.00	35.91	0.04	68.82	0.08	78233.20	89.56	7420.49	8.49	1212.39	1.39	42.73	0.05	337.03	0.39	5.23	0.01
	湿地	0.00	0.00	8302.74	0.77	84.19	0.01	5901.18	0.55	1035581.32	95.78	27873.91	2.58	1195.36	0.11	1718.08	0.16	598.30	0.06
	农田	0.00	0.00	33220.72	3.73	20.06	0.00	217.08	0.02	39620.33	4.45	812807.63	91.32	3895.14	0.44	195.18	0.02	128.07	0.01
	城镇	0.00	0.00	53.36	0.16	0.81	0.00	29.96	0.09	39.33	0.12	15.39	0.05	33058.48	99.57	0.18	0.00	2.57	0.01
	荒漠	0.00	0.00	608.46	1.35	0.00	0.00	1204.02	2.67	856.34	1.90	590.50	1.31	44.39	0.10	41655.74	92.28	180.62	0.40
	裸地	0.00	0.00	48.45	0.61	0.27	0.00	0.00	0.00	288.59	3.63	44.79	0.56	31.59	0.40	60.89	0.77	7469.77	94.03

表 2.25　东北保护区各功能分区一级生态系统类型转化面积与比例

变更方式	核心区/hm²	占核心区比例/%	缓冲区/hm²	占缓冲区比例/%	实验区/hm²	占实验区比例/%	总计/hm²
海洋→森林	52.90	0.00	44.06	0.00	61.83	0.00	158.79
海洋→灌丛	0.01	0.00	1.17	0.00	0.00	0.00	1.18
海洋→湿地	3429.67	0.25	889.17	0.08	1533.34	0.06	5852.18
海洋→农田	183.59	0.01	14.53	0.00	12.48	0.00	210.60
海洋→城镇	87.05	0.01	25.07	0.00	79.49	0.00	191.61
海洋→裸地	3383.73	0.25	1407.05	0.13	820.93	0.03	5611.71
森林→灌丛	984.61	0.07	2765.40	0.25	0.26	0.00	3750.27
森林→草地	1.47	0.00	1.06	0.00	49.99	0.00	52.52
森林→湿地	610.10	0.04	285.66	0.03	2706.81	0.11	3602.57
森林→农田	1571.64	0.12	2037.79	0.18	22487.19	0.95	26096.62
森林→城镇	4.74	0.00	87.98	0.01	1007.36	0.04	1100.08
森林→荒漠	0.01	0.00	0.00	0.00	0.71	0.00	0.72
森林→裸地	6.76	0.00	53.35	0.00	16.27	0.00	76.38
灌丛→森林	4.29	0.00	5.07	0.00	5.15	0.00	14.51
灌丛→草地	65.90	0.00	50.68	0.00	26.06	0.00	142.64
灌丛→湿地	57.36	0.00	27.25	0.00	43.52	0.00	128.13
灌丛→农田	0.71	0.00	1.62	0.00	22.00	0.00	24.33
灌丛→城镇	0.00	0.00	0.00	0.00	1.52	0.00	1.52
草地→森林	1.39	0.00	3.58	0.00	30.94	0.00	35.91
草地→灌丛	28.74	0.00	38.59	0.00	1.49	0.00	68.82
草地→湿地	5972.50	0.44	633.35	0.06	814.64	0.03	7420.49
草地→农田	195.59	0.01	316.73	0.03	700.07	0.03	1212.39
草地→城镇	0.01	0.00	8.65	0.00	34.08	0.00	42.74
草地→荒漠	35.78	0.00	190.79	0.02	110.46	0.00	337.03
草地→裸地	5.23	0.00	0.00	0.00	0.00	0.00	5.23
湿地→森林	2913.27	0.21	1733.50	0.16	3655.97	0.15	8302.74
湿地→灌丛	30.52	0.00	21.47	0.00	32.19	0.00	84.18
湿地→草地	1238.67	0.09	1040.12	0.09	3622.39	0.15	5901.18
湿地→农田	6630.37	0.49	5876.74	0.53	15366.80	0.65	27873.91
湿地→城镇	430.85	0.03	156.12	0.01	608.39	0.03	1195.36
湿地→荒漠	261.23	0.02	590.85	0.05	866.00	0.04	1718.08
湿地→裸地	177.23	0.01	29.98	0.00	391.09	0.02	598.30
农田→森林	2005.86	0.15	2426.70	0.22	28788.17	1.22	33220.73
农田→灌丛	0.02	0.00	0.00	0.00	20.04	0.00	20.06
农田→草地	29.55	0.00	131.37	0.01	56.16	0.00	217.08

续表

变更方式	核心区/hm²	占核心区比例/%	缓冲区/hm²	占缓冲区比例/%	实验区/hm²	占实验区比例/%	总计/hm²
农田→湿地	5408.84	0.40	8218.54	0.74	25992.94	1.10	39620.32
农田→城镇	240.77	0.02	387.02	0.04	3267.35	0.14	3895.14
农田→荒漠	7.88	0.00	144.20	0.01	43.10	0.00	195.18
农田→裸地	1.78	0.00	6.21	0.00	120.08	0.01	128.07
城镇→森林	2.51	0.00	4.06	0.00	46.79	0.00	53.36
城镇→灌丛	0.00	0.00	0.00	0.00	0.81	0.00	0.81
城镇→草地	1.00	0.00	17.25	0.00	11.71	0.00	29.96
城镇→湿地	0.21	0.00	0.13	0.00	38.99	0.00	39.33
城镇→农田	0.53	0.00	1.22	0.00	13.64	0.00	15.39
城镇→荒漠	0.00	0.00	0.18	0.00	0.00	0.00	0.18
城镇→裸地	0.00	0.00	0.00	0.00	2.57	0.00	2.57
荒漠→森林	421.20	0.03	138.60	0.01	48.67	0.00	608.47
荒漠→草地	222.28	0.02	943.75	0.09	38.00	0.00	1204.03
荒漠→湿地	168.18	0.01	317.54	0.03	370.62	0.02	856.34
荒漠→农田	300.02	0.02	218.87	0.02	71.60	0.00	590.49
荒漠→城镇	0.00	0.00	28.79	0.00	15.60	0.00	44.39
荒漠→裸地	133.55	0.01	8.58	0.00	38.50	0.00	180.63
裸地→森林	0.01	0.00	3.49	0.00	44.94	0.00	48.44
裸地→灌丛	0.00	0.00	0.00	0.00	0.27	0.00	0.27
裸地→湿地	102.07	0.01	59.89	0.01	126.63	0.01	288.59
裸地→农田	1.04	0.00	9.00	0.00	34.75	0.00	44.79
裸地→城镇	0.00	0.00	0.00	0.00	31.59	0.00	31.59
裸地→荒漠	44.27	0.00	3.48	0.00	13.14	0.00	60.89

　　东北保护区农田变更为湿地面积最多。东北保护区有 39620.32hm² 的农田变更为湿地，占农田面积的 4.45%，其中核心区有 5408.84hm²，缓冲区有 8218.54hm²，实验区有 25992.94hm²。转变最多的省份为黑龙江，面积为 37979.62hm²，占东北地区国家级自然保护区农田变更为湿地面积的 95.86%；其他两个省份占比较小。黑龙江保护区重视湿地生态系统的保护，推动和实施了湿地恢复与保护工程，该项工程对于湿地生态环境及各类动植物资源的保护，促进人与自然和谐发展及生态效益和社会效益均十分显著。

　　有 27873.91hm² 的湿地变更为农田，占湿地面积的 2.58%，其中核心区有 6630.37hm²，缓冲区有 5876.74hm²，实验区有 15366.80hm²。转变最多的省份为黑龙江，面积为

24405.22hm²，占东北地区国家级自然保护区湿地变更为农田面积的87.56%；其次为辽宁，面积为6105.97hm²，占东北地区国家级自然保护区湿地变更为农田面积的21.91%；最后为吉林，面积为857.38hm²，占东北地区国家级自然保护区湿地变更为农田面积的3.08%。保护区由于一开始对湿地疏于管理，使得湿地被违规开垦为农田，这与保护区保护的宗旨是相背离的。保护区应该尽快制定相应的保护管理措施，让退化的湿地得到保护，并将已经开垦的农田尽快转变回湿地生态系统。

有33220.73hm²的农田变更为森林，占农田面积的3.73%，其中核心区有2005.86hm²，缓冲区有2426.70hm²，实验区有28788.17hm²。转变最多的省份为黑龙江，有32930.07hm²的农田变更为森林，占东北地区国家级自然保护区农田变更为森林面积的99.13%；其他两个省份占比较小。保护区对森林的保护一直是很重要的，将多余的农田进行人工造林等措施，使得森林生态系统得到丰富，这对于保护区来说是有利的转变。

有26096.62hm²的森林变更为农田，占森林面积的1.41%；有7420.49hm²的草地变更湿地，占草地面积的8.49%；有8302.74hm²的湿地变更为森林，占湿地面积的0.77%。转变最多的省份为黑龙江，有25631.30hm²的森林变更农田，占东北地区国家级自然保护区森林变更为农田面积的98.22%；其他两个省份占比较小。黑龙江的保护区对森林的监管力度不够，使得一些保护区被开垦为农田，这对于保护区内的各类动植物资源的保护是不利的。同时，保护区应该对森林生态系统加大监管力度，避免森林生态系统向农田转变。

总之，东北保护区的变化主要发生在黑龙江，湿地和森林向农田的转变是不利的变化，但是也有农田转变为湿地和森林，而且有利的变化面积更多，表明黑龙江整体上是在向好的方向转变。

（三）生态系统格局变化分级评价

根据生态系统格局变化分级方法计算得出，十余年来，东北地区48个国家级自然保护区中，生态系统格局变化情况为：明显改善1个，轻微改善4个，基本维持30个，轻微退化11个，明显退化2个（图2.32）。

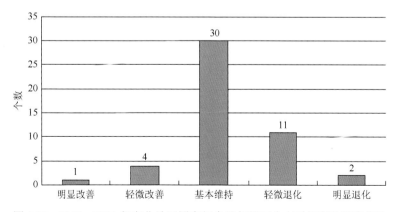

图2.32 2000～2010年东北地区国家级自然保护区生态系统变化程度统计

东北地区辽宁退化率最高。辽宁国家级自然保护区退化率为33.33%，12个国家级自然保护区中3个轻微退化，分别为丹东鸭绿江口湿地、城山头海滨地貌、北票鸟化石国家级自然保护区；1个明显退化，为双台河口国家级自然保护区。

吉林改善率最高。吉林国家级自然保护区改善率为15.38%，13个国家级自然保护区中2个轻微改善，分别为吉林长白山、龙湾国家级自然保护区（图2.33和图2.34）。

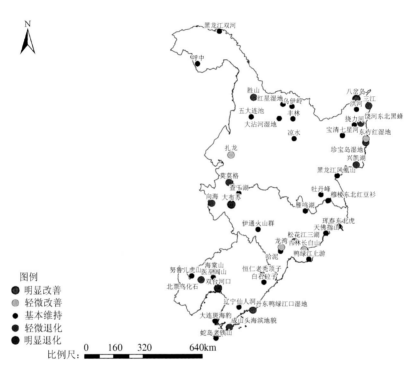

图2.33 东北地区国家级自然保护区生态系统变化程度分级

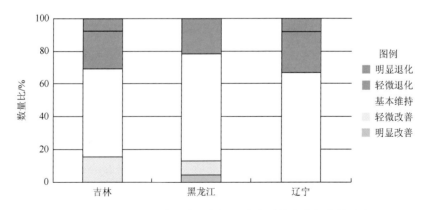

图2.34 东北地区国家级自然保护区生态系统变化程度数量比

二、东北地区国家级自然保护区质量变化分析

（一）森林生态系统生物量变化

东北地区森林生态系统生物量呈增加趋势。从表2.26和图2.35可以看出，2000～2010年东北保护区森林生态系统生物量大致呈上升趋势，2000年为12215.72万t，2005年为13162.41万t，2010年为15349.39万t。根据2000～2010年生态格局的变化，这可能是由于森林生态系统从2000年到2010年面积有所增加，从1850446.82hm²增加到1859052.54hm²，增加了0.47%。

表2.26　2000～2010年东北保护区森林生态系统生物量

年份	2000	2005	2010
生物量/万t	12215.72	13162.41	15349.39

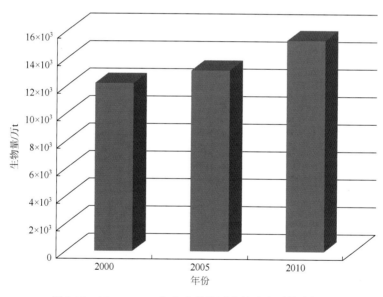

图2.35　2000～2010年东北保护区森林生态系统生物量

从表2.27、图2.36和图2.37可以看出，东北保护区森林生态系统的生物量基本上呈好转分布，少量退化。其中明显好转所占比例最高，达到53.07%；其次是正常浮动和轻微好转分别为24.51%和15.14%；轻微退化占5.70%；明显退化占1.58%。轻微好转和正常浮动主要集中在南瓮河、大沽河湿地、天佛指山、哈泥和吉林长白山国家级自然保护区。明显好转主要集中在黑龙江双河、胜山、牡丹峰、挠力河和珍宝岛湿地国家级自然保护区。正常浮动及好转区域主要集中在落叶阔叶林生态系统。好转面积主要是由于湿地变更为森林，致使森林面积增加，使得生物量呈现好转趋势。

表 2.27　2000～2010 年东北保护区森林生态系统生物量变化趋势各等级面积与比例

统计参数	明显退化	轻微退化	正常浮动	轻微好转	明显好转
面积/km²	289.94	1047.88	4505.75	2782.13	9753.94
比例/%	1.58	5.70	24.51	15.14	53.07

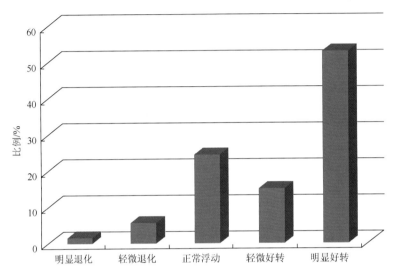

图 2.36　2000～2010 年东北保护区森林生态系统生物量变化趋势各等级比例

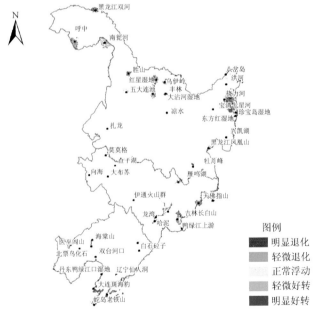

图 2.37　2000～2010 年东北保护区森林生态系统生物量变化趋势各等级空间分布

（二）其他生态系统年均净初级生产力变化

其他生态系统主要包括草原生态系统、湿地生态系统和其他类型生态系统。

其他生态系统年均净初级生产力基本维持。从表2.28、图2.38和图2.39可以看出，2000～2010年东北保护区年均净初级生产力全部集中在低、较低和中的区域之中，低区域所占比例大部分在60%左右，较低区域所占比例在40%左右。其中低区域中，所占比例最高的年份为2003年，为86.43%，最低年份为2000年，为43.20%；较低区域所占比例最高的年份为2000年，为56.78%，最低年份为2003年，为13.57%；中等区域所占面积都较小。

表2.28　2000～2010年东北保护区其他生态系统年均净初级生产力各等级面积与比例

年份	统计参数	低	较低	中
2000	面积/km²	8728.00	11472.19	4.00
	比例/%	43.20	56.78	0.02
2001	面积/km²	13684.81	6518.69	0.69
	比例/%	67.73	32.26	0.00
2002	面积/km²	15007.31	5196.88	0.00
	比例/%	74.28	25.72	0.00
2003	面积/km²	17462.88	2741.31	0.00
	比例/%	86.43	13.57	0.00
2004	面积/km²	11555.19	8649.00	0.00
	比例/%	57.19	42.81	0.00
2005	面积/km²	12177.31	8026.88	0.00
	比例/%	60.27	39.73	0.00
2006	面积/km²	13714.56	6489.63	0.00
	比例/%	67.88	32.12	0.00
2007	面积/km²	10960.75	9243.44	0.00
	比例/%	54.25	45.75	0.00
2008	面积/km²	11058.19	9145.81	0.19
	比例/%	54.73	45.27	0.00
2009	面积/km²	17440.75	2763.44	0.00
	比例/%	86.32	13.68	0.00
2010	面积/km²	14072.69	6131.50	0.00
	比例/%	69.65	30.35	0.00

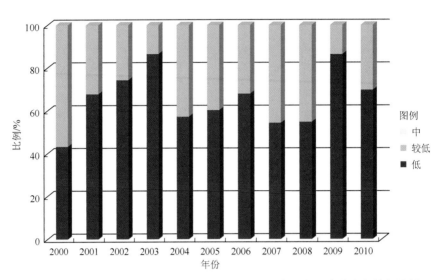

图 2.38　2000～2010 年东北保护区其他生态系统年均净初级生产力各等级比例

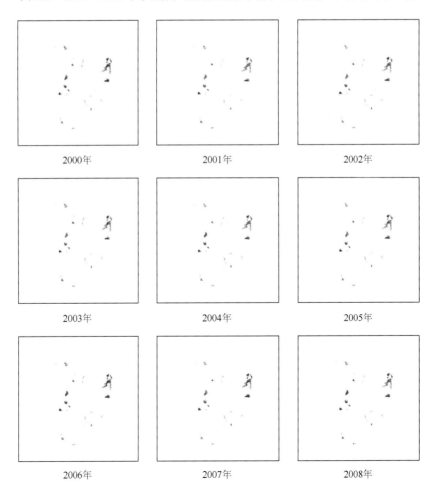

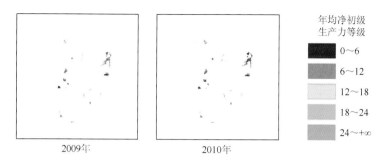

图 2.39　2000～2010 年东北保护区其他生态系统年均净初级生产力各等级时空分布

从表 2.29 和图 2.40 可以看出，东北保护区其他生态系统净初级生产力年总量 2000 年最多，为 420.97 万 t；2009 年最少，为 326.22 万 t。

表 2.29　2000～2010 年东北保护区其他生态系统净初级生产力年总量　　（单位：万 t）

年份	2000	2001	2002	2003	2004	2005	2006	2007	2008	2009	2010
净初级生产力	420.97	356.03	367.35	326.31	384.63	380.57	370.05	389.76	401.14	326.22	365.74

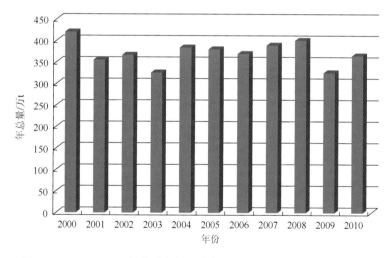

图 2.40　2000～2010 年东北保护区其他生态系统净初级生产力年总量

从表 2.30、图 2.41 和图 2.42 可以看出，东北保护区其他生态系统净初级生产力变化趋势为正常浮动占大多数。其中正常浮动占 80.27%，轻微退化占 14.52%，轻微好转占 4.50%，明显好转占 0.23%，明显退化占 0.48%。其中，正常浮动主要集中在扎龙、莫莫格、兴凯湖、挠力河、向海、查干湖和八岔岛国家级自然保护区。正常浮动和轻微好转主要集中在草地和湿地生态系统。轻微退化主要是部分湿地向农田和森林生态系统转变，由于森林沼泽和灌丛沼泽在干旱时节露出水面，因此在解译时被当成了森林和灌丛生态系统。

表 2.30　2000～2010 年东北保护区其他生态系统净初级生产力变化趋势各等级面积与比例

统计参数	明显退化	轻微退化	正常浮动	轻微好转	明显好转
面积/km²	98.31	2956.75	16350.63	915.88	47.44
比例/%	0.48	14.52	80.27	4.50	0.23

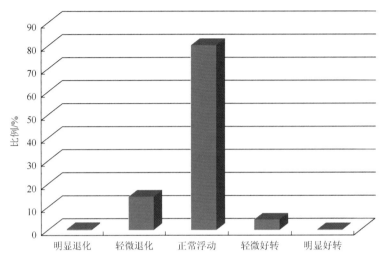

图 2.41　2000～2010 年东北保护区其他生态系统净初级生产力变化趋势各等级比例

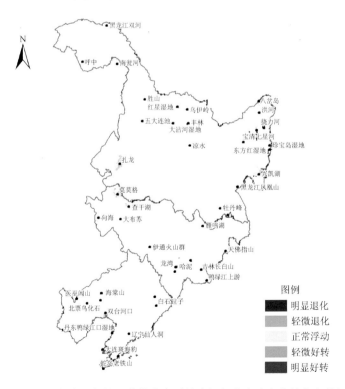

图 2.42　2000～2010 年东北保护区其他生态系统净初级生产力变化趋势各等级空间分布

三、小结

（1）东北地区国家级自然保护区包括了海洋、森林、灌丛、草地、湿地、农田、城镇、荒漠和裸地9类生态系统。占比最高的是森林生态系统,2000年占整个保护区面积的38.27%,2010年占保护区面积的38.43%,面积略有增加;其次为湿地生态系统,2000年占整个保护区面积的22.36%,2010年占保护区面积的22.44%,面积略有增加。

（2）2000～2010年东北保护区各功能分区一级生态系统类型转化面积中农田变更为湿地的面积最多,其次为农田变更为森林。东北保护区有39620.32hm²的农田变更为湿地,占农田面积的4.45%;转变最多的省份为黑龙江,面积为37979.62hm²,占东北地区国家级自然保护区农田变更为湿地面积的95.86%;其他两个省份占比较小。黑龙江国家级自然保护区重视湿地生态系统的保护,推动和实施了湿地恢复与保护工程,该项工程对于湿地生态环境及各类动植物资源的保护,促进人与自然和谐发展及生态效益和社会效益均十分显著。有27873.91hm²的湿地变更为农田,占湿地面积的2.58%。转变最多的省份为黑龙江,面积为24405.22hm²,占东北地区国家级自然保护区湿地变更为农田面积的87.56%;其次为辽宁,面积为6105.97hm²,占东北地区国家级自然保护区湿地变更为农田面积的21.91%;最后为吉林,面积为857.38hm²,占东北地区国家级自然保护区湿地变更为农田面积的3.08%。保护区由于一开始对湿地疏于管理,使得湿地被违规开垦为农田,这与保护区保护的宗旨是相背离的。保护区应该尽快制定相应的保护管理措施,让退化的湿地得到保护,并将已经开垦的农田尽快转变回湿地生态系统。

（3）2000～2010年东北保护区森林生态系统生物量大致呈上升趋势。2000年为12215.72万t,2005年为13162.41万t,2010年为15349.39万t。根据2000～2010年生态格局的变化,这可能是由于森林生态系统2000～2010年面积有所增加,从1850446.82hm²增加到1859052.54hm²,增加了0.47%。东北保护区森林生态系统的生物量基本上呈好转分布,少量退化。其中明显好转所占比例最高,达到53.07%;其次是正常浮动和轻微好转分别为24.51%和15.14%;轻微退化的占5.70%;明显退化的占1.58%。轻微好转和正常浮动主要集中在南瓮河、大沽河湿地、天佛指山、哈泥和吉林长白山国家级自然保护区。明显好转主要集中在黑龙江双河、胜山、牡丹峰、挠力河和珍宝岛湿地国家级自然保护区。正常浮动及好转区域主要集中在落叶阔叶林生态系统。好转面积主要是由于湿地变更为森林,致使森林面积增加,使得生物量呈现好转趋势。

（4）2000～2010年年均净初级生产力基本维持,全部集中在低、较低和中的区域中,低区域所占比例大部分在60%左右,较低区域比例在40%左右。其中低区域中,所占比例最高的年份为2003年,为86.43%,最低年份为2000年,为43.20%;较低区域所占比例最高的年份为2000年,为56.78%,最低年份为2003年,为13.57%;中等区域所占面积都较小。东北保护区其他生态系统净初级生产力年总量2000年最多,为420.97万t;2009年最少,为326.22万t。东北保护区其他生态系统净初级生产力变化趋势为正常浮动占大多数。其中正常浮动占80.27%,轻微退化占14.52%,轻微好转占4.50%,明显好转占0.23%,明显退化占0.48%。其中,正常浮动主要集中在扎龙、莫莫格、兴凯湖、挠力河、向海、查干湖和八岔岛国家级自然保护区。轻微退化主要是部分湿地向农田和森林生态系统转变，由于森林沼泽和灌丛沼泽在干旱时节露出水面，因此在解译时被当成了森林和灌丛生态系统。

第五节　华东地区国家级自然保护区格局和质量变化

华东地区包括上海、江苏、安徽、浙江、山东、福建和江西共 47 处国家级自然保护区，涉及七大类型的自然保护区，以湿地和森林生态系统类型自然保护区为主，没有草原与草甸和荒漠生态系统自然保护区，其中森林生态系统类型 21 处，内陆湿地和水域生态系统类型 2 处，海洋与海岸生态系统类型 4 处，野生动物类型 12 处，野生植物类型 4 处，自然遗迹类型 4 处。

一、华东地区国家级自然保护区格局变化分析

（一）华东地区国家级自然保护区生态系统类型构成

从表 2.31、图 2.43 和图 2.44 可以看出，2000 年和 2010 年华东地区国家级自然保护区（以下简称华东保护区）的生态系统类型构成包括海洋、森林、灌丛、草地、湿地、农田、城镇、荒漠和裸地 9 类生态系统类型，其中海洋、森林和湿地生态系统占比较高，其他生态系统类型依次为灌丛、草地、农田、城镇、荒漠和裸地生态系统。核心区、缓冲区和实验区均是以森林生态系统为主。

森林面积有所增加。华东保护区生态系统类型占比最高的是森林生态系统，2000 年占保护区面积的 32.64%，2010 年占 32.87%，面积有所增加。森林生态系统以常绿针叶林、常绿阔叶林生态系统为主。常绿针叶林生态系统 2000 年占保护区面积的 17.08%，2010 年占 17.21%；常绿阔叶林生态系统 2000 年占保护区面积的 10.59%，2010 年占 10.67%。森林生态系统 2000 年占核心区面积的 37.73%，2010 年占 38.05%；森林生态系统 2000 年占缓冲区面积比例为 34.54%，2010 年占 34.73%；森林生态系统 2000 年占实验区面积的 29.54%，2010 年占 29.76%。

海洋面积减少。海洋生态系统 2000 年占保护区面积的 22.55%，2010 年占 21.93%。海洋生态系统 2000 年占核心区面积的 24.27%，2010 年占 23.65%；海洋生态系统 2000 年占缓冲区面积的 18.93%，2010 年占 17.55%；海洋生态系统 2000 年占实验区面积的 23.03%，2010 年占 22.68%。

湿地退化明显。湿地生态系统 2000 年占保护区面积的 27.43%，2010 年占 25.57%，面积有所减小。湿地生态系统以水库/坑塘生态系统为主。水库/坑塘生态系统 2000 年占保护区面积的 11.87%，2010 年占 10.44%。湿地生态系统 2000 年占核心区面积的 23.74%，2010 年占 24.23%；湿地生态系统 2000 年占缓冲区面积的 31.54%，2010 年占 29.65%；湿地生态系统 2000 年占实验区面积的 27.70%，2010 年占 24.77%。

灌丛面积略有减少。灌丛生态系统 2000 年占保护区面积的 1.96%，2010 年占 1.78%。灌丛生态系统以常绿阔叶灌木林生态系统为主。灌丛生态系统 2000 年占核心区面积的 1.78%，2010 年占 1.50%；灌丛生态系统 2000 年占缓冲区面积的 1.42%，2010 年占 1.28%；灌丛生态系统 2000 年占实验区面积的 2.23%，2010 年占 2.09%。

表2.31　华东保护区不同功能分区不同年份一级和二级生态系统类型面积与比例

一级生态系统类型	二级生态系统类型	核心区 2000年 面积/hm²	比例/%	核心区 2010年 面积/hm²	比例/%	缓冲区 2000年 面积/hm²	比例/%	缓冲区 2010年 面积/hm²	比例/%	实验区 2000年 面积/hm²	比例/%	实验区 2010年 面积/hm²	比例/%	保护区合计 2000年 面积/hm²	比例/%	保护区合计 2010年 面积/hm²	比例/%
海洋	海洋	75346.16	24.27	73412.59	23.65	44457.64	18.93	41222.20	17.55	151153.92	23.03	148807.24	22.68	270957.71	22.55	263442.03	21.93
	合计	75346.16	24.27	73409.22	23.65	44457.64	18.93	41222.20	17.55	151153.92	23.03	148806.45	22.68	270957.71	22.55	263442.03	21.93
森林	常绿阔叶林	37018.69	11.93	37072.34	11.94	28742.77	12.24	28867.95	12.29	61448.88	9.36	62278.43	9.49	127210.34	10.59	128218.73	10.67
	落叶阔叶林	5826.21	1.88	5821.66	1.88	5939.22	2.53	5946.60	2.53	25940.91	3.95	25853.65	3.94	37706.34	3.14	37621.90	3.13
	常绿针叶林	68860.40	22.18	69720.84	22.46	42205.22	17.97	42443.78	18.07	94131.78	14.34	94645.58	14.42	205197.40	17.08	206810.20	17.21
	落叶针叶林	931.87	0.30	910.20	0.29	684.88	0.29	699.39	0.30	3265.92	0.50	3307.32	0.50	4882.67	0.41	4916.91	0.41
	针阔混交林	4484.78	1.44	4583.57	1.48	3537.10	1.51	3611.18	1.54	9092.36	1.39	9246.07	1.41	17714.24	1.42	17440.81	1.45
	合计	117121.95	37.73	118108.61	38.05	81109.19	34.54	81568.90	34.73	193879.85	29.54	195331.05	29.76	392110.99	32.64	395008.55	32.87
灌丛	常绿阔叶灌木林	3378.05	1.09	2535.97	0.82	2103.50	0.90	1804.81	0.77	8598.65	1.31	7880.73	1.20	14080.21	1.17	12221.51	1.02
	落叶阔叶灌木林	2126.05	0.68	2124.23	0.68	1188.44	0.51	1187.17	0.51	5913.88	0.90	5868.28	0.89	9228.37	0.77	9179.68	0.76
	常绿针叶灌木林	32.76	0.01	1.42	0.00	25.96	0.01	0.79	0.00	150.10	0.02	12.76	0.00	208.82	0.02	14.98	0.00
	合计	5536.86	1.78	4661.62	1.50	3317.90	1.42	2992.77	1.28	14662.63	2.23	13761.77	2.09	23517.40	1.96	21416.17	1.78
草地	草丛	6285.45	2.02	6391.78	2.06	4360.20	1.86	4375.34	1.86	19285.39	2.94	20119.94	3.07	29931.03	2.49	30887.05	2.57
	稀疏草地	2.69	0.00	2.06	0.00	8.17	0.00	8.26	0.00	186.74	0.03	121.28	0.02	197.60	0.02	131.59	0.01
	合计	6288.14	2.02	6393.84	2.06	4368.37	1.86	4383.60	1.86	19472.13	2.97	20241.22	3.09	30128.63	2.51	31018.64	2.58
湿地	森林沼泽	0.00	0.00	0.00	0.00	0.00	0.00	0.00	0.00	12.72	0.00	12.72	0.00	12.72	0.00	12.72	0.00
	灌丛沼泽	152.36	0.05	72.92	0.02	182.04	0.08	17.33	0.01	5493.13	0.84	1877.87	0.29	5827.53	0.49	1968.12	0.16
	草本沼泽	14221.59	4.58	20534.07	6.62	12282.57	5.23	11854.85	5.05	33232.93	5.06	28223.31	4.30	59737.10	4.97	66612.22	5.04
	湖泊	37861.15	12.20	36450.88	11.74	21203.00	9.03	20391.38	8.68	37059.63	5.65	37075.62	5.65	96123.78	8.00	93917.88	7.82
	水库/坑塘	15888.10	5.12	12907.04	4.16	35394.09	15.07	32772.00	13.95	91338.04	13.92	79798.14	12.16	142620.23	11.87	125477.18	10.44
	河流	5357.73	1.73	5028.79	1.62	4329.90	1.84	3934.60	1.68	11112.58	1.69	12001.16	1.83	20800.20	1.73	20964.55	1.74
	运河/水渠	201.01	0.06	201.80	0.07	672.23	0.29	651.62	0.28	3545.22	0.54	3557.43	0.54	4418.47	0.37	4410.85	0.37
	合计	73681.94	23.74	75195.50	24.23	74063.83	31.54	69621.78	29.65	181794.25	27.70	162546.25	24.77	329540.03	27.43	307363.52	25.57

续表

一级生态系统类型	二级生态系统类型	核心区 2000 年 面积/hm²	比例/%	核心区 2010 年 面积/hm²	比例/%	缓冲区 2000 年 面积/hm²	比例/%	缓冲区 2010 年 面积/hm²	比例/%	实验区 2000 年 面积/hm²	比例/%	实验区 2010 年 面积/hm²	比例/%	保护区合计 2000 年 面积/hm²	比例/%	保护区合计 2010 年 面积/hm²	比例/%
农田	水田	5862.49	1.89	6003.00	1.93	15739.56	6.70	21756.51	9.26	45604.47	6.95	59148.12	9.01	67206.53	5.59	86907.62	7.23
	旱地	3422.94	1.10	3503.81	1.13	6075.76	2.59	6728.70	2.86	30971.71	4.72	32067.12	4.89	40470.41	3.37	42299.63	3.52
	乔木园地	700.40	0.23	557.76	0.18	290.74	0.12	181.06	0.08	1426.32	0.22	893.04	0.14	2417.46	0.20	1631.85	0.14
	灌木园地	346.67	0.11	328.06	0.11	236.47	0.10	241.73	0.10	1220.50	0.19	1128.06	0.17	1803.63	0.15	1697.84	0.14
	合计	10332.50	3.33	10392.63	3.35	22342.53	9.51	28908.00	12.30	79223.00	12.08	93236.34	14.21	111898.03	9.31	132536.94	11.03
城镇	居住地	574.55	0.19	1017.28	0.33	1565.18	0.67	2936.19	1.25	5833.08	0.89	9619.19	1.47	7972.81	0.66	13572.66	1.13
	乔木绿地	0.00	0.00	0.00	0.00	0.00	0.00	0.00	0.00	104.73	0.02	375.10	0.06	104.73	0.01	375.10	0.03
	草本绿地	3.33	0.00	5.78	0.00	10.88	0.00	19.14	0.01	272.29	0.00	68.78	0.00	41.50	0.00	93.70	0.01
	工业用地	93.82	0.03	248.36	0.08	33.01	0.01	51.40	0.02	2514.06	0.38	4881.39	0.74	2640.89	0.22	5181.15	0.43
	交通用地	15.09	0.00	75.47	0.02	13.85	0.01	65.96	0.03	323.81	0.05	384.94	0.06	352.75	0.03	526.37	0.04
	采矿场	0.00	0.00	0.00	0.00	0.00	0.00	0.00	0.00	15.38	0.00	15.38	0.00	15.38	0.00	15.38	0.00
	合计	686.79	0.22	1346.89	0.43	1622.92	0.69	3072.69	1.31	8818.35	1.34	15344.78	2.34	11128.06	0.92	19764.36	1.64
荒漠（干旱/半干旱）	盐碱地	7342.82	2.37	7544.20	2.43	2263.24	0.96	1837.45	0.78	1172.42	0.18	2241.51	0.34	10778.48	0.90	11623.16	0.97
	合计	7342.82	2.37	7544.20	2.43	2263.24	0.96	1837.45	0.78	1172.42	0.18	2241.51	0.34	10778.48	0.90	11623.16	0.97
裸地（湿润/半湿润）	沙漠沙地	0.00	0.00	0.00	0.00	0.00	0.00	0.00	0.00	64.02	0.01	65.38	0.01	64.02	0.01	65.38	0.01
	裸岩	89.96	0.03	82.09	0.03	67.46	0.03	49.96	0.02	82.47	0.01	75.49	0.01	239.90	0.02	207.54	0.02
	裸土	13973.03	4.50	13262.18	4.27	1265.15	0.54	1220.95	0.52	5916.54	0.90	4588.54	0.70	21154.73	1.76	19071.67	1.59
	合计	14062.99	4.53	13344.27	4.30	1332.61	0.57	1270.91	0.54	6063.03	0.92	4729.41	0.72	21458.65	1.79	19344.59	1.62
合计		310400.15	100.00	310400.15	100.00	234878.23	100.00	234878.30	100.00	656239.58	100.00	656239.57	100.00	1201517.97	100.00	1201517.96	100.00

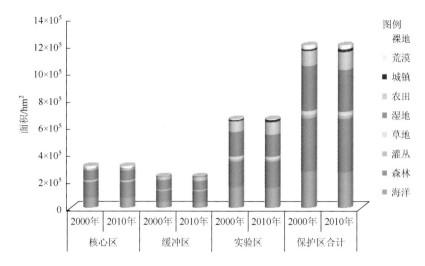

图 2.43　华东保护区不同功能分区不同年份一级生态系统类型面积

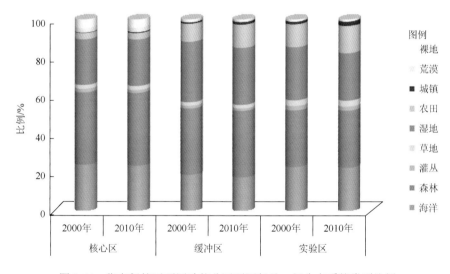

图 2.44　华东保护区不同功能分区不同年份一级生态系统类型比例

草地面积略有增加。草地生态系统 2000 年占保护区面积的 2.51%，2010 年占 2.58%。草地生态系统以草丛生态系统为主。草丛生态系统 2000 年占保护区面积的 2.49%，2010 年占 2.57%。草地生态系统 2000 年占核心区面积的 2.02%，2010 年占 2.06%；草地生态系统 2000 年占缓冲区面积的 1.86%，2010 年占 1.86%；草地生态系统 2000 年占实验区面积的 2.97%，2010 年占 3.09%。

农田面积增加明显。农田生态系统 2000 年占保护区面积的 9.31%，2010 年占 11.03%。农田生态系统以水田生态系统为主。水田生态系统 2000 年占保护区面积的 5.59%，2010 年占 7.23%。农田生态系统 2000 年占核心区面积的 3.33%，2010 年占 3.35%；农田生态系统 2000 年占缓冲区面积的 9.51%，2010 年占 12.30%；农田生态系统 2000 年占实验区面积的 12.08%，2010 年占 14.21%。

城镇面积增加迅速。城镇生态系统 2000 年占保护区面积的 0.92%，2010 年占 1.64%。城镇生态系统以居住地生态系统为主。居住地生态系统 2000 年占保护区面积的 0.66%，2010 年占 1.13%。城镇生态系统 2000 年占核心区面积的 0.22%，2010 年占 0.43%；城镇生态系统 2000 年占缓冲区面积的 0.69%，2010 年占 1.31%；城镇生态系统 2000 年占实验区面积的 1.34%，2010 年占 2.34%。

荒漠面积略有增加。荒漠生态系统 2000 年占保护区面积的 0.90%，2010 年占 0.97%。荒漠生态系统以盐碱地生态系统为主。荒漠生态系统 2000 年占核心区面积的 2.37%，2010 年占 2.43%；荒漠生态系统 2000 年占缓冲区面积的 0.96%，2010 年占 0.78%；荒漠生态系统 2000 年占实验区面积的 0.18%，2010 年占 0.34%。

裸地生态系统 2000 年占保护区面积的 1.79%，2010 年占 1.62%。裸地生态系统以裸土生态系统为主。裸地生态系统 2000 年占核心区面积的 4.53%，2010 年占 4.30%；裸地生态系统 2000 年占缓冲区面积的 0.57%，2010 年占 0.54%；裸地生态系统 2000 年占实验区面积的 0.92%，2010 年占 0.72%。

（二）华东地区国家级自然保护区生态系统类型转化情况

从 2000～2010 年的华东保护区各功能分区一级生态系统类型转化面积可以看出（表 2.32、表 2.33 和图 2.45），不论是核心区、缓冲区、实验区还是整个国家级自然保护区，都是湿地变更为农田的面积最多，后面依次为海洋变更为湿地、农田变更为城镇、湿地变更为城镇、农田变更为湿地。

湿地变更为农田面积最多。华东保护区有 30763.26hm² 的湿地变更为农田，占湿地面积的 9.34%，其中核心区 2021.72hm²，缓冲区 8731.34hm²，实验区 20010.20hm²。这说明华东保护区内湿地受到大规模的开发利用，转变为农田。转变最多的省份为江苏，有 28712.76hm² 的湿地变更为农田，占华东地区国家级自然保护区湿地变更为农田面积的 93.33%；其他省份占比较少。湿地变更为农田破坏了湿地生态系统，这使一些依赖于湿地生态系统的珍稀动植物生存环境发生改变，对于保护区生态环境的保护是不利的。

海洋变更为湿地其次。有 7422.27hm² 的海洋变更为湿地，占海洋面积的 2.74%，其中核心区 1936.94hm²，缓冲区 3219.14hm²，实验区 2266.19hm²。这说明华东保护区内海洋受到大规模的围垦和开发利用，转变为养殖塘等人工湿地。转变最多的省份为上海，有 5579.52hm² 的海洋变更为湿地，占华东地区国家级自然保护区海洋变更为湿地面积的 75.17%；其次为江苏，有 1842.76hm² 的海洋变更为湿地，占华东地区国家级自然保护区海洋变更为湿地面积的 24.83%；其他省份占比较少。海洋变更为湿地主要由于生态系统类型获取的季节不同、时间不同，加之滩涂面积不断地外扩，另外由于部分地区沿海滩涂的淤涨，保护区形成了大片淡水到微咸水的沼泽地、潮沟和潮间带滩涂，使湿地面积增加，这是保护区自然形成的结果。

表2.32 华东保护区一级生态系统类型转化面积与比例

年份	类型	海洋 面积/hm²	海洋 比例/%	森林 面积/hm²	森林 比例/%	灌丛 面积/hm²	灌丛 比例/%	草地 面积/hm²	草地 比例/%	湿地 面积/hm²	湿地 比例/%	农田 面积/hm²	农田 比例/%	城镇 面积/hm²	城镇 比例/%	荒漠 面积/hm²	荒漠 比例/%	裸地 面积/hm²	裸地 比例/%
2000~2010年	海洋	263437.75	97.22	0.00	0.00	0.00	0.00	0.00	0.00	7422.27	2.74	97.69	0.04	0.00	0.00	0.00	0.00	0.00	0.00
	森林	0.00	0.00	391411.76	99.82	69.63	0.02	27.17	0.01	133.86	0.03	92.52	0.02	381.17	0.10	0.00	0.00	0.00	0.00
	灌丛	0.00	0.00	1791.76	7.62	21167.55	90.01	59.97	0.25	23.34	0.10	145.87	0.62	327.30	1.39	0.00	0.00	1.61	0.01
	草地	0.00	0.00	609.04	2.02	63.24	0.21	28892.38	95.90	89.26	0.30	320.66	1.06	154.03	0.51	0.02	0.00	0.00	0.00
	湿地	0.11	0.00	21.28	0.01	4.34	0.00	1770.73	0.54	292137.68	88.65	30763.26	9.34	3333.76	1.01	1474.07	0.45	34.80	0.01
	农田	0.00	0.00	1107.55	0.99	111.38	0.10	22.46	0.02	2805.62	2.51	103339.39	92.35	4508.37	4.03	0.00	0.00	3.26	0.00
	城镇	0.00	0.00	0.79	0.01	0.03	0.00	0.17	0.00	64.64	0.58	5.39	0.05	11057.03	99.36	0.00	0.00	0.00	0.00
	荒漠	0.00	0.00	0.00	0.00	0.00	0.00	0.00	0.00	630.84	5.85	0.00	0.00	0.00	0.00	10147.64	94.15	0.00	0.00
	裸地	0.00	0.00	72.28	0.34	0.00	0.00	249.13	1.16	1658.50	7.73	169.68	0.79	2.71	0.01	1.42	0.01	19304.92	89.96

表 2.33　华东保护区各功能分区一级生态系统类型转化面积与比例

变更方式	核心区/hm²	占核心区比例/%	缓冲区/hm²	占缓冲区比例/%	实验区/hm²	占实验区比例/%	总计/hm²
海洋→湿地	1936.94	0.62	3219.14	1.37	2266.19	0.35	7422.27
海洋→农田	0.00	0.00	16.30	0.01	81.39	0.01	97.69
森林→灌丛	2.90	0.00	7.18	0.00	59.55	0.01	69.63
森林→草地	6.30	0.00	9.41	0.00	11.47	0.00	27.18
森林→湿地	53.76	0.02	15.34	0.01	64.77	0.01	133.87
森林→农田	13.32	0.00	16.27	0.01	62.93	0.01	92.52
森林→城镇	81.00	0.03	34.73	0.01	265.44	0.04	381.17
灌丛→森林	778.53	0.25	270.33	0.12	742.90	0.11	1791.76
灌丛→草地	34.57	0.01	25.40	0.01	0.00	0.00	59.97
灌丛→湿地	11.18	0.00	5.95	0.00	6.20	0.00	23.33
灌丛→农田	42.20	0.01	21.52	0.01	82.15	0.01	145.87
灌丛→城镇	27.94	0.01	34.37	0.01	264.99	0.04	327.30
草地→森林	230.95	0.07	71.79	0.03	306.30	0.05	609.04
草地→灌丛	9.92	0.00	11.37	0.00	41.96	0.01	63.25
草地→湿地	24.21	0.01	3.21	0.00	61.83	0.01	89.25
草地→农田	84.11	0.03	64.26	0.03	172.28	0.03	320.65
草地→城镇	9.06	0.00	9.57	0.00	135.40	0.02	154.03
草地→荒漠	0.02	0.00	0.00	0.00	0.00	0.00	0.02
湿地→海洋	0.00	0.00	0.00	0.00	0.11	0.00	0.11
湿地→森林	2.86	0.00	7.90	0.00	10.53	0.00	21.29
湿地→灌丛	0.00	0.00	0.67	0.00	3.67	0.00	4.34
湿地→草地	189.30	0.06	132.37	0.06	1449.06	0.22	1770.73
湿地→农田	2021.72	0.65	8731.34	3.72	20010.20	3.05	30763.26
湿地→城镇	49.38	0.02	245.75	0.10	3038.63	0.46	3333.76
湿地→荒漠	402.02	0.13	0.00	0.00	1072.04	0.16	1474.06
湿地→裸地	4.43	0.00	12.28	0.01	18.09	0.00	34.80
农田→森林	119.12	0.04	157.32	0.07	831.10	0.13	1107.54
农田→灌丛	6.36	0.00	14.83	0.01	90.19	0.01	111.38
农田→草地	1.42	0.00	6.26	0.00	14.78	0.00	22.46
农田→湿地	763.14	0.25	699.72	0.30	1342.75	0.20	2805.61
农田→城镇	491.58	0.16	1127.93	0.48	2888.86	0.44	4508.37
农田→裸地	0.00	0.00	0.00	0.00	3.26	0.00	3.26
城镇→森林	0.00	0.00	0.00	0.00	0.79	0.00	0.79

续表

变更方式	核心区/hm²	占核心区比例/%	缓冲区/hm²	占缓冲区比例/%	实验区/hm²	占实验区比例/%	总计/hm²
城镇→灌丛	0.00	0.00	0.00	0.00	0.03	0.00	0.03
城镇→草地	0.00	0.00	0.00	0.00	0.17	0.00	0.17
城镇→湿地	1.37	0.00	1.49	0.00	61.78	0.01	64.64
城镇→农田	0.01	0.00	1.23	0.00	4.16	0.00	5.40
荒漠→湿地	200.67	0.06	425.79	0.18	4.38	0.00	630.84
裸地→森林	12.46	0.00	35.29	0.02	24.53	0.00	72.28
裸地→草地	235.77	0.08	1.97	0.00	11.39	0.00	249.13
裸地→湿地	472.40	0.15	32.73	0.01	1153.37	0.18	1658.50
裸地→农田	0.00	0.00	5.46	0.00	164.23	0.03	169.68
裸地→城镇	2.53	0.00	0.16	0.00	0.02	0.00	2.71
裸地→荒漠	0.00	0.00	0.00	0.00	1.42	0.00	1.42

有 4508.37hm² 的农田变更为城镇，占农田面积的 4.03%，其中核心区 491.58hm²，缓冲区 1127.93hm²，实验区 2888.86hm²。转变最多的省份为江苏，有 1972.66hm² 的农田变更为城镇，占华东地区国家级自然保护区农田变更为城镇面积的 43.76%；其次为安徽，有 1310.92hm² 的农田变更为城镇，占华东地区国家级自然保护区农田变更为城镇面积的 29.08%；福建有 702.44hm² 的农田变更为城镇，占华东地区国家级自然保护区农田变更为城镇面积的 15.58%；其他省份占比较少。

有 3333.76hm² 的湿地变更为城镇，占湿地面积的 1.01%，其中核心区 49.38hm²，缓冲区 245.75hm²，实验区 3038.63hm²。转变最多的省份为江苏，有 2753.15hm² 的湿地变更为城镇，占华东地区国家级自然保护区湿地变更为城镇面积的 82.58%；其他省份占比较少。这说明华东保护区内的城镇开发建设最常占用的是农田和湿地。

有 2805.61hm² 的农田变更为湿地，占农田面积的 2.51%，其中核心区 763.14hm²，缓冲区 699.72hm²，实验区 1342.75hm²。转变最多的省份为安徽，有 1209.79hm² 的农田变更为湿地，占华东地区国家级自然保护区农田变更为湿地面积的 43.12%；其次为江苏，有 1106.01hm² 的农田变更为湿地，占华东地区国家级自然保护区农田变更为湿地面积的 39.42%；其他省份占比较少。农田向湿地的转变表明了国家级自然保护区的管理正向有利的方向发展，加大了对湿地生态环境和各类动植物资源的保护，促进人与自然和谐发展。

（三）生态系统格局变化分级评价

根据生态系统格局变化分级方法计算得出，十年来，华东地区 47 个国家级自然保护区中，生态系统格局变化情况为：轻微改善 6 个，基本维持 31 个，轻微退化 5 个，明显退化 5 个（图 2.46 和图 2.47）。

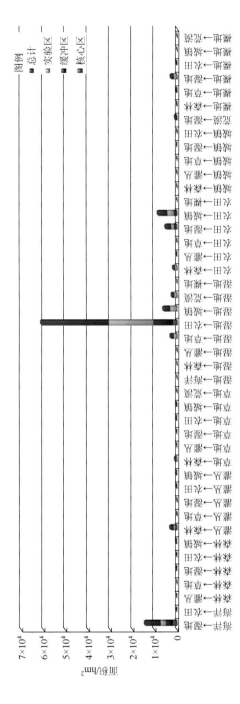

图 2.45　华东保护区各功能分区一级生态系统类型转化面积柱状图

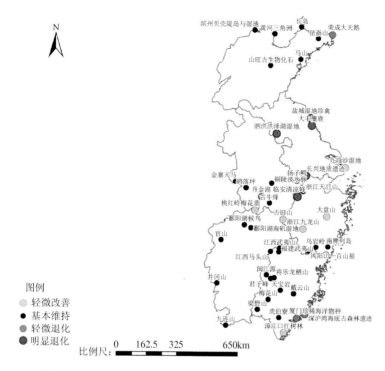

图 2.46 华东地区国家级自然保护区生态系统变化程度分级

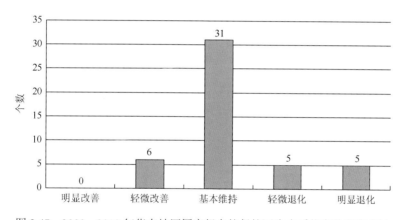

图 2.47 2000~2010 年华东地区国家级自然保护区生态系统变化程度统计

华东地区江苏退化率最高。江苏 3 个国家级自然保护区均明显退化，退化率 100%。大丰麋鹿国家级自然保护区退化主要由于农田开垦，盐城湿地珍禽和泗洪洪泽湖湿地国家级自然保护区除农田面积增加外，建设用地面积增加也较为明显。

上海改善率最高。上海国家级自然保护区改善率达到 50%，2 个国家级自然保护区中 1 个轻微改善，为九段沙湿地国家级自然保护区；此外，浙江改善也较为明显，改善率达到 33.33%，9 个国家级自然保护区中 3 个轻微改善，分别为古田山、浙江九龙山和大盘山国家级自然保护区（图 2.48）。

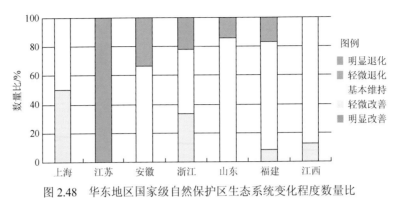

图 2.48　华东地区国家级自然保护区生态系统变化程度数量比

二、华东地区国家级自然保护区质量变化分析

（一）森林生态系统生物量变化

森林生态系统生物量增加。从表 2.34 和图 2.49 可知，华东地区 2000～2010 年国家级自然保护区森林生态系统生物量呈增长趋势。2010 年生物量最大，为 3577.57 万 t；其次为 2005 年，为 3170.99 万 t；2000 年最少，为 2958.81 万 t。华东地区国家级自然保护区森林生态系统 2000 年占保护区面积的 32.63%，2010 年占保护区面积的 32.88%，面积有所增加。

表 2.34　2000～2010 年华东保护区森林生态系统生物量

年份	2000	2005	2010
生物量/万 t	2958.81	3170.99	3577.57

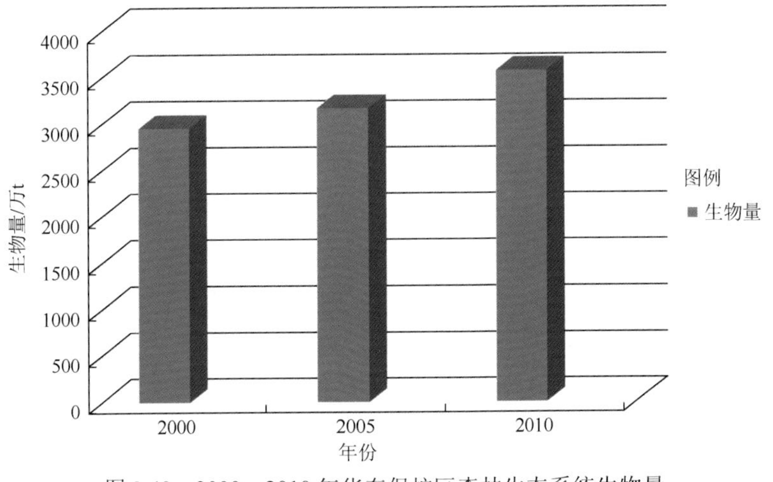

图 2.49　2000～2010 年华东保护区森林生态系统生物量

从表 2.35、图 2.50 和图 2.51 可以看出，华东地区国家级自然保护区森林生态系统生物量变化趋势为正常浮动和明显好转的占比最多，明显好转占 42.19%，正常浮动占 28.51%，轻微好转占 18.88%。有部分草地和农田转变为森林，导致生物量增大，大部分原因是森林自然生长导致生物量积累所致。华东地区七个省大部分国家级自然保护区均有明显好转，轻微退化占 7.76%，明显退化占比较少，为 2.66%。退化的主要原因是部分森林转变为草地、湿地、农田和城镇，但是退化比例本身就较小，因此退化的面积也较少。

退化主要发生在山东的黄河三角洲、昆嵛山，安徽的金寨天马、鹞落坪、扬子鳄，浙江的临安清凉峰、天目山、乌岩岭、凤阳山-百山祖和九龙山，江西的马头山、九连山、井冈山和福建的武夷山、将乐龙栖山等国家级自然保护区。

表 2.35 2000～2010 年华东保护区森林生态系统生物量变化趋势各等级面积及比例

统计参数	明显退化	轻微退化	正常浮动	轻微好转	明显好转
面积/km²	108.13	315.00	1157.44	766.25	1712.63
比例/%	2.66	7.76	28.51	18.88	42.19

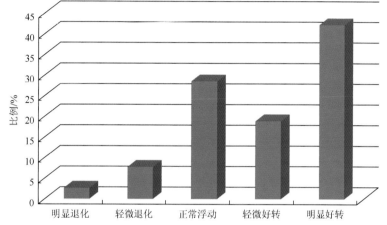

图 2.50 2000～2010 年华东保护区森林生态系统生物量变化趋势各等级比例

图 2.51 2000～2010 年华东保护区森林生态系统生物量变化趋势各等级空间分布

（二）其他生态系统年均净初级生产力变化

本书将年均净初级生产力分为低、较低、中、较高、高五级，每级对应取值为 0～6、6～12、12～18、18～24、24～+∞，统计 2000～2010 年年均净初级生产力面积与比例，并将年均净初级生产力成图。

其他生态系统年均净初级生产力基本维持。从表 2.36、图 2.52 和图 2.53 可以看出，2000～2010 年年均净初级生产力全部集中在低（0～6）、较低（6～12）、中（12～18）三个等级，其中以低（0～6）、较低（6～12）为主。整体上，10 年年均净初级生产力各等级面积和比例相差不大，低（0～6）占比维持在 81%～94%，2003 年占比最高，为 94.39%；较低（6～12）占比基本维持在 5%～18%，略有波动，2003 年占比最低，为 5.61%；中（12～18）占比很少，只有 2004 年占比 0.02%，2008 年占比 0.01%。

表 2.36　2000～2010 年华东保护区其他生态系统年均净初级生产力各等级面积与比例

年份	统计参数	低	较低	中
2000	面积/km²	3378.94	482.13	0.00
	比例/%	87.51	12.49	0.00
2001	面积/km²	3270.19	590.88	0.00
	比例/%	84.70	15.30	0.00
2002	面积/km²	3441.06	420.00	0.00
	比例/%	89.12	10.88	0.00
2003	面积/km²	3644.31	216.69	0.06
	比例/%	94.39	5.61	0.00
2004	面积/km²	3270.13	590.25	0.69
	比例/%	84.69	15.29	0.02
2005	面积/km²	3321.19	539.88	0.00
	比例/%	86.02	13.98	0.00
2006	面积/km²	3300.94	560.13	0.00
	比例/%	85.49	14.51	0.00
2007	面积/km²	3137.19	723.88	0.00
	比例/%	81.25	18.75	0.00
2008	面积/km²	3150.69	710.13	0.25
	比例/%	81.60	18.39	0.01
2009	面积/km²	3177.88	683.00	0.19
	比例/%	82.31	17.69	0.00
2010	面积/km²	3424.63	436.44	0.00
	比例/%	88.70	11.30	0.00

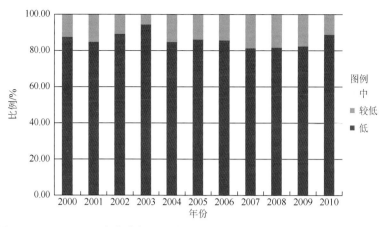

图 2.52 2000～2010 年华东保护区其他生态系统年均净初级生产力各等级比例

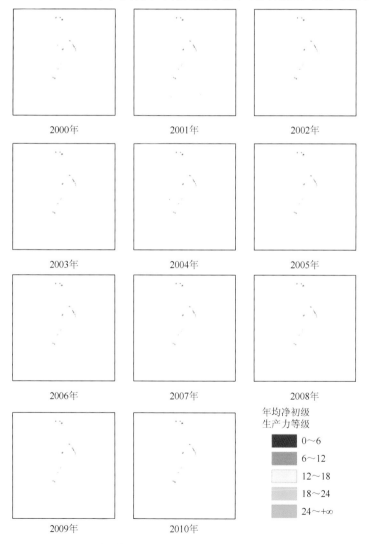

图 2.53 2000～2010 年华东保护区其他生态系统年均净初级生产力各等级时空分布

从表2.37和图2.54可以看出，2000～2010年国家级自然保护区其他生态系统净初级生产力整体呈先下降后上升再下降的趋势，净初级生产力年总量最高的是2008年，总量为40.27万t；最低的是2003年，为25.91万t。

表2.37　2000～2010年华东保护区其他生态系统净初级生产力年总量　（单位：万t）

年份	2000	2001	2002	2003	2004	2005	2006	2007	2008	2009	2010
净初级生产力	30.54	34.26	32.79	25.91	35.25	33.06	34.17	38.89	40.27	38.66	30.44

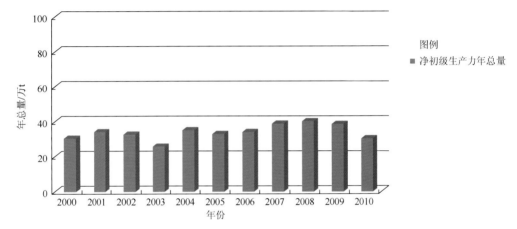

图2.54　2000～2010年华东保护区其他生态系统净初级生产力年总量

从表2.38、图2.55和图2.56可以看出，华东地区国家级自然保护区其他生态系统净初级生产力变化趋势正常浮动占比最多，占58.86%，轻微好转占20.82%，明显好转占7.40%。净初级生产力好转的主要原因是草地和湿地的植物自然生长，也有小部分原因是海域和农田转变为湿地。华东地区七个省的所有国家级自然保护区均有好转的部分，轻微退化占9.06%，明显退化占3.86%。轻微退化和明显退化主要发生的保护区为江苏的泗洪洪泽湖湿地、盐城湿地珍禽，安徽省的升金湖、铜陵淡水豚和浙江省的凤阳山—百山祖、九龙山国家级自然保护区。主要原因是湿地转变为农田，这说明华东保护区内湿地受到大规模的开发利用，转变为农田。转变最多的省份为江苏，有28712.76hm²的湿地变更为农田，占华东地区国家级自然保护区湿地变更为农田面积的93.33%；其他省份占比较少。湿地变更为农田破坏了湿地生态系统，这使一些依赖于湿地生态系统的珍稀动植物生存环境发生改变，对于保护区生态环境的保护是不利的。

表2.38　2000～2010年华东保护区其他生态系统净初级生产力变化趋势各等级面积与比例

统计参数	明显退化	轻微退化	正常浮动	轻微好转	明显好转
面积/km²	150.25	352.63	2291.75	810.69	288.19
比例/%	3.86	9.06	58.86	20.82	7.40

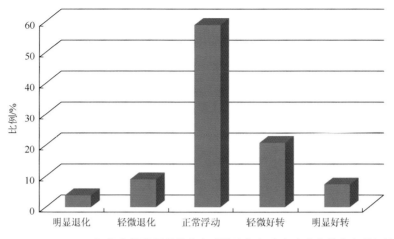

图 2.55　2000～2010 年华东保护区其他生态系统净初级生产力变化趋势各等级比例

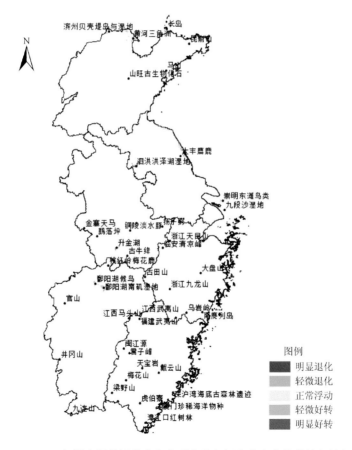

图 2.56　2000～2010 年华东保护区其他生态系统净初级生产力变化趋势各等级空间分布

三、小结

（1）华东地区国家级自然保护区包括海洋、森林、灌丛、草地、湿地、农田、城镇、荒漠和裸地 9 类生态系统。占比最高的是森林生态系统，2000 年占保护区面积的 32.64%，2010 年占 32.87%，面积有所增加；湿地生态系统 2000 年占保护区面积的 27.43%，2010 年占 25.57%，面积有所减小。从 2000 年到 2010 年的华东保护区各功能分区一级生态系统类型转化面积可以看出，整个保护区湿地变更为农田的面积最多，有 30763.26hm² 的湿地变更为农田，占湿地面积的 9.34%，这说明华东保护区内湿地受到大规模的开发利用，转变为农田。转变最多的省份是江苏，有 28712.76hm² 的湿地变更为农田，占华东地区国家级自然保护区湿地变更为农田面积的 93.33%；其他省份占比较少。湿地变更为农田破坏了湿地生态系统，这使一些依赖于湿地生态系统的珍稀动植物生存环境发生改变，对于保护区生态环境的保护是不利的。有 7422.27hm² 的海洋变更为湿地，占海洋面积的 2.74%，这说明华东保护区内海洋受到大规模的围垦和开发利用，转变为养殖塘等人工湿地。转变最多的省份为上海，有 5579.52hm² 的海洋变更为湿地，占华东地区国家级自然保护区海洋变更为湿地面积的 75.17%；其次为江苏，有 1842.76hm² 的海洋变更为湿地，占华东地区国家级自然保护区海洋变更为湿地面积的 24.83%；其他省份占比较少。海洋变更为湿地主要是由于生态系统类型获取的季节不同、时间不同，加之滩涂面积不断地外扩，另外由于部分地区沿海滩涂的淤涨，保护区形成了大片淡水到微咸水的沼泽地、潮沟和潮间带滩涂，使湿地面积增加，这是保护区自然形成的结果。

（2）华东地区 2000～2010 年国家级自然保护区森林生态系统生物量呈增长趋势。2010 年生物量最大，为 3577.57 万 t；其次为 2005 年，为 3170.99 万 t；2000 年最少，为 2958.81 万 t。华东保护区森林生态系统 2000 年占保护区面积的 32.63%，2010 年占保护区面积的 32.88%，面积有所增加。华东地区国家级自然保护区森林生态系统生物量变化趋势正常浮动和明显好转的占比最多，明显好转占 42.19%，正常浮动占 28.51%，轻微好转占 18.88%。有部分草地和农田转变为森林，导致生物量增大，大部分原因是森林自然生长导致生物量积累所致。华东地区七个省大部分国家级自然保护区均有明显好转，轻微退化占 7.76%，明显退化占得较少，为 2.66%。退化的主要原因是部分森林转变为草地、湿地、农田和城镇，但是退化比例本身就较小，因此退化的面积也较少。退化主要发生在山东的黄河三角洲、昆嵛山，安徽的金寨天马、鹞落坪、扬子鳄，浙江的临安清凉峰、天目山、乌岩岭、凤阳山-百山祖和九龙山，江西的马头山、九连山、井冈山和福建的武夷山、将乐龙栖山等国家级自然保护区。

（3）2000～2010 年国家级自然保护区其他生态系统净初级生产力整体呈先下降后上升再下降的趋势，净初级生产力年总量最高的是 2008 年，总量为 40.27 万 t；最低的是 2003 年，为 25.91 万 t。华东地区国家级自然保护区其他生态系统净初级生产力变化趋势正常浮动占比最多，占 58.86%，轻微好转占 20.82%，明显好转占 7.40%。净初级生产力好转的主要原因是草地和湿地的植物自然生长，也有小部分原因是海域和农田转变为湿地。华东地区七个省的所有国家级自然保护区均有好转的部分，轻微退化占 9.06%，明显退化占 3.86%。轻微退化和明显退化主要发生的保护区为江苏的泗洪洪泽湖湿地、盐城湿地珍禽，安徽的升金湖、铜陵淡水豚和浙江省的凤阳山—百山祖、九龙山国家级自然保护区。主要原因是湿地转变为农田，这说明华东保护区内湿地受到大规模的开发利用，转变为农田。转变最多的省份为江苏，有 28712.76hm² 的湿地变更为农田，占华东地区国家级自然保护区湿地变更为农田面积的 93.33%；其他省份占比较少。湿地变更为农田破坏了湿地生态系统，这使一些依赖于湿地生态系统的珍稀动植物生存环境发生改变，对于保护区生态环境的保护是不利的。

第六节　华中地区国家级自然保护区格局和质量变化

华中地区包括湖北、湖南和河南，共 38 处国家级自然保护区，涉及 5 大类型的自然保护区，以森林生态系统类型自然保护区为主，没有草原与草甸、海洋与海岸、荒漠生态系统及地质遗迹类型自然保护区。其中，森林生态系统类型 23 处，内陆湿地和水域生态系统类型 4 处，野生动物类型 7 处，野生植物类型 2 处，古生物遗迹类型 2 处。

一、华中地区国家级自然保护区格局变化分析

（一）华中地区国家级自然保护区生态系统类型构成

从表 2.39、图 2.57 和图 2.58 可以看出：2000 年和 2010 年华中地区国家级自然保护区（以下简称华中保护区）的生态系统类型构成包括了森林、灌丛、草地、湿地、农田、城镇和裸地 7 类陆地生态系统，其中森林生态系统占比最高，其他生态系统类型依次为灌丛、湿地、农田、草地、城镇和裸地生态系统。核心区、缓冲区和实验区均是以森林生态系统为主。

森林面积有所增加。华中保护区生态系统类型占比最高的是森林生态系统，2000 年占保护区的 44.29%，2010 年占 51.23%，面积有所增加。森林生态系统以常绿针叶林和落叶阔叶林生态系统为主。常绿针叶林生态系统 2000 年占保护区的 28.52%，2010 年占 28.80%；落叶阔叶林生态系统 2000 年占保护区的 10.93%，2010 年占 17.54%。森林生态系统 2000 年占核心区面积比例为 53.28%，2010 年占 60.76%；森林生态系统 2000 年占缓冲区面积比例为 37.01%，2010 年占 44.89%；森林生态系统 2000 年占实验区面积比例为 42.53%，2010 年占 48.46%。

灌丛面积明显减少。灌丛生态系统 2000 年占保护区的 14.54%，2010 年占 7.87%，面积有所减小。灌丛生态系统以落叶阔叶灌木林生态系统为主。落叶阔叶灌木林生态系统 2000 年占 12.89%，2010 年占 6.24%。灌丛生态系统 2000 年占核心区面积比例为 15.44%，2010 年占 8.25%；灌丛生态系统 2000 年占缓冲区面积比例为 15.23%，2010 年占 7.64%；灌丛生态系统 2000 年占实验区面积比例为 13.47%，2010 年占 7.76%。

湿地面积增加。湿地生态系统 2000 年占保护区的 13.92%，2010 年占 14.62%，面积有所增加。湿地生态系统以草本沼泽和湖泊生态系统为主。草本沼泽和湖泊生态系统 2000 年分别占 5.28%、4.19%，2010 年分别占 5.38%、4.21%。湿地生态系统 2000 年占核心区面积比例为 10.93%，2010 年占 12.07%；湿地生态系统 2000 年占缓冲区面积比例为 13.14%，2010 年占 13.61%；湿地生态系统 2000 年占实验区面积比例为 16.59%，2010 年占 17.11%。

表2.39　华中保护区不同功能分区不同年份一级和二级生态系统类型面积与比例

一级生态系统类型	二级生态系统类型	核心区 2000年 面积/hm²	比例/%	核心区 2010年 面积/hm²	比例/%	缓冲区 2000年 面积/hm²	比例/%	缓冲区 2010年 面积/hm²	比例/%	实验区 2000年 面积/hm²	比例/%	实验区 2010年 面积/hm²	比例/%	保护区合计 2000年 面积/hm²	比例/%	保护区合计 2010年 面积/hm²	比例/%
森林	常绿阔叶林	20186.64	4.75	20294.01	4.77	15862.10	4.16	16008.84	4.20	18884.74	3.19	19335.49	3.27	54933.48	3.93	55638.34	3.98
	落叶阔叶林	56456.20	13.27	86935.67	20.44	25856.59	6.78	55055.19	14.44	70502.10	11.93	103192.89	17.45	152814.89	10.93	245183.74	17.54
	常绿针叶林	145960.53	34.31	147185.10	34.60	97347.07	25.53	98043.30	25.71	155382.93	26.28	157347.64	26.61	398690.53	28.52	402576.03	28.80
	针阔混交林	4036.16	0.95	4035.07	0.95	2058.54	0.54	2064.81	0.54	6686.25	1.13	6685.84	1.13	12780.94	0.91	12785.71	0.91
	稀疏林	1.00	0.00	1.00	0.00					4.75	0.00	4.75	0.00	5.75	0.00	5.75	0.00
	合计	226640.53	53.28	258450.85	60.76	141124.30	37.01	171172.14	44.89	251460.77	42.53	286566.61	48.46	619225.59	44.29	716189.57	51.23
灌丛	常绿阔叶灌木林	7907.14	1.86	7741.00	1.82	6025.02	1.58	5976.64	1.57	9142.92	1.55	9034.81	1.53	23075.08	1.65	22752.45	1.63
	落叶阔叶灌木林	57756.58	13.58	27333.75	6.43	52057.62	13.65	23151.61	6.07	70447.77	11.92	36808.35	6.23	180261.97	12.89	87293.70	6.24
	合计	65663.72	15.44	35074.75	8.25	58082.64	15.23	29128.25	7.64	79590.69	13.47	45843.16	7.76	203337.05	14.54	110046.15	7.87
草地	草甸	71.32	0.02	0.00	0.00	86.62	0.02	6.30	0.00	32.70	0.01	7.14	0.00	190.65	0.01	13.44	0.00
	草丛	7110.28	1.67	7292.74	1.71	12093.10	3.17	12172.74	3.19	16064.17	2.72	15670.18	2.65	35267.55	2.52	35135.66	2.51
	稀疏草地	5.16	0.00	5.16	0.00	0.19	0.00	0.19	0.00	0.18	0.00	0.18	0.00	5.54	0.00	5.54	0.00
	合计	7186.76	1.69	7297.90	1.71	12179.91	3.19	12179.23	3.19	16097.05	2.72	15677.50	2.65	35463.74	2.53	35154.64	2.51
湿地	森林沼泽	216.32	0.05	216.32	0.05	3752.28	0.98	3748.03	0.98	4021.27	0.68	4036.72	0.68	7989.87	0.57	8001.06	0.57
	灌丛沼泽	0.00	0.00	0.00	0.00	40.85	0.01	40.85	0.01	11.79	0.00	11.70	0.00	52.64	0.00	52.55	0.00
	草本沼泽	10443.36	2.46	11080.03	2.60	22710.75	5.96	22969.70	6.02	40611.85	6.87	41096.30	6.95	73765.96	5.28	75146.02	5.38
	湖泊	17051.18	4.01	17082.69	4.02	9643.60	2.53	9640.26	2.53	31821.54	5.38	32107.22	5.43	58516.33	4.19	58830.17	4.21
	水库/坑塘	10262.88	2.41	14457.35	3.40	6177.78	1.62	8491.57	2.23	8647.68	1.46	10158.72	1.72	25088.34	1.79	33107.65	2.37
	河流	7765.33	1.83	7775.84	1.83	7686.20	2.02	6925.71	1.82	12802.31	2.17	13603.74	2.30	28253.84	2.02	28305.28	2.02
	运河/水渠	718.27	0.17	718.27	0.17	66.40	0.02	66.40	0.02	172.19	0.03	173.14	0.03	956.86	0.07	957.81	0.07
	合计	46457.34	10.93	51330.50	12.07	50077.86	13.14	51882.52	13.61	98088.63	16.59	101187.54	17.11	204623.84	13.92	204400.54	14.62

续表

一级生态系统类型	二级生态系统类型	核心区				缓冲区				实验区				保护区合计			
		2000年		2010年		2000年		2010年		2000年		2010年		2000年		2010年	
		面积/hm²	比例/%	面积/hm²	比例/%	面积/hm²	比例/%	面积/hm²	比例/%	面积/hm²	比例/%	面积/hm²	比例/%	面积/hm²	比例/%	面积/hm²	比例/%
农田	水田	15792.10	3.71	15516.98	3.65	22386.22	5.87	21910.58	5.75	32715.85	5.53	31236.37	5.28	70894.17	5.07	68663.93	4.91
	旱地	57067.36	13.42	49726.49	11.69	86237.98	22.61	82802.58	21.71	99022.72	16.75	94107.20	15.92	242328.06	17.33	226636.27	16.21
	乔木园地	226.37	0.05	238.48	0.06	291.61	0.08	291.61	0.08	751.21	0.13	765.72	0.13	1269.19	0.09	1295.80	0.09
	灌木园地	20.88	0.00	22.90	0.01	1.11	0.00	8.85	0.00	0.00	0.00	12.81	0.00	21.99	0.00	44.56	0.00
	合计	73106.71	17.18	65504.85	15.41	108916.92	28.56	105013.62	27.54	132489.78	22.41	126122.10	21.33	314513.41	22.49	296640.56	21.21
城镇	居住地	3721.78	0.87	4457.23	1.05	5401.66	1.42	5842.31	1.53	11126.45	1.88	12709.00	2.15	20249.89	1.45	23008.54	1.65
	乔木绿地	53.31	0.01	43.47	0.01	0.00	0.00	0.00	0.00	4.67	0.00	4.77	0.00	57.98	0.00	48.24	0.00
	工业用地	18.95	0.00	16.85	0.00	74.03	0.02	71.69	0.02	333.26	0.06	583.20	0.10	426.23	0.03	671.75	0.05
	交通用地	521.24	0.12	756.52	0.18	4984.32	1.31	5280.10	1.38	1045.26	0.18	1608.93	0.27	6550.82	0.47	7645.55	0.55
	采矿场	0.00	0.00	0.00	0.00	0.00	0.00	0.00	0.00	4.63	0.00	4.63	0.00	4.63	0.00	4.63	0.00
	合计	4315.28	1.01	5274.07	1.24	10460.01	2.75	11194.10	2.93	12514.27	2.12	14910.53	2.52	27289.55	1.95	31378.71	2.25
裸地(湿润/半湿润)	裸岩	166.00	0.04	170.67	0.04	101.31	0.03	101.32	0.03	256.42	0.04	253.59	0.04	523.72	0.04	525.58	0.04
	裸土	1835.92	0.43	2268.68	0.53	398.50	0.10	670.30	0.18	712.35	0.12	648.91	0.11	2946.76	0.21	3587.89	0.26
	合计	2001.92	0.47	2439.35	0.57	499.81	0.13	771.62	0.21	968.77	0.16	902.50	0.15	3470.48	0.25	4113.47	0.30
合计		425372.26	100.00	425372.27	100.00	381341.45	100.00	381341.48	100.00	591209.96	100.00	591209.94	100.00	1397923.66	100.00	1397923.64	100.00

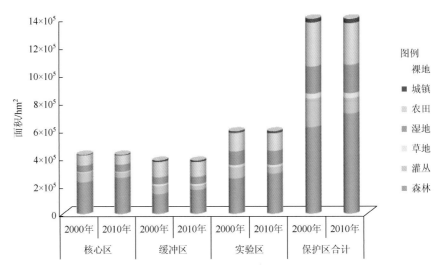

图 2.57 华中保护区不同功能分区不同年份一级生态系统类型面积

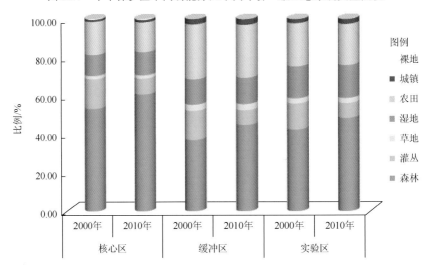

图 2.58 华中保护区不同功能分区不同年份一级生态系统类型比例

　　农田面积有所减少。农田生态系统2000年占国家级自然保护区面积的22.49%，2010年占21.21%，面积有所减小。农田生态系统以旱地生态系统为主，旱地生态系统2000年占保护区面积的17.33%，2010年占16.21%。农田生态系统2000年占核心区面积比例为17.18%，2010年占15.41%；农田生态系统2000年占缓冲区面积比例为28.56%，2010年占27.54%；农田生态系统2000年占实验区面积比例为22.41%，2010年占21.33%。

　　草地面积略有减少。草地生态系统2000年占保护区面积的2.53%，2010年占2.51%。草地生态系统2000年占核心区面积比例为1.69%，2010年占1.71%；草地生态系统2000年占缓冲区面积比例为3.19%，2010年占3.19%；草地生态系统2000年占实验区面积比例为2.72%，2010年占2.65%。

　　城镇面积增加。城镇生态系统2000年占保护区面积的1.95%，2010年占2.25%。城镇生态系统2000年占核心区面积比例为1.01%，2010年占1.24%；城镇生态系统2000年占缓冲区面积比例为 2.75%，2010 年占 2.93%；城镇生态系统 2000 年占实验区面积比例为 2.12%，2010 年占 2.52%。

裸地面积略有增加。裸地生态系统 2000 年占保护区面积的 0.25%，2010 年占 0.30%。裸地生态系统以裸土生态系统为主。裸土生态系统 2000 年占保护区面积的 0.21%，2010 年占 0.26%。裸地生态系统 2000 年占核心区面积比例为 0.47%，2010 年占 0.57%；裸地生态系统 2000 年占缓冲区面积比例为 0.13%，2010 年占 0.21%；裸地生态系统 2000 年占实验区面积比例为 0.16%，2010 年占 0.15%。

（二）华中地区自然保护区生态系统类型转化情况

从 2000～2010 年的华中保护区各功能分区一级生态系统类型转化面积可以看出（表 2.40 和表 2.41、图 2.59），不论是核心区、缓冲区、实验区还是整个保护区，灌丛变更为森林的面积最多，后面依次为农田变更为湿地、农田变更为森林和农田变更为城镇。

灌丛变更为森林面积最多。华中保护区有 104506.85hm^2 的灌丛变更为森林，占灌丛面积的 51.40%，其中核心区 39947.97hm^2，缓冲区 28806.47hm^2，实验区 35752.41hm^2。转变最多的省份为河南，有 93822.73hm^2 的灌丛变更为森林，占华中地区国家级自然保护区灌丛变更为森林面积的 89.78%；其他省份占比较少。灌丛变更为森林对于华中地区国家级自然保护区生态环境的保护是有利的，这主要是由于华中保护区为提高区内的森林覆盖率，不断完善保护区的森林生态系统，对林地进行较好地保护，采取人为植被恢复等相关措施。

农田变更为湿地其次。有 11206.20hm^2 的农田变更为湿地，占农田面积的 3.56%，其中核心区 5411.70hm^2，缓冲区 2573.27hm^2，实验区 3221.23hm^2。转变最多的省份为河南，有 10304.40hm^2 的农田变更为湿地，占华中地区国家级自然保护区农田变更为湿地面积的 91.95%；其他省份占比较少。农田变更为湿地是由于对保护区推动和实施了湿地恢复和保护工程，该项工程对于湿地生态环境和各类动植物资源的保护，促进人与自然和谐发展，提高生态效益和社会效益均十分显著。

有 4269.32hm^2 的农田变更为森林，占农田面积的 0.99%。转变最多的省份为河南，有 2019.69hm^2 的农田变更为森林，占华中地区国家级自然保护区农田变更为森林面积的 47.31%；其次为湖南，有 1840.90hm^2 的农田变更为森林，占华中地区国家级自然保护区农田变更为森林面积的 43.12%；其他省份占比较少。华中地区由于城镇化扩张，有少量农田转变为城镇。

（三）生态系统格局变化分级评价

根据生态系统格局变化分级方法计算得出，十年来，华中地区 38 个国家级自然保护区中，生态系统格局变化情况为：明显改善 4 个，轻微改善 8 个，基本维持 21 个，轻微退化 3 个，明显退化 2 个（图 2.60 和图 2.61）。

表 2.40　华中保护区一级生态系统类型转化面积与比例

年份	类型	森林		灌丛		草地		湿地		农田		城镇		裸地	
		面积/hm²	比例/%	面积/hm²	比例/%	面积/hm²	比例/%	面积/hm²	比例/%	面积/hm²	比例/%	面积/hm²	比例/%	面积/hm²	比例/%
2000～2010年	森林	617374.12	99.70	718.92	0.12	291.85	0.05	88.25	0.01	147.58	0.02	602.17	0.10	2.69	0.00
	灌丛	104506.85	51.40	97778.01	48.09	584.59	0.29	90.10	0.04	271.31	0.13	68.52	0.03	37.68	0.02
	草地	80.05	0.23	544.00	1.53	34088.04	96.12	704.65	1.99	37.62	0.11	3.54	0.01	5.82	0.02
	湿地	504.59	0.26	30.21	0.02	3.54	0.00	192266.69	98.79	1294.11	0.66	333.80	0.17	190.89	0.10
	农田	4269.31	1.36	279.06	0.09	180.29	0.06	11206.20	3.56	294768.20	93.72	3103.35	0.99	707.00	0.22
	城镇	9.78	0.04	0.08	0.00	0.32	0.00	1.49	0.01	17.88	0.07	27252.28	99.89	0.77	0.00
	裸地	107.52	3.10	24.31	0.70	6.29	0.18	59.77	1.72	87.79	2.53	16.20	0.47	3168.61	91.30

表 2.41　华中保护区各功能分区一级生态系统类型转化面积与比例

变更方式	核心区/hm²	占核心区比例/%	缓冲区/hm²	占缓冲区比例/%	实验区/hm²	占实验区比例/%	总计/hm²
森林→灌丛	197.28	0.05	82.20	0.02	439.45	0.07	718.93
森林→草地	112.05	0.03	38.61	0.01	141.19	0.02	291.85
森林→湿地	11.72	0.00	39.41	0.01	37.12	0.01	88.25
森林→农田	42.92	0.01	51.27	0.01	53.39	0.01	147.58
森林→城镇	158.72	0.04	89.39	0.02	354.06	0.06	602.17
森林→裸地	1.64	0.00	0.36	0.00	0.69	0.00	2.69
灌丛→森林	39947.97	9.39	28806.47	7.55	35752.41	6.05	104506.85
灌丛→草地	146.82	0.03	316.78	0.08	120.99	0.02	584.59
灌丛→湿地	0.31	0.00	9.55	0.00	80.24	0.01	90.10
灌丛→农田	60.45	0.01	57.00	0.01	153.86	0.03	271.31
灌丛→城镇	4.14	0.00	5.06	0.00	59.33	0.01	68.53
灌丛→裸地	32.46	0.01	0.01	0.00	5.21	0.00	37.68
草地→森林	18.85	0.00	33.29	0.01	27.91	0.00	80.05
草地→灌丛	34.46	0.01	58.32	0.02	451.23	0.08	544.01
草地→湿地	137.78	0.03	299.52	0.08	267.36	0.05	704.66
草地→农田	8.86	0.00	20.26	0.01	8.49	0.00	37.61
草地→城镇	2.06	0.00	1.20	0.00	0.28	0.00	3.54
草地→裸地	5.82	0.00	0.00	0.00	0.00	0.00	5.82
湿地→森林	74.37	0.02	341.99	0.09	88.22	0.01	504.58
湿地→灌丛	0.00	0.00	0.00	0.00	30.21	0.01	30.21
湿地→草地	1.42	0.00	0.42	0.00	1.70	0.00	3.54
湿地→农田	366.57	0.09	696.96	0.18	230.59	0.04	1294.12
湿地→城镇	181.25	0.04	55.85	0.01	96.70	0.02	333.80
湿地→裸地	65.49	0.02	56.59	0.01	68.82	0.01	190.90
农田→森林	1545.30	0.36	1160.34	0.30	1563.68	0.26	4269.32
农田→灌丛	97.28	0.02	79.47	0.02	102.32	0.02	279.07
农田→草地	52.38	0.01	56.05	0.01	71.86	0.01	180.29
农田→湿地	5411.70	1.27	2573.27	0.67	3221.23	0.54	11206.20
农田→城镇	624.80	0.15	586.89	0.15	1891.66	0.32	3103.35
农田→裸地	349.57	0.08	289.91	0.08	67.52	0.01	707.00
城镇→森林	4.03	0.00	2.90	0.00	2.85	0.00	9.78
城镇→灌丛	0.00	0.00	0.00	0.00	0.08	0.00	0.08
城镇→草地	0.00	0.00	0.05	0.00	0.28	0.00	0.33
城镇→湿地	0.03	0.00	0.27	0.00	1.19	0.00	1.49
城镇→农田	0.02	0.00	0.69	0.00	17.17	0.00	17.88
城镇→裸地	0.00	0.00	0.39	0.00	0.38	0.00	0.77
裸地→森林	9.49	0.00	23.67	0.01	74.36	0.01	107.52
裸地→灌丛	0.91	0.00	0.90	0.00	22.50	0.00	24.31
裸地→草地	6.29	0.00	0.00	0.00	0.00	0.00	6.29
裸地→湿地	0.71	0.00	34.44	0.01	24.61	0.00	59.76
裸地→农田	0.13	0.00	16.44	0.00	71.22	0.01	87.79
裸地→城镇	0.00	0.00	0.00	0.00	16.20	0.00	16.20

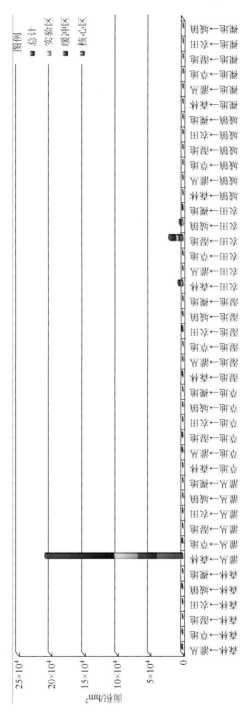

图 2.59 华中保护区各功能分区一级生态系统类型转化面积柱状图

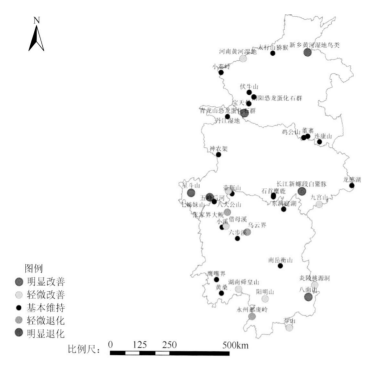

图 2.60　华中地区国家级自然保护区生态系统变化程度分级

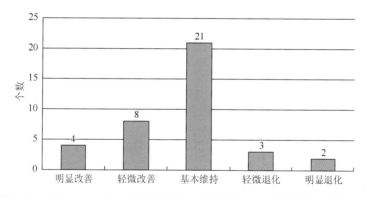

图 2.61　2000～2010 华中地区国家级自然保护区生态系统变化程度统计图

华中地区湖南退化率最高。湖南国家级自然保护区退化率为 23.08%，13 个国家级自然保护区中 3 个轻微退化，分别为乌云界、张家界大鲵、永州都庞岭国家级自然保护区。

湖北改善率最高。湖北国家级自然保护区改善率达到 40%，10 个国家级自然保护区中 2 个明显改善，分别为星斗山、七姊妹山国家级自然保护区；2 个轻微改善，分别为九宫山、五峰后河国家级自然保护区。此外，湖南改善也较为明显，改善率达到 35.29%，17 个国家级自然保护区中 1 个明显改善，为八面山国家级自然保护区；5 个轻微改善，分别为借母溪、湖南舜皇山、阳明山、莽山、炎陵桃源洞国家级自然保护区（图 2.62）。

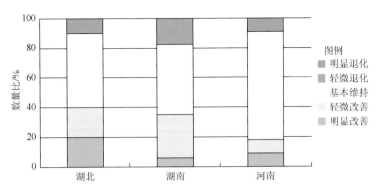

图 2.62　华中地区国家级自然保护区生态系统变化程度数量比

二、华中地区国家级自然保护区质量变化分析

（一）森林生态系统生物量变化

森林生态系统生物量增加。从表 2.42 和图 2.63 可知，2000～2010 年华中保护区森林生态系统生物量呈增长趋势。2010 年生物量最大，为 6309.78 万 t；其次为 2005 年，为 5607.94 万 t；2000 最少，为 5199.29 万 t。华中保护区森林生态系统 2000 年占保护区面积的 44.30%，2010 年占保护区面积的 51.23%，面积有所增加。

表 2.42　2000～2010 年华中保护区森林生态系统生物量

年份	2000	2005	2010
生物量/万 t	5199.29	5607.94	6309.78

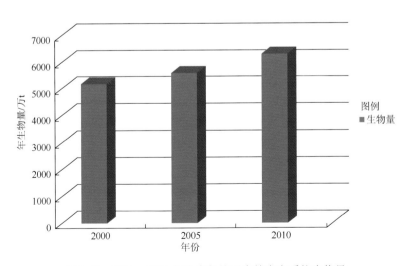

图 2.63　2000～2010 年华中保护区森林生态系统生物量

从表 2.43、图 2.64 和图 2.65 可以看出，华中地区国家级自然保护区森林生态系统

表 2.43 2000～2010 年华中保护区森林生态系统生物量变化趋势各等级面积及比例

统计参数	明显退化	轻微退化	正常浮动	轻微好转	明显好转
面积/km²	153.06	397.44	2326.13	2048.63	2984.94
比例/%	1.94	5.02	29.41	25.90	37.74

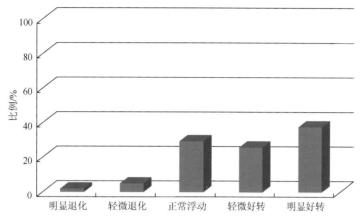

图 2.64 2000～2010 年华中保护区森林生态系统生物量变化趋势各等级比例

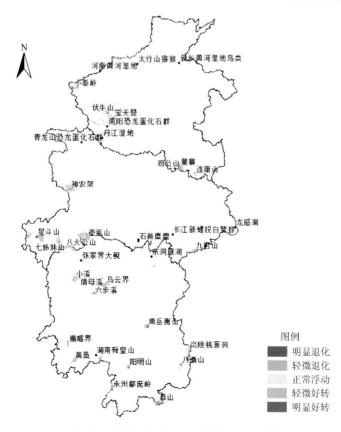

图 2.65 2000～2010 年华中保护区森林生态系统生物量变化趋势各等级空间分布

生物量变化趋势正常浮动和明显好转占比最多，明显好转占 37.74%，正常浮动占 29.41%，轻微好转占 25.90%，好转主要是由于森林自然生长导致生物量积累；轻微退化占 5.02%，明显退化占 1.94%，退化的原因是由于部分的森林退化为草地、农田和城镇。退化主要发生在河南的太行山猕猴、小秦岭、丹江湿地国家级自然保护区，湖北的神农架国家级自然保护区，湖南的壶瓶山、七姊妹山、星斗山、炎陵桃源洞、湖南舜皇山国家级自然保护区。

（二）其他生态系统年均净初级生产力变化

其他生态系统年均净初级生产力在基本维持的基础上略有改善。从表 2.44、从图 2.66 和图 2.67 可以看出，2000～2010 年年均净初级生产力全部集中在低（0～6）、较低（6～12）、

表 2.44　2000～2010 年华中保护区其他生态系统年均净初级生产力各等级面积与比例

年份	统计参数	低	较低	中
2000	面积/km²	1736.44	562.13	0.00
	比例/%	75.54	24.46	0.00
2001	面积/km²	1262.81	1035.13	0.63
	比例/%	54.94	45.03	0.03
2002	面积/km²	1606.81	691.75	0.00
	比例/%	69.91	30.09	0.00
2003	面积/km²	1836.94	461.63	0.00
	比例/%	79.92	20.08	0.00
2004	面积/km²	1253.63	1044.94	0.00
	比例/%	54.54	45.46	0.00
2005	面积/km²	1452.13	846.44	0.00
	比例/%	63.18	36.82	0.00
2006	面积/km²	1132.19	1166.38	0.00
	比例/%	49.26	50.74	0.00
2007	面积/km²	1298.81	999.75	0.00
	比例/%	56.51	43.49	0.00
2008	面积/km²	1103.75	1194.81	0.00
	比例/%	48.02	51.98	0.00
2009	面积/km²	1443.56	855.00	0.00
	比例/%	62.80	37.20	0.00

续表

年份	统计参数	低	较低	中
2010	面积/km²	1640.19	658.38	0.00
	比例/%	71.36	28.64	0.00

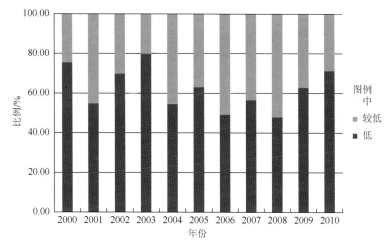

图 2.66　2000～2010 年华中保护区其他生态系统年均净初级生产力各等级比例

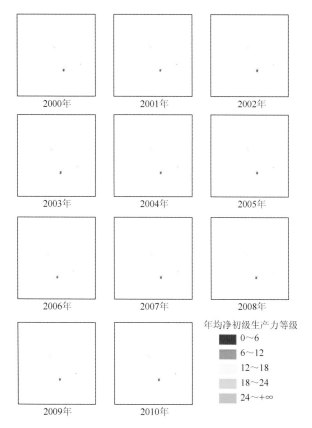

图 2.67　2000～2010 年华中保护区其他生态系统年均净初级生产力各等级时空分布

中（12～18）三个等级，其中以低（0～6）、较低（6～12）为主。整体上，十年年均净初级生产力各等级面积和比例相差不大，低（0～6）占比维持在 48%～80%，2003 年占比最高，为 79.92%；较低（6～12）占比基本维持在 20%～52%，略有波动，2003 年占比最低，为 20.08%；中（12～18）占比很少，只有 2001 年占比 0.03%。

从表 2.45 和图 2.68 可以看出，2000～2010 年国家级自然保护区其他生态系统净初级生产力整体呈波浪线趋势，净初级生产力年总量最高的是 2008 年，总量为 48.01 万 t；最低的是 2000 年，为 30.34 万 t。

表 2.45　2000～2010 年华中保护区其他生态系统净初级生产力年总量　（单位：万 t）

年份	2000	2001	2002	2003	2004	2005	2006	2007	2008	2009	2010
净初级生产力	30.34	43.06	37.19	30.98	44.39	38.23	46.20	42.94	48.01	41.44	35.99

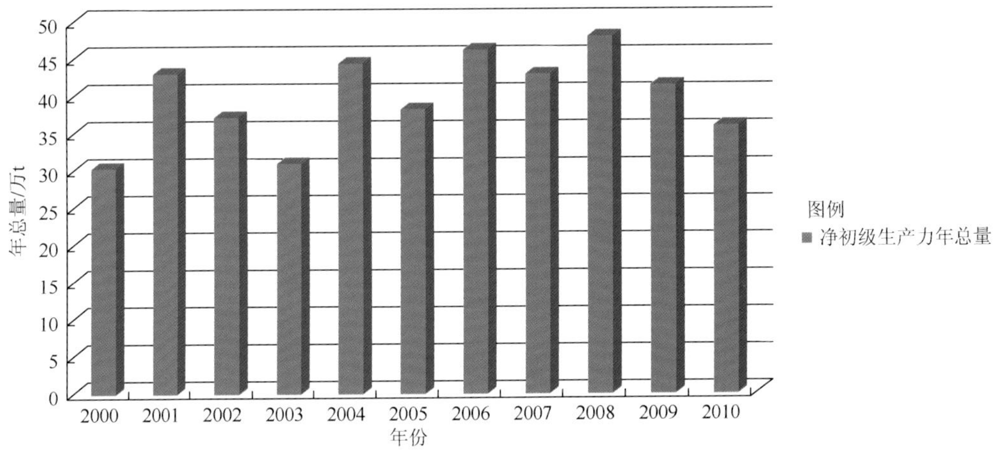

图 2.68　2000～2010 年华中保护区其他生态系统净初级生产力年总量

从表 2.46、图 2.69 和图 2.70 可以看出，华中地区国家级自然保护区其他生态系统净初级生产力变化趋势正常浮动占比最多，为 48.85%，轻微好转占 34.22%，明显好转占 7.60%，净初级生产力好转的主要原因是草地和湿地的植物自然生长，也有小部分原因是农田转变为湿地。华中地区三个省的大部分国家级自然保护区均有好转的部分，轻微退化占 8.21%，明显退化占 1.12%。轻微退化和明显退化主要发生的保护区为河南太行山猕猴、河南黄河湿地国家级自然保护区，湖北长江新螺段白鱀豚国家级自然保护区，湖南东洞庭湖国家级自然保护区。主要原因是湿地等转变为城镇。华中地区由于城镇化扩张，城镇面积增加，因此，应该加强对湿地保护的力度。

表 2.46　2000～2010 年华中保护区其他生态系统净初级生产力变化趋势各等级面积与比例

统计参数	明显退化	轻微退化	正常浮动	轻微好转	明显好转
面积/km²	26.00	190.63	1134.63	794.81	176.44
比例/%	1.12	8.21	48.85	34.22	7.60

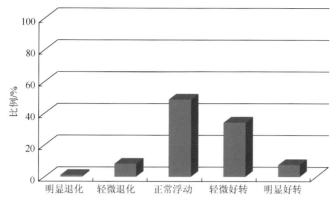

图 2.69　2000～2010 年华中保护区其他生态系统净初级生产力变化趋势各等级比例

图 2.70　2000～2010 年华中保护区其他生态系统净初级生产力变化趋势各等级空间分布

三、小结

（1）华中地区国家级自然保护区包括森林、灌丛、草地、湿地、农田、城镇和裸地 7
类陆地生态系统。占比最高的是森林生态系统，2000 年占保护区面积的 44.29%，2010 年
占 51.23%，面积有所增加；其次为灌丛生态系统，2000 年占保护区面积的 14.54%，2010
年占 7.87%，面积有所减小。从 2000～2010 年的华中保护区各功能分区一级生态系统类
型转化面积可以看出，整个保护区灌丛变更为森林的面积最多，有 104506.85hm² 的灌丛
变更为森林，占灌丛面积的 51.40%，转变最多的省份为河南，有 93822.73hm² 的灌丛变

更为森林，占华中地区国家级自然保护区灌丛变更为森林面积的 89.78%；其他省份占比较少。灌丛变更为森林对于华中地区国家级自然保护区生态环境的保护是有利的，这主要是由于华中保护区为提高区内的森林覆盖率，不断完善保护区的森林生态系统，对林地进行较好地保护，采取人为植被恢复等相关措施。有 11206.20hm^2 的农田变更为湿地，占农田面积的 3.56%，转变最多的省份为河南，有 10304.40hm^2 的农田变更为湿地，占华中地区国家级自然保护区农田变更为湿地面积的91.95%；其他省份占比较少。农田变更为湿地是由于对保护区推动和实施了湿地恢复和保护工程，该项工程对于湿地生态环境和各类动植物资源的保护，促进人与自然和谐发展，提高生态效益和社会效益均十分显著。

（2）华中地区 2000～2010 年国家级自然保护区森林生态系统生物量呈增长趋势。2010年生物量最大，为 6309.78 万 t；其次为 2005 年，为 5607.94 万 t；2000 年最少，为 5199.29万 t。华中保护区森林生态系统 2000 年占保护区面积的 44.30%，2010 年占保护区面积的51.23%，面积有所增加。华中保护区森林生态系统生物量变化趋势正常浮动和明显好转占比最多，明显好转占 37.74%，正常浮动占 29.41%，轻微好转占 25.90%，好转主要是由于森林自然生长导致生物量积累；轻微退化占 5.02%，明显退化占 1.94%，退化的原因是由于部分森林退化为草地、农田和城镇。退化主要发生在河南的太行山猕猴、小秦岭、丹江湿地国家级自然保护区，湖北的神农架国家级自然保护区，湖南的壶瓶山、七姊妹山、星斗山、炎陵桃源洞、湖南舜皇山国家级自然保护区。

（3）2000～2010 年国家级自然保护区其他生态系统净初级生产力整体呈波浪趋势，净初级生产力年总量最高的是 2008 年，总量为 48.01 万 t；最低的是 2000 年，为 30.34万 t。华中保护区其他生态系统净初级生产力变化趋势正常浮动占比最多，为 48.85%，轻微好转占 34.22%，明显好转占 7.60%，净初级生产力好转的主要原因是草地和湿地的植物自然生长，也有小部分原因是农田转变为湿地。华中地区三个省的大部分国家级自然保护区均有好转的部分，轻微退化占 8.21%，明显退化占 1.12%。轻微退化和明显退化主要发生的保护区为河南太行山猕猴、河南黄河湿地国家级自然保护区，湖北的长江新螺段白鳖豚国家级自然保护区，湖南的东洞庭湖国家级自然保护区。主要原因是湿地等转变为城镇。华中地区由于城镇化扩张，城镇面积增加，因此，应该加强对湿地保护的力度。

第七节　华南地区国家级自然保护区格局和质量变化

一、华南地区国家级自然保护区格局变化分析

（一）华南地区自然保护区生态系统类型构成

华南地区包括广东、广西、海南，共 36 处国家级自然保护区，涉及五大类型的自然保护区，以森林生态系统类型自然保护区为主，没有草原与草甸、内陆湿地和水域、荒漠生态系统及古生物遗迹类型自然保护区。其中森林生态系统类型 16 处，海洋与海岸生态系统类型9 处，野生动物类型 7 处，野生植物类型 3 处，地质遗迹类型 1 处。

从表 2.47、图 2.71 和图 2.72 可以看出：从华南地区国家级自然保护区（以下简称华南保护区）的生态系统类型构成可以看出，有海洋、森林、灌丛、草地、湿地、农田、

表 2.47　华南保护区不同功能分区不同年份一级和二级生态系统类型面积与比例

一级生态系统类型	二级生态系统类型	核心区 2000年 面积/hm²	比例/%	核心区 2010年 面积/hm²	比例/%	缓冲区 2000年 面积/hm²	比例/%	缓冲区 2010年 面积/hm²	比例/%	实验区 2000年 面积/hm²	比例/%	实验区 2010年 面积/hm²	比例/%	保护区合计 2000年 面积/hm²	比例/%	保护区合计 2010年 面积/hm²	比例/%
海洋	海洋	61836.38	25.35	61838.48	25.35	67020.25	31.01	67020.32	31.02	49555.33	25.01	49549.94	25.01	178411.95	27.11	178408.74	27.10
	合计	61836.38	25.35	61838.48	25.35	67020.25	31.01	67020.32	31.02	49555.33	25.01	49549.94	25.01	178411.95	27.11	178408.74	27.10
森林	常绿阔叶林	102335.63	41.95	102285.14	41.92	79335.95	36.71	79176.93	36.64	66670.60	33.65	66300.04	33.46	248342.19	37.73	247762.12	37.64
	落叶阔叶林	460.75	0.19	460.75	0.19	746.28	0.35	746.28	0.35	1168.52	0.59	1168.52	0.59	2375.55	0.36	2375.55	0.36
	常绿针叶林	49988.21	20.49	49982.50	20.49	43224.81	20.00	43333.40	20.05	44724.31	22.57	44963.25	22.69	137937.32	20.96	138279.14	21.01
	针阔混交林	10196.17	4.18	10212.14	4.19	7168.12	3.32	7156.17	3.31	6111.58	3.08	6110.78	3.08	23475.87	3.57	23479.09	3.57
	稀疏林	0.00	0.00	0.00	0.00	94.28	0.04	0.00	0.00	0.00	0.00	0.00	0.00	94.28	0.01	0.00	0.00
	合计	162980.76	66.81	162940.53	66.79	130569.44	60.42	130412.78	60.35	118675.01	59.89	118542.59	59.82	412225.21	62.63	411895.90	62.58
灌丛	常绿阔叶灌木林	9754.12	4.00	9756.97	4.00	9942.02	4.60	9856.54	4.56	13355.03	6.74	13348.26	6.74	33051.17	5.02	32961.77	5.01
	落叶阔叶灌木林	682.61	0.28	682.61	0.28	845.27	0.39	845.27	0.39	1011.40	0.51	1009.31	0.51	2539.28	0.39	2537.19	0.39
	稀疏灌木林	2.85	0.00	2.85	0.00	37.14	0.02	37.14	0.02	60.34	0.03	60.34	0.03	100.34	0.02	100.34	0.02
	合计	10439.58	4.28	10442.43	4.28	10824.43	5.01	10738.95	4.97	14426.77	7.28	14417.91	7.28	35690.79	5.43	35599.30	5.42
草地	草丛	776.07	0.32	775.54	0.32	462.87	0.21	462.87	0.21	1239.97	0.63	1260.94	0.64	2478.91	0.38	2499.34	0.38
	合计	776.07	0.32	775.54	0.32	462.87	0.21	462.87	0.21	1239.97	0.63	1260.94	0.64	2478.91	0.38	2499.34	0.38
湿地	森林沼泽	1062.27	0.44	1062.20	0.44	279.99	0.13	279.68	0.13	614.00	0.31	615.66	0.31	1956.27	0.30	1957.54	0.30
	草本沼泽	128.30	0.05	128.30	0.05	107.87	0.05	107.87	0.05	266.08	0.13	266.08	0.13	502.26	0.08	502.26	0.08
	湖泊	0.00	0.00	0.00	0.00	0.00	0.00	0.00	0.00	409.06	0.21	409.06	0.21	409.06	0.06	409.06	0.06
	水库/坑塘	2441.82	1.00	2443.74	1.00	931.37	0.43	934.24	0.43	4253.75	2.15	4319.13	2.18	7626.94	1.16	7697.11	1.17
	河流	260.34	0.11	259.89	0.11	304.37	0.14	320.10	0.15	706.98	0.36	709.86	0.36	1271.70	0.19	1289.85	0.20
	合计	3892.73	1.60	3894.13	1.60	1623.60	0.75	1641.89	0.76	6249.87	3.16	6319.79	3.19	11766.23	1.79	11855.82	1.81

续表

一级生态系统类型	二级生态系统类型	核心区				缓冲区				实验区				保护区合计			
		2000年		2010年		2000年		2010年		2000年		2010年		2000年		2010年	
		面积/hm²	比例/%	面积/hm²	比例/%	面积/hm²	比例/%	面积/hm²	比例/%	面积/hm²	比例/%	面积/hm²	比例/%	面积/hm²	比例/%	面积/hm²	比例/%
农田	水田	1256.80	0.52	805.63	0.33	1413.40	0.65	1338.36	0.62	3512.93	1.77	3425.01	1.73	6183.12	0.94	5569.00	0.85
	旱地	1191.99	0.49	1181.80	0.48	1488.70	0.69	1522.57	0.70	2724.84	1.38	2731.60	1.38	5405.53	0.82	5435.97	0.83
	乔木园地	1173.09	0.48	1214.54	0.50	2261.07	1.05	2533.85	1.17	1126.82	0.57	1252.48	0.63	4560.97	0.69	5000.87	0.76
	灌木园地	0.00	0.00	0.00	0.00	1.08	0.00	0.00	0.00	0.00	0.00	0.00	0.00	1.08	0.00	0.00	0.00
	合计	3621.88	1.49	3201.97	1.31	5164.25	2.39	5394.78	2.49	7364.59	3.72	7409.09	3.74	16150.70	2.45	16005.84	2.44
城镇	居住地	183.58	0.08	500.24	0.21	199.43	0.09	210.13	0.10	354.61	0.18	390.25	0.20	737.61	0.11	1100.62	0.17
	乔木绿地	8.84	0.00	8.84	0.00	0.31	0.00	0.31	0.00	7.83	0.00	7.83	0.00	16.98	0.00	16.98	0.00
	灌木绿地	0.00	0.00	0.00	0.00	0.00	0.00	0.00	0.00	11.18	0.01	11.18	0.01	11.18	0.00	11.18	0.00
	草本绿地	30.70	0.01	64.00	0.03	0.00	0.00	0.00	0.00	0.00	0.00	0.00	0.00	30.70	0.00	64.00	0.01
	工业用地	36.00	0.01	35.91	0.01	27.40	0.01	27.41	0.01	23.25	0.01	56.31	0.03	86.66	0.01	119.63	0.02
	交通用地	25.44	0.01	25.44	0.01	41.21	0.02	41.21	0.02	73.34	0.04	73.34	0.04	139.99	0.02	139.99	0.02
	采矿场	3.50	0.00	3.50	0.00	0.80	0.00	0.80	0.00	2.50	0.00	2.50	0.00	6.80	0.00	6.80	0.00
	合计	288.06	0.11	637.93	0.26	269.15	0.12	279.86	0.13	472.71	0.24	541.41	0.28	1029.92	0.14	1459.20	0.22
裸地	裸土	138.75	0.06	243.20	0.10	155.89	0.07	138.46	0.06	166.09	0.08	108.65	0.05	460.73	0.07	490.31	0.07
	合计	138.75	0.06	243.20	0.10	155.89	0.07	138.46	0.06	166.09	0.08	108.65	0.05	460.73	0.07	490.31	0.07
合计		243974.21	100.00	243974.21	100.00	216089.88	100.00	216089.91	100.00	198150.34	100.00	198150.32	100.00	658214.44	100.00	658214.45	100.00

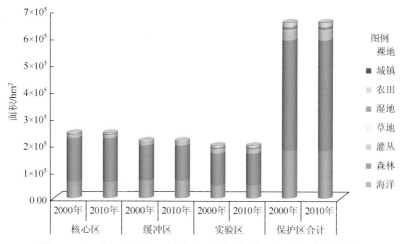

图 2.71　华南保护区不同功能分区不同年份一级生态系统类型面积

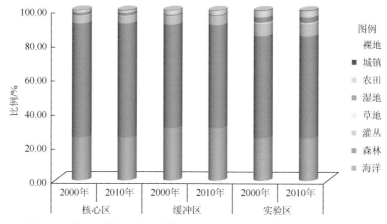

图 2.72　华南保护区不同功能分区不同年份一级生态系统类型比例

城镇和裸地 8 类生态系统，其中占比最高的是森林生态系统，其他生态系统类型依次为海洋、灌丛、农田、湿地、草地、城镇和裸地。核心区、缓冲区和实验区均以森林生态系统为主。

森林面积略有降低。华南保护区森林生态系统 2000 年占整个地区国家级自然保护区面积的 62.63%，2010 年占 62.58%，面积略有降低。森林生态系统中主要是常绿阔叶林和常绿针叶林。其中，森林生态系统在核心区中 2000 年占 66.81%，2010 年占 66.79%；在缓冲区中2000 年占 60.42%，2010 年占 60.35%；在实验区中 2000 年占 59.89%，2010 年占 59.82%。

海洋面积基本维持。海洋生态系统 2000 年占整个地区国家级自然保护区面积的 27.11%，2010 年占 27.10%。其中，海洋生态系统在核心区中 2000 年和 2010 年都占 25.35%；在缓冲区中 2000 年都占 31.01%，2010 年占 31.02%；在实验区中 2000 年和 2010 年都占 25.01%。

灌丛面积基本维持。灌丛生态系统 2000 年占整个地区国家级自然保护区面积的5.43%，2010 年占 5.42%。灌丛中主要是常绿阔叶灌木林。其中，灌丛生态系统在核心区中 2000 年和 2010 年都占 4.28%；在缓冲区中 2000 年占 5.01%，2010 年占 4.97%；在实验区中 2000 年和 2010 年都占 7.28%。

农田面积基本维持。农田生态系统 2000 年占整个地区国家级自然保护区面积的2.45%，2010 年占 2.44%。农田中主要是水田和旱地。其中，农田生态系统在核心区中 2000 年占 1.49%，2010 年占 1.31%；在缓冲区中 2000 年占 2.39%，2010 年占 2.49%；在实验区中 2000 年占 3.72，2010 年占 3.74%。

湿地面积基本维持。湿地生态系统 2000 年占整个地区国家级自然保护区面积的1.79%，2010 年占 1.81%。湿地中主要是水库/坑塘。其中，湿地生态系统在核心区中 2000 年和 2010 年都占 1.60%；在缓冲区中 2000 年占 0.75%，2010 年占 0.76%；在实验区中 2000 年占 3.16%，2010 年占 3.19%。

草地面积不变。草地生态系统中全部是草丛，2000 年和 2010 年都占整个地区国家级自然保护区面积的0.38%，面积基本不变。其中，草地生态系统在核心区中 2000 年和 2010 年都占0.32%；在缓冲区中 2000 年和 2010 年都占 0.21%；在实验区中 2000 年占 0.63%，2010 年占 0.64%。

城镇面积明显增加。生态系统 2000 年占整个地区国家级自然保护区面积的 0.14%，2010 年占 0.22%，面积略有增加。城镇中主要是居住地。其中，城镇生态系统在核心区中 2000 年占 0.11%，2010 年占 0.26%；在缓冲区中 2000 年占 0.12%，2010 年占 0.13%；在实验区中 2000 年占 0.24%，2010 年占 0.28%。

裸地面积不变。裸地生态系统中全部是裸土，2000 年和 2010 年都占整个地区国家级自然保护区面积的 0.07%，面积基本不变。其中，裸地生态系统在核心区中 2000 年占0.06%，2010 年占 0.10%；在缓冲区中 2000 年占 0.07%，2010 年占 0.06%；在实验区中2000 年占 0.08%，2010 年占 0.05%。

（二）华南地区国家级自然保护区生态系统类型转化情况

从 2000～2010 年的华南保护区各功能分区一级生态系统类型转化面积可以看出（表2.48、表 2.49 和图 2.73），华南保护区生态系统类型变化主要有森林变更为农田、农田变更为森林、农田变更为城镇、农田变更为裸地。

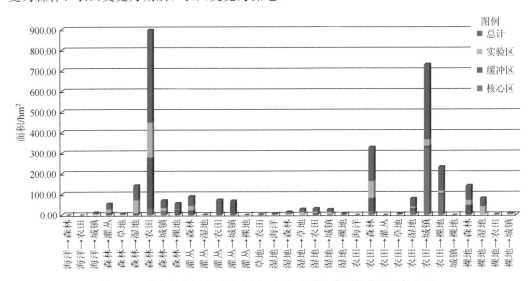

图 2.73　华南保护区各功能分区一级生态系统类型转化面积柱状图

表 2.48 华南保护区一级生态系统类型转化面积与比例

年份	类型	海洋		森林		灌丛		草地		湿地		农田		城镇		裸地	
		面积/hm²	比例/%	面积/hm²	比例/%	面积/hm²	比例/%	面积/hm²	比例/%	面积/hm²	比例/%	面积/hm²	比例/%	面积/hm²	比例/%	面积/hm²	比例/%
2000~2010年	海洋	178403.94	100.00	0.46	0.00	0.00	0.00	0.00	0.00	0.00	0.00	0.31	0.00	7.25	0.00	0.00	0.00
	森林	0.00	0.00	411605.14	99.85	28.61	0.01	3.89	0.00	72.69	0.02	449.28	0.11	36.19	0.01	29.41	0.01
	灌丛	0.00	0.00	45.59	0.13	35570.60	99.66	0.00	0.00	3.05	0.01	71.02	0.20	0.09	0.00	0.45	0.00
	草地	0.00	0.00	0.00	0.00	0.00	0.00	2477.02	99.92	0.00	0.00	0.00	0.00	0.00	0.00	0.00	0.00
	湿地	4.60	0.04	7.91	0.07	0.00	0.00	15.01	0.13	11705.94	99.49	16.03	0.14	14.02	0.12	2.70	0.02
	农田	0.19	0.00	164.95	1.02	0.09	0.00	2.52	0.02	40.41	0.25	15458.55	95.71	366.30	2.27	117.69	0.73
	城镇	0.00	0.00	0.00	0.00	0.00	0.00	0.00	0.00	0.00	0.00	0.00	0.00	1029.83	99.99	0.09	0.01
	裸地	0.00	0.00	72.02	15.63	0.00	0.00	0.00	0.00	41.64	9.04	1.56	0.34	5.54	1.20	339.97	73.79

表 2.49　华南保护区各功能分区一级生态系统类型转化面积与比例

变更方式	核心区/hm²	占核心区比例/%	缓冲区/hm²	占缓冲区比例/%	实验区/hm²	占实验区比例/%	总计/hm²
海洋→森林	0.00	0.00	0.00	0.00	0.46	0.00	0.46
海洋→农田	0.24	0.00	0.00	0.00	0.07	0.00	0.31
海洋→城镇	0.00	0.00	0.00	0.00	7.25	0.00	7.25
森林→灌丛	2.85	0.00	10.91	0.01	14.85	0.01	28.61
森林→草地	0.00	0.00	0.00	0.00	3.89	0.00	3.89
森林→湿地	0.00	0.00	10.28	0.00	62.41	0.03	72.69
森林→农田	32.56	0.01	247.02	0.11	169.70	0.09	449.28
森林→城镇	21.06	0.01	0.00	0.00	15.12	0.01	36.18
森林→裸地	2.46	0.00	24.17	0.01	2.79	0.00	29.42
灌丛→森林	0.00	0.00	23.41	0.01	22.18	0.01	45.59
灌丛→湿地	0.00	0.00	0.00	0.00	0.00	0.00	0.00
灌丛→农田	0.00	0.00	3.05	0.00	1.09	0.00	4.14
灌丛→城镇	0.00	0.00	69.93	0.03	0.09	0.00	70.02
灌丛→裸地	0.00	0.00	0.00	0.00	0.45	0.00	0.45
草地→农田	1.44	0.00	0.00	0.00	0.45	0.00	1.89
湿地→海洋	2.31	0.00	0.00	0.00	2.30	0.00	4.60
湿地→森林	0.00	0.00	0.18	0.00	7.73	0.00	7.91
湿地→草地	0.00	0.00	0.00	0.00	15.01	0.01	15.01
湿地→农田	0.08	0.00	10.56	0.00	5.40	0.00	16.04
湿地→城镇	3.16	0.00	0.00	0.00	10.85	0.01	14.01
湿地→裸地	2.70	0.00	0.00	0.00	0.00	0.00	2.70
农田→海洋	0.04	0.00	0.07	0.00	0.09	0.00	0.20
农田→森林	18.27	0.01	64.33	0.03	82.35	0.04	164.95
农田→灌丛	0.00	0.00	0.00	0.00	0.09	0.00	0.09
农田→草地	0.00	0.00	0.00	0.00	2.52	0.00	2.52
农田→湿地	17.56	0.01	15.69	0.01	7.16	0.00	40.41
农田→城镇	325.02	0.13	10.71	0.00	30.57	0.02	366.30
农田→裸地	100.53	0.04	6.20	0.00	10.96	0.01	117.69
城镇→裸地	0.09	0.00	0.00	0.00	0.00	0.00	0.09
裸地→森林	0.61	0.00	47.79	0.02	23.62	0.01	72.02
裸地→湿地	0.00	0.00	0.00	0.00	41.64	0.02	41.64
裸地→农田	0.00	0.00	0.00	0.00	1.56	0.00	1.56
裸地→城镇	0.72	0.00	0.00	0.00	4.82	0.00	5.54

森林变更为农田面积最多。华南保护区森林变更为农田面积为 449.28hm^2，其中核心区变化面积为 32.56hm^2，缓冲区为 247.02hm^2，实验区为 169.70hm^2。转变面积最多的是广东，其面积为 265.66hm^2，占华南保护区森林变更为农田面积的 59.13%；其次是海南，其转变面积为 183.62hm^2，占华南保护区森林变更为农田面积的 40.87%；广西占比较少。森林变更为农田主要是近十年来保护区内的森林违规开垦为农田所致，这与保护区管理的初衷背道而驰，是不允许的。

农田变更为森林其次。农田变更为森林面积为 164.95hm^2，其中核心区变化面积为 18.27hm^2，缓冲区为 64.33hm^2，实验区为 82.35hm^2。转变最多的是海南，其面积为 125.71hm^2，占华南保护区农田转变为森林面积的 76.21%；其次是广东，其面积为 39.24hm^2，占华南保护区农田转变为森林面积的 23.79%；广西占比较少。农田变更为森林的主要原因是海南和广东加强对林地的保护，在耕地上种植涵养水土的绿树，增加了林地面积。

农田变更为城镇，其面积为 366.30hm^2，其中核心区变化面积为 325.02hm^2，缓冲区为 10.71hm^2，实验区为 30.57hm^2。转变最多的是海南，其面积为 328.26hm^2，占华南保护区农田转变为城镇面积的 89.62%；其次是广东，其面积为 38.04hm^2，占华南保护区农田变更为城镇面积的 10.38%；广西占比较少。农田变更为城镇主要是因为经济迅速增长，特别是海南作为旅游开发城市，进行大量城市建设，农田被建设用地占用所造成的。

农田变更为裸地，其面积为 117.69hm^2，其中核心区变化面积为 100.53hm^2，缓冲区为 6.20hm^2，实验区为 10.96hm^2。转变最多的是海南，其面积为 117.23hm^2，占华南保护区农田变更为裸地面积的 99.61%；广东和广西占比较少。这主要是海南某些地区农田撂荒造成的。

华南保护区各功能分区一级生态系统类型转化面积中，农田变更为森林，其面积为 164.95hm^2，这是由于华南保护区不断完善保护区的森林生态系统，对林地进行较好地保护，采取人为恢复植被等相关措施，对保护区的管理是有利的；但是有森林变更为农田，其面积为 449.28hm^2，农田变更为城镇，其面积为 366.30hm^2，农田变更为裸地，其面积为 117.69hm^2，保护区的耕地面积的增多和城镇化与裸地化对保护区的生态环境的保护及保护区的管理是相当不利的。转变最多的是海南，农田变为城镇主要是因为经济迅速增长，特别是海南作为旅游开发城市，进行大量城市建设，农田被建设用地占用所造成的。

（三）生态系统格局变化分级评价

根据生态系统格局变化分级方法计算得出，十年来，华南地区 36 个国家级自然保护区中，生态系统格局变化情况为：明显改善 3 个，轻微改善 5 个，基本维持 25 个，轻微退化 3 个（图 2.74 和图 2.75）。

华南地区广西退化率最高。广西国家级自然保护区退化率为 12.5%，16 个国家级自然保护区中 2 个轻微退化，分别为大明山、大瑶山国家级自然保护区。

华南地区海南改善率最高。海南国家级自然保护区改善率达到 33.33%，9 个

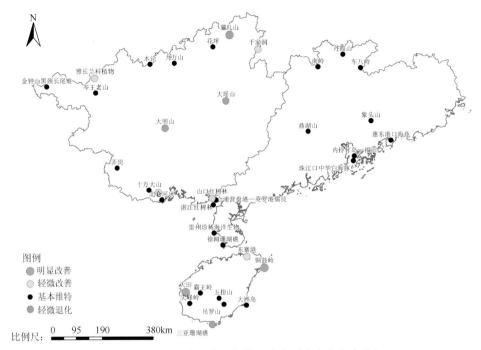

图 2.74　华南地区国家级自然保护区生态系统变化程度分级

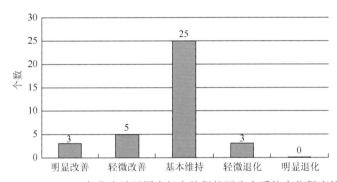

图 2.75　2000～2010 年华南地区国家级自然保护区生态系统变化程度统计图

国家级自然保护区中 2 个明显改善，分别为铜鼓岭、大田国家级自然保护区；1 个轻微改善，为东寨港国家级自然保护区。此外，广西改善也较为明显，改善率达到 31.25%，16 个国家级自然保护区中 1 个明显改善，为猫儿山国家级自然保护区；4 个轻微改善，分别为雅长兰科植物、山口红树林、防城金花茶、千家洞国家级自然保护区（图 2.76）。

二、华南地区国家级自然保护区质量变化分析

（一）森林生态系统生物量变化

森林生态系统生物量增加。从表 2.50 和图 2.77 可以看出，2000～2010 年华南保护区森林生态系统生物量呈升高趋势，其中，2010 年生物量最高，为 3643.32 万 t，2005 年

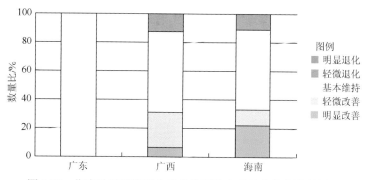

图 2.76　华南地区国家级自然保护区生态系统变化程度数量比

生物量为 3200.31 万 t，2010 年生物量为 2832.41 万 t。华南保护区森林生态系统 2000 年占整个地区保护区面积的 62.63%，2010 年占 62.58%；灌丛生态系统 2000 年占整个地区保护区面积的 5.43%，2010 年占 5.42%，森林面积和灌丛面积没有增加，生物量的增加是由于林地自然生长生物量积累。

表 2.50　2000～2010 年华南保护区森林生态系统生物量

年份	2000	2005	2010
生物量/万 t	2832.41	3200.31	3643.32

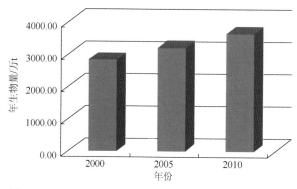

图 2.77　2000～2010 年华南保护区森林生态系统生物量

从表 2.51、图 2.78 和图 2.79 可以看出，华南地区国家级自然保护区森林生态系统生物量变化整体呈好转状态，局部退化。其中，明显好转区域占 50.74%，轻微好转占 20.69%，正常浮动占 23.37%，轻微退化占 0.95%，明显退化占 4.25%。退化区域主要分布在广东的象头山、南岭、丹霞山、车八岭、内伶仃岛—福田国家级自然保护区的局部区域，广西的大瑶山、千家洞、猫儿山、弄岗国家级自然保护区，海南的三亚珊瑚礁、吊罗山、铜鼓岭、大洲岛、东寨港国家级自然保护区，主要是森林转化为农田，森林和灌丛转

表 2.51　2000～2010 年华南保护区森林生态系统生物量变化趋势各等级面积及比例

统计参数	明显退化	轻微退化	正常浮动	轻微好转	明显好转
面积/km²	42.50	189.25	1040.88	921.63	2259.81
比例//%	0.95	4.25	23.37	20.69	50.74

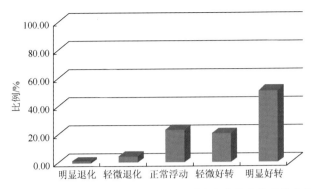

图 2.78　2000～2010 年华南保护区森林生态系统生物量变化趋势各等级比例

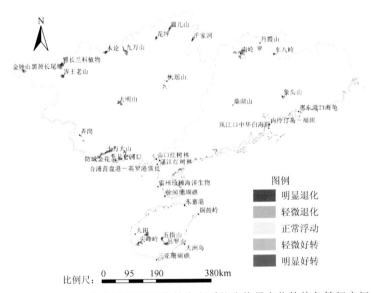

图 2.79　2000～2010 年华南保护区森林生态系统生物量变化趋势各等级空间分布

化为草地、湿地、城镇、裸地，森林退化为灌丛。

　　好转区域主要分布在广东的南岭、丹霞山、车八岭、象头山、鼎湖山国家级自然保护区的大部分区域，广西的所有保护区，海南的霸王岭、尖峰岭、五指山、吊罗山、大田、铜鼓岭、大洲岛国家级自然保护区。好转区域少部分由于农田转化为森林，裸地转化为森林，灌丛转化为森林，大部分是保护区内林地自然生长生物量积累所致。

（二）其他生态系统年均净初级生产力变化

　　其他生态系统主要包括草原生态系统、湿地生态系统和其他类型生态系统。

　　其他生态系统年均净初级生产力基本维持。从表 2.52、图 2.80 和图 2.81 可以看出，2000～2010 年年均净初级生产力全部集中在低（0～6）、较低（6～12）、中（12～18）三个等级，其中以低（0～6）、较低（6～12）为主。整体上，2000～2010 年年均净初级生产力各等级面积和比例相差不大，低（0～6）占比最高的是 2005 年，为 58.10%，最低是 2003 年，为 54.01%；较低（6～12）占比最高的是 2007 年，为 43.14%，最低的是 2006

年，为 37.66%；中（12～18）占比最高的是 2003 年，为 8.10%，最低的是 2000 年和 2001 年，均为 0.97%。

表 2.52 2000～2010 年华南保护区其他生态系统年均净初级生产力各等级面积与比例

年份	统计参数	低	较低	中
2000	面积/km²	77.13	57.31	1.31
	比例/%	56.81	42.22	0.97
2001	面积/km²	77.13	57.31	1.31
	比例/%	56.81	42.22	0.97
2002	面积/km²	76.06	55.63	4.06
	比例/%	56.03	40.98	2.99
2003	面积/km²	73.31	51.44	11.00
	比例/%	54.01	37.89	8.10
2004	面积/km²	74.25	51.63	9.88
	比例/%	54.70	38.03	7.27
2005	面积/km²	78.88	52.38	4.50
	比例/%	58.10	38.58	3.31
2006	面积/km²	78.38	51.13	6.25
	比例/%	57.73	37.66	4.60
2007	面积/km²	75.44	58.56	1.75
	比例/%	55.57	43.14	1.29
2008	面积/km²	76.75	54.13	4.88
	比例/%	56.54	39.87	3.59
2009	面积/km²	74.25	53.19	8.31
	比例/%	54.70	39.18	6.12
2010	面积/km²	73.44	56.56	5.75
	比例/%	54.10	41.67	4.24

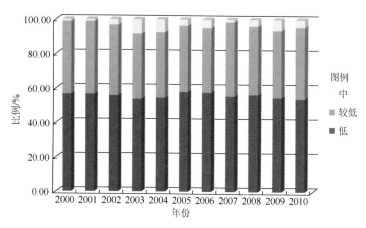

图 2.80 2000～2010 年华南保护区其他生态系统年均净初级生产力各等级比例

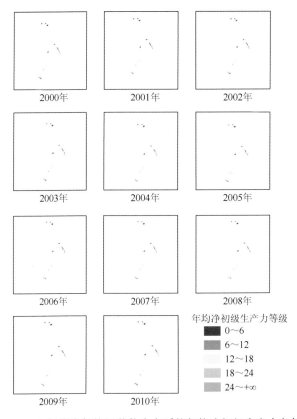

图 2.81　2000～2010 年华南保护区其他生态系统年均净初级生产力各等级时空分布

　　从表 2.53 和图 2.82 可以看出，2000～2010 年华南保护区其他生态系统净初级生产力总量呈波动变化，基本维持在 5 万～7 万 t，净初级生产力年总量最高的是 2003 年和 2009 年，为 6.21 万 t；2004 年次之，为 6.16 万 t；最低的是 2000 年，为 4.81 万 t。

表 2.53　2000～2010 年华南保护区其他生态系统净初级生产力年总量　　（单位：万 t）

年份	2000	2001	2002	2003	2004	2005	2006	2007	2008	2009	2010
净初级生产力	4.81	5.10	5.62	6.21	6.16	5.20	5.16	5.70	5.57	6.21	5.95

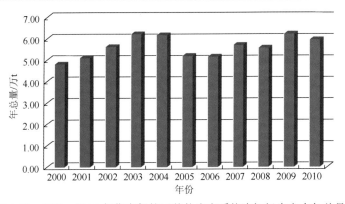

图 2.82　2000～2010 年华南保护区其他生态系统净初级生产力年总量

从表 2.54、图 2.83 和图 2.84 可以看出，华南地区国家级自然保护区其他生态系统净初级生产力有大于三分之二的区域维持在正常浮动，约有三分之一的面积好转，局部区域退化。其中，正常浮动占 71.27%，轻微好转占 20.06%，明显好转占 3.29%，轻微退化占

表 2.54　2000～2010 年华南保护区其他生态系统净初级生产力变化趋势各等级面积及比例

统计参数	明显退化	轻微退化	正常浮动	轻微好转	明显好转
面积/km²	0.75	7.31	106.81	30.06	4.94
比例/%	0.50	4.88	71.27	20.06	3.29

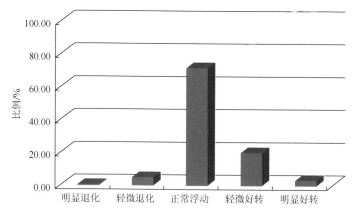

图 2.83　2000～2010 年华南保护区其他生态系统净初级生产力变化趋势各等级比例

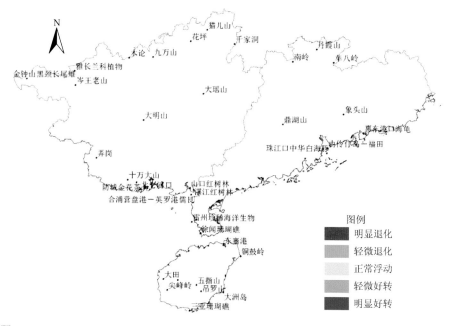

图 2.84　2000～2010 年华南保护区其他类生态系统净初级生产力变化趋势各等级空间分布

4.88%，明显退化占 0.50%。

退化区域主要分布在广东的南岭、湛江红树林、徐闻珊瑚礁国家级自然保护区，广西的山口红树林、北仑河口国家级自然保护区，海南的董寨岗和大田国家级自然保护区，主要是由于湿地转化为农田和建筑用地，草地转化为农田。

好转区域主要分布在广东的南岭、丹霞山、车八岭、内伶仃岛—福田、鼎湖山、徐闻珊瑚礁、湛江红树林国家级自然保护区，广西的山口红树林、北仑河口国家级自然保护区，海南的东寨港、三亚珊瑚礁、大洲岛、铜鼓岭国家级自然保护区，主要是由于裸地转化为湿地，农田转化为草地、湿地。

三、小结

（1）华南地区国家级自然保护区生态系统类型构成有海洋、森林、灌丛、草地、湿地、农田、城镇和裸地 8 类生态系统，其中占比最高的是森林生态系统，其他生态系统类型依次为海洋、灌丛、农田、湿地、草地、城镇和裸地。华南保护区森林生态系统占比最高，2000 年占整个地区保护区面积的 62.63%，2010 年占 62.58%。

（2）2000～2010 年的华南保护区各功能分区一级生态系统类型变化中，森林变更为农田面积最多，后面依次是农田变更为森林、农田变更为城镇、农田变更为裸地。森林变更为农田，转变面积最多的是广东，这主要是近十年来保护区内的森林违规开垦为农田所致；农田变更为森林，转变最多的是海南，这主要是在耕地上种植涵养水土的绿树，增加了林地面积所致；农田变更为城镇，主要集中在海南，这主要是因为海南经济迅速增长，作为旅游开发城市，进行大量城市建设，农田被建设用地占用所造成的。

（3）2000～2010 年华南保护区森林生态系统生物量呈升高趋势，其中 2010 年生物量最高，为 3643.32 万 t。华南保护区森林生态系统生物量变化整体呈好转状态，局部退化。退化区域主要分布在广东的象头山、南岭、丹霞山、车八岭、内伶仃岛—福田国家级自然保护区的局部区域，广西的大瑶山、千家洞、猫儿山、弄岗国家级自然保护区，海南的三亚珊瑚礁、吊罗山、铜鼓岭、大洲岛、东寨港国家级自然保护区，主要是由于森林转化为农田，森林和灌丛转化为草地、湿地、城镇、裸地，森林退化为灌丛。好转区域主要分布在广东的南岭、丹霞山、车八岭、象头山、鼎湖山国家级自然保护区的大部分区域，广西的所有保护区，海南的霸王岭、尖峰岭、五指山、吊罗山、大田、铜鼓岭、大洲岛国家级自然保护区。好转区域少部分由于农田转化为森林，裸地转化为森林，灌丛转化为森林，大部分是保护区内林地自然生长生物量积累所致。

（4）2000～2010 年华南保护区其他生态系统净初级生产力总量呈波动变化。净初级生产力年总量基本维持在 5 万～7 万 t，净初级生产力年总量最高的是 2003 年和 2009 年，为 6.21 万 t；2004 年次之，为 6.16 万 t；最低的是 2000 年，为 4.81 万 t。华南保护区其他生态系统净初级生产力有大于三分之二的区域维持在正常浮动，约有三分之一的面积好转，局部区域退化。退化区域主要分布在广东的南岭、湛江红树林、徐闻珊瑚礁国家级自然保护区，广西的山口红树林、北仑河口国家级自然保护区，海南的董寨岗和大田国家级自然保护区，主要是由于湿地转化为农田和建筑用地，草地转化为农田。好转区域主要分布在广东的南岭、丹霞山、车八岭、内伶仃岛—福田、鼎湖山、徐闻珊瑚礁、湛江红树林国家级自然保护区，广西的山口红树林、北仑河口国家级自然保护区，海南的东寨港、三亚珊瑚礁、大洲岛、铜鼓岭国家级自然保护区，主要是裸地转化为湿地，农田转化为草地、湿地所致。

第八节　西南地区国家级自然保护区格局和质量变化

西南地区包括贵州、西藏、云南、重庆和四川，共 59 处国家级自然保护区，涉及五大类型的自然保护区，以森林生态系统和野生动物类型自然保护区为主，没有草原与草甸、海洋与海岸生态系统及古生物遗迹、地质遗迹类型自然保护区。其中森林生态系统类型 29 处，内陆湿地和水域生态系统类型 5 处，荒漠生态系统类型 1 处，野生动物类型 20 处，野生植物类型 4 处。

一、西南地区国家级自然保护区格局变化分析

（一）西南地区国家级自然保护区生态系统类型构成

从表 2.55 和图 2.85、图 2.86 可以看出：从西南地区国家级自然保护区（以下简称西南保护区）的生态系统类型构成来看，包括森林、灌丛、草地、湿地、农田、城镇、荒漠、冰川/永久积雪 8 类生态系统类型。其中草地生态系统占比最高，占西南保护区面积的 74% 左右，其他生态系统依次为荒漠、湿地、森林、灌丛、冰川/永久积雪、农田和城镇。核心区、缓冲区和实验区均以草地生态系统为主。

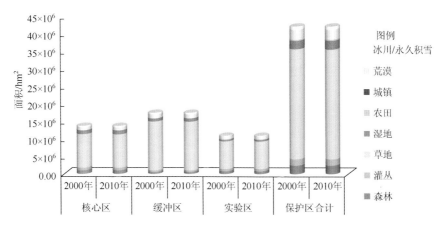

图 2.85　西南保护区不同功能分区不同年份一级生态系统类型面积

草地面积略有下降。西南保护区中的草地生态系统 2000 年占国家级自然保护区面积

的 74.62%，2010 年占 74.36%，面积略有下降。草地中以稀疏草地为主。其中，草地生态系统在核心区中 2000 年占 69.86%，2010 年占 69.52%；在缓冲区中 2000 年占 79.99%，2010 年占 79.69%；在实验区中 2000 年占 72.08%，2010 年占 71.94%。

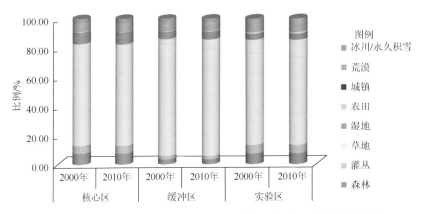

图 2.86　西南保护区不同功能分区不同年份一级生态系统类型比例

荒漠面积基本不变。荒漠生态系统 2000 年占国家级自然保护区面积的 6.96%，2010 年占 6.92%，面积基本不变。荒漠中以裸土为主。其中，荒漠生态系统在核心区中 2000 年占 6.13%，2010 年占 6.14%；在缓冲区中 2000 年占 6.47%，2010 年占 6.39%；在实验区中 2000 年占 8.77%，2010 年占 8.74%。

湿地面积略有增加。湿地生态系统 2000 年占国家级自然保护区面积的 5.65%，2010 年占 5.98%，面积略有上升。湿地中以湖泊为主。其中，湿地生态系统在核心区中 2000 年占 7.85%，2010 年占 8.22%；在缓冲区中 2000 年占 4.93%，2010 年占 5.31%；在实验区中 2000 年占 4.05%，2010 年占 4.21%。

森林面积基本维持。森林生态系统 2000 年占国家级自然保护区面积的 5.78%，2010 年占 5.75%，面积基本不变。森林中以常绿针叶林为主。其中，森林生态系统在核心区中 2000 年占 7.53%，2010 年占 7.50%；在缓冲区中 2000 年占 3.38%，2010 年占 3.38%；在实验区中 2000 年占 7.38%，2010 年占 7.36%。

灌丛面积不变。灌丛生态系统 2000 年占国家级自然保护区面积的 4.26%，2010 年占 4.26%，面积基本不变。灌丛中以落叶阔叶灌木林为主。其中，灌丛生态系统在核心区中 2000 年占 5.38%，2010 年占 5.36%；在缓冲区中 2000 年占 2.44%，2010 年占 2.44%；在实验区中 2000 年占 5.74%，2010 年占 5.76%。

冰川/永久积雪面积不变。冰川/永久积雪生态系统 2000 年和 2010 年都占国家级自然保护区面积的 2.12%。冰川/永久积雪生态系统在核心区中 2000 年占 2.89%，2010 年占 2.89%；在缓冲区中 2000 年占 2.42%，2010 年占 2.43%；在实验区中 2000 年占 0.68%，2010 年占 0.68%。

农田面积不变。农田生态系统 2000 年占国家级自然保护区面积的 0.58%，2010 年占 0.58%，面积基本不变。农田中以旱地为主。其中，农田生态系统在核心区中 2000 年占

表2.55 西南保护区不同功能分区不同年份一级和二级生态系统类型面积与比例

一级生态系统类型	二级生态系统类型	核心区 2000年 面积/hm²	比例/%	核心区 2010年 面积/hm²	比例/%	缓冲区 2000年 面积/hm²	比例/%	缓冲区 2010年 面积/hm²	比例/%	实验区 2000年 面积/hm²	比例/%	实验区 2010年 面积/hm²	比例/%	保护区合计 2000年 面积/hm²	比例/%	保护区合计 2010年 面积/hm²	比例/%
森林	常绿阔叶林	223265.82	1.63	222399.49	1.62	160654.67	0.92	158424.77	0.91	172750.40	1.57	169039.93	1.54	556670.89	1.32	549864.19	1.30
	常绿针叶林	742712.90	5.41	740213.58	5.39	393831.95	2.26	392912.87	2.25	569345.68	5.18	569852.35	5.19	1705890.53	4.05	1702978.81	4.04
	落叶阔叶林	36223.61	0.26	36293.81	0.26	20055.35	0.11	20162.03	0.12	41677.35	0.38	41835.54	0.38	97956.30	0.23	98291.38	0.23
	落叶针叶林	0.00	0.00	0.00	0.00	0.00	0.00	0.00	0.00	28.62	0.00	28.62	0.00	28.62	0.00	28.62	0.00
	稀疏林	15130.32	0.11	15131.33	0.11	3296.16	0.02	3296.16	0.02	948.01	0.01	948.01	0.01	19374.48	0.05	19375.50	0.05
	针阔混交林	16855.26	0.12	16270.99	0.12	13022.62	0.07	12661.08	0.07	26724.91	0.24	26618.60	0.24	56602.80	0.13	55550.66	0.13
	合计	1034187.91	7.53	1030309.20	7.50	590860.75	3.38	587456.91	3.38	811474.97	7.38	808323.05	7.36	2436523.62	5.78	2426089.16	5.75
灌丛	常绿阔叶灌木林	122367.56	0.89	122091.33	0.89	72590.46	0.42	72626.60	0.42	85022.55	0.77	85287.88	0.78	279980.57	0.66	280005.81	0.66
	常绿针叶灌木林	73543.16	0.54	71997.13	0.52	43263.75	0.25	43139.12	0.25	55620.32	0.51	55749.56	0.51	172427.24	0.41	170885.81	0.41
	落叶阔叶灌木林	425860.97	3.10	426203.81	3.10	275886.38	1.58	276209.02	1.58	439081.14	4.00	440096.87	4.01	1140828.49	2.71	1142509.70	2.71
	稀疏灌木林	117290.47	0.85	117290.37	0.85	33435.95	0.19	33435.44	0.19	50471.57	0.46	50470.93	0.46	201198.00	0.48	201196.75	0.48
	合计	739062.16	5.38	737582.64	5.36	425176.54	2.44	425410.18	2.44	630195.58	5.74	631605.24	5.76	1794434.30	4.26	1794598.07	4.26
草地	草丛	34855.62	0.25	35173.49	0.26	21776.21	0.12	22221.95	0.13	29515.31	0.27	30228.30	0.28	86147.14	0.20	87623.74	0.21
	草甸	857739.79	6.25	858469.88	6.25	1198192.36	6.87	1198253.02	6.87	811316.79	7.39	806882.76	7.35	2867248.95	6.80	2863605.66	6.79
	草原	2333389.31	17.00	2333711.00	17.00	4205409.84	24.10	4185893.94	23.99	3171478.81	28.88	3170519.83	28.87	9710277.96	23.03	9690124.77	22.99
	稀疏草地	6364736.04	46.36	6316215.76	46.01	8531843.42	48.90	8497516.23	48.70	3902424.76	35.54	3891080.80	35.44	18790004.21	44.59	18704812.80	44.37
	合计	9590720.76	69.86	9543570.13	69.52	13957221.83	79.99	13903885.14	79.69	7914735.67	72.08	7898711.69	71.94	31462678.26	74.62	31346166.97	74.36

续表

一级生态系统类型	二级生态系统类型	核心区				缓冲区				实验区				保护区合计			
		2000 年		2010 年		2000 年		2010 年		2000 年		2010 年		2000 年		2010 年	
		面积/hm²	比例/%	面积/hm²	比例/%	面积/hm²	比例/%	面积/hm²	比例/%	面积/hm²	比例/%	面积/hm²	比例/%	面积/hm²	比例/%	面积/hm²	比例/%
湿地	草木沼泽	231375.09	1.69	226225.62	1.65	290558.04	1.67	286136.24	1.64	155502.72	1.42	155743.74	1.42	677435.84	1.61	668105.60	1.58
	灌丛沼泽	287.40	0.00	287.91	0.00	88.97	0.00	88.97	0.00	2585.02	0.02	2631.27	0.02	2961.39	0.01	3008.15	0.01
	河流	40546.91	0.30	40625.19	0.30	49892.50	0.29	49540.84	0.28	41013.03	0.37	40671.83	0.37	131452.44	0.31	130837.86	0.31
	湖泊	802427.13	5.85	859520.94	6.26	517389.53	2.97	590735.68	3.39	239933.41	2.19	260501.80	2.37	1559750.07	3.70	1710758.42	4.06
	森林沼泽	14.13	0.00	14.13	0.00	70.34	0.00	70.34	0.00	2192.62	0.02	2192.62	0.02	2277.09	0.01	2277.09	0.01
	水库坑塘	1141.29	0.01	1310.20	0.01	379.69	0.00	361.17	0.00	3533.78	0.03	1587.01	0.01	5054.75	0.01	3258.38	0.01
	运河/水渠	0.00	0.00	0.00	0.00	0.00	0.00	0.00	0.00	6.79	0.00	10.57	0.00	6.79	0.00	10.57	0.00
	合计	1075791.95	7.85	1127983.99	8.22	858379.07	4.93	926933.24	5.31	444767.37	4.05	463338.84	4.21	2378938.37	5.65	2518256.07	5.98
农田	灌木园地	16205.95	0.12	16490.29	0.12	16868.76	0.10	17502.58	0.10	32840.93	0.30	34615.42	0.32	65915.64	0.16	68608.29	0.16
	旱地	30897.79	0.23	29802.93	0.22	38967.15	0.22	37468.54	0.21	80950.48	0.74	79105.47	0.72	150815.42	0.36	146376.94	0.35
	乔木园地	496.93	0.00	538.42	0.00	2010.85	0.01	2754.74	0.02	3499.39	0.03	4764.09	0.04	6007.17	0.01	8057.25	0.02
	水田	1254.28	0.01	1255.28	0.01	2763.00	0.02	2722.94	0.02	16976.46	0.15	16380.89	0.15	20993.74	0.05	20359.12	0.05
	合计	48854.95	0.36	48086.92	0.35	60609.76	0.35	60448.80	0.35	134267.26	1.22	134865.87	1.23	243731.97	0.58	243401.60	0.58
城镇	乔木绿地	2.96	0.00	2.96	0.00	55.27	0.00	55.27	0.00	56.63	0.00	56.63	0.00	114.86	0.00	114.86	0.00
	灌木绿地	0.00	0.00	0.00	0.00	0.00	0.00	0.00	0.00	0.00	0.00	0.15	0.00	0.00	0.00	0.15	0.00
	采矿场	2.28	0.00	2.30	0.00	0.00	0.00	0.00	0.00	66.24	0.00	77.76	0.00	68.51	0.00	80.06	0.00
	草本绿地	4.35	0.00	4.35	0.00	2.41	0.00	2.41	0.00	10.47	0.00	10.47	0.00	17.23	0.00	17.23	0.00
	工业用地	6.21	0.00	10.65	0.00	6.30	0.00	6.30	0.00	25.04	0.00	50.09	0.00	37.55	0.00	67.05	0.00
	交通用地	324.72	0.00	468.83	0.00	1547.55	0.01	2028.56	0.01	2258.10	0.02	2943.15	0.03	4130.37	0.01	5440.54	0.01
	居住地	698.50	0.01	740.66	0.01	2175.28	0.01	2313.65	0.01	4962.11	0.05	5727.46	0.05	7835.89	0.02	8781.77	0.02
	合计	1039.02	0.01	1229.75	0.01	3786.81	0.02	4406.19	0.02	7378.59	0.07	8865.71	0.08	12204.41	0.03	14501.66	0.03

续表

一级生态系统类型	二级生态系统类型	核心区 2000年 面积/hm²	比例/%	2010年 面积/hm²	比例/%	缓冲区 2000年 面积/hm²	比例/%	2010年 面积/hm²	比例/%	实验区 2000年 面积/hm²	比例/%	2010年 面积/hm²	比例/%	保护区合计 2000年 面积/hm²	比例/%	2010年 面积/hm²	比例/%
荒漠	裸土	454984.85	3.31	462676.66	3.37	816099.77	4.68	812080.24	4.65	522515.58	4.76	523213.81	4.76	1793600.20	4.25	1797970.71	4.26
	裸岩	371984.30	2.71	372031.97	2.71	258591.99	1.48	258472.33	1.48	372775.16	3.39	372791.76	3.39	1003351.44	2.38	1003296.06	2.38
	沙漠沙地	768.52	0.01	802.57	0.01	619.49	0.00	639.10	0.00	1923.62	0.02	2085.81	0.02	3311.64	0.01	3527.49	0.01
	盐碱地	14005.91	0.10	7116.17	0.05	54780.29	0.31	44527.43	0.26	65845.31	0.60	62077.23	0.57	134631.51	0.32	113720.83	0.27
	合计	841743.58	6.13	842627.37	6.14	1130091.54	6.47	1115719.10	6.39	963059.67	8.77	960168.61	8.74	2934894.79	6.96	2918515.09	6.92
冰川/永久积雪	冰川/永久积雪	396216.55	2.89	396226.85	2.89	422622.43	2.42	424489.16	2.43	74868.93	0.68	74868.99	0.68	893707.91	2.12	895585.00	2.12
	合计	396216.55	2.89	396226.85	2.89	422622.43	2.42	424489.16	2.43	74868.93	0.68	74868.99	0.68	893707.91	2.12	895585.00	2.12
合计		13727616.88	100.00	13727616.85	100.00	17448748.73	100.00	17448748.72	100.00	10980748.04	100.00	10980748.00	100.00	42157113.63	100.00	42157113.62	100.00

0.36%，2010年占0.35%；在缓冲区中2000年占0.35%，2010年占0.35%；在实验区中2000年占1.22%，2010年占1.23%。

城镇面积维持不变。城镇生态系统2000年占国家级自然保护区面积的0.03%，2010年占0.03%，面积基本不变。城镇中以居住地为主。其中，城镇生态系统在核心区中2000年占0.01%，2010年占0.01%；在缓冲区中2000年占0.02%，2010年占0.02%；在实验区中2000年占0.07%，2010年占0.08%。

（二）西南地区国家级自然保护区生态系统类型转化情况

从2000～2010年的西南保护区各功能分区一级生态系统类型转化面积可以看出（表2.56、表2.57和图2.87），整个西南保护区草地变更为湿地的面积最多，后面依次为湿地变更为草地和荒漠变更为湿地等。

西南保护区草地变更为湿地的面积最多。有156358.30hm^{2}的草地变更为湿地，其中核心区66670.97hm^2，缓冲67701.18hm^2，实验区21986.14hm^2。转变最多的省份为西藏，转变面积为156329.5hm^2，占变更面积的99.98%，其他省份变更面积较小。这主要是近些年来在全球气候变暖的大背景下，西藏地区冰雪融化，降雨量增加，湖泊、湿地面积增加造成的。

湿地变更为草地其次。有34338.42hm^{2}的湿地变更为草地，其中核心区18034.41hm^2，缓冲区10553.20hm^2，实验区5750.81hm^2。转变最多的省份为西藏，转变面积为33559.3hm^2，占变更总面积的97.73%，其他省份变更面积较小。这主要是由于近几年西藏地区气候逐渐干旱，许多地区农业化进程加速，严重破坏了草原水生态系统，生态环境迅速恶化。

有26644.46hm^{2}的荒漠变更为湿地，其中核心区7745.58hm^2，缓冲区13919.56hm^2，实验区4979.32hm^2。转变最多的省份为西藏，转变面积为26558.12hm^2，占变更总面积的99.68%，其他省份变更面积较小。这主要是由于西藏地区的保护区加强了区内湿地的建设与保护，特别是加强了湿地植被的修复工作，使得被荒漠所吞噬的湿地逐渐被还原修复。

（三）生态系统格局变化分级评价

根据生态系统格局变化分级方法计算得出，十年来，西南地区59个国家级自然保护区中，生态系统格局变化情况为：明显改善8个，轻微改善3个，基本维持43个，轻微退化2个，明显退化3个（图2.88和图2.89）。

西南五省中四川退化率最高。四川国家级自然保护区退化率为21.74%，23个国家级自然保护区中2个轻微退化，分别为若尔盖湿地、卧龙国家级自然保护区；3个明显退化，分别为白水河、龙溪—虹口、攀枝花苏铁国家级自然保护区。

西南五省中贵州改善率最高。贵州8个国家级自然保护区中宽阔水、梵净山、麻阳河3个国家级自然保护区明显改善，赤水桫椤国家级自然保护区轻微改善，改善率达到50%（图2.90）。

表 2.56 西南保护区一级生态系统类型转化面积与比例

年份	类型	森林		灌丛		草地		湿地		农田		城镇		荒漠		冰川/永久积雪	
		面积/hm²	比例/%	面积/hm²	比例/%	面积/hm²	比例/%	面积/hm²	比例/%	面积/hm²	比例/%	面积/hm²	比例/%	面积/hm²	比例/%	面积/hm²	比例/%
2000~2010年	森林	242025.19	99.40	1125.17	0.05	2607.23	0.11	786.70	0.03	5582.20	0.23	37.72	0.00	4474.28	0.18	0.00	0.00
	灌丛	272.44	0.02	179169863	99.85	839.60	0.05	20.27	0.00	187.40	0.01	87.25	0.00	1327.98	0.07	0.72	0.00
	草地	774.38	0.00	138.30	0.00	31302058.81	99.49	156358.30	0.50	138.79	0.00	1280.04	0.00	1913.95	0.01	15.69	0.00
	湿地	3.68	0.00	268.19	0.01	34338.41	1.44	2333648.60	98.10	947.29	0.04	3.91	0.00	9726.88	0.41	1.40	0.00
	农田	3525.80	1.45	1075.65	0.44	2035.79	0.84	169.10	0.07	236074.61	96.86	848.88	0.35	2.14	0.00	0.00	0.00
	城镇	0.00	0.00	0.02	0.00	1.51	0.01	0.32	0.00	0.50	0.00	12087.13	99.98	0.06	0.00	0.00	0.00
	荒漠	139.60	0.00	449.36	0.02	4428.73	0.15	26644.47	0.91	396.20	0.01	0.18	0.00	2900809.77	98.84	2026.48	0.07
	冰川/永久积雪	0.00	0.00	0.37	0.00	13.79	0.00	1.94	0.00	0.00	0.00	0.00	0.00	152.89	0.02	893538.93	99.98

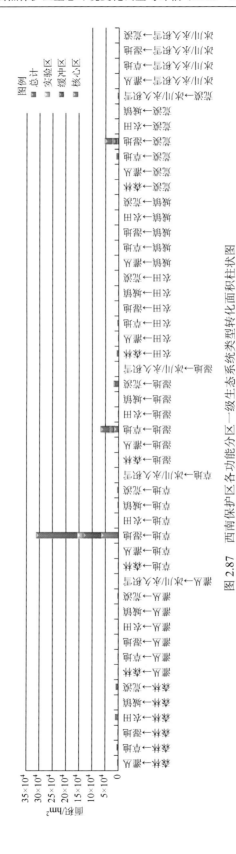

图 2.87　西南保护区各功能分区一级生态系统类型转化面积柱状图

表 2.57　西南保护区各功能分区一级生态系统类型转化面积与比例

变更方式	核心区/hm²	占核心区比例/%	缓冲区/hm²	占缓冲区比例/%	实验区/hm²	占实验区比例/%	总计/hm²
森林→灌丛	365.81	0.00	415.74	0.00	343.61	0.00	1125.16
森林→草地	1079.87	0.01	1027.14	0.01	500.22	0.00	2607.23
森林→湿地	8.56	0.00	109.87	0.00	668.27	0.01	786.70
森林→农田	417.14	0.00	1419.37	0.01	3745.69	0.03	5582.20
森林→城镇	1.27	0.00	13.07	0.00	23.38	0.00	37.72
森林→荒漠	2654.03	0.02	1354.98	0.01	465.27	0.00	4474.28
灌丛→森林	110.78	0.00	52.40	0.00	109.26	0.00	272.44
灌丛→草地	699.59	0.01	78.80	0.00	61.22	0.00	839.61
灌丛→湿地	1.82	0.00	8.01	0.00	10.44	0.00	20.27
灌丛→农田	30.01	0.00	53.57	0.00	103.82	0.00	187.40
灌丛→城镇	6.18	0.00	22.45	0.00	58.61	0.00	87.24
灌丛→荒漠	1049.86	0.01	144.84	0.00	133.28	0.00	1327.98
灌丛→冰川/永久积雪	0.00	0.00	0.72	0.00	0.00	0.00	0.72
草地→森林	268.51	0.00	179.62	0.00	326.26	0.00	774.39
草地→灌丛	27.25	0.00	18.33	0.00	92.72	0.00	138.30
草地→湿地	66670.97	0.49	67701.18	0.39	21986.14	0.20	156358.30
草地→农田	18.30	0.00	7.65	0.00	112.83	0.00	138.78
草地→城镇	146.78	0.00	474.40	0.00	658.86	0.01	1280.04
草地→荒漠	498.93	0.00	873.87	0.01	541.16	0.00	1913.96
草地→冰川/永久积雪	10.26	0.00	5.43	0.00	0.00	0.00	15.69
湿地→森林	0.00	0.00	0.01	0.00	3.67	0.00	3.68
湿地→灌丛	12.44	0.00	11.69	0.00	244.07	0.00	268.70
湿地→草地	18034.41	0.13	10553.20	0.06	5750.81	0.05	34338.42
湿地→农田	0.63	0.00	8.86	0.00	937.81	0.01	947.30
湿地→城镇	0.00	0.00	1.85	0.00	2.06	0.00	3.91
湿地→荒漠	4640.46	0.03	2720.48	0.02	2365.94	0.02	9726.88
湿地→冰川/永久积雪	0.00	0.00	1.29	0.00	0.11	0.00	1.40
农田→森林	472.68	0.00	883.31	0.01	2169.81	0.02	3525.80
农田→灌丛	144.60	0.00	149.59	0.00	781.46	0.01	1075.65
农田→草地	585.62	0.00	558.99	0.00	891.18	0.01	2035.79
农田→湿地	13.91	0.00	2.94	0.00	152.25	0.00	169.10
农田→城镇	35.89	0.00	102.47	0.00	710.52	0.01	848.88
农田→荒漠	0.00	0.00	0.04	0.00	2.10	0.00	2.14
城镇→灌丛	0.00	0.00	0.00	0.00	0.02	0.00	0.02
城镇→草地	0.64	0.00	0.26	0.00	0.61	0.00	1.51
城镇→湿地	0.00	0.00	0.00	0.00	0.32	0.00	0.32
城镇→农田	0.00	0.00	0.00	0.00	0.50	0.00	0.50
城镇→荒漠	0.00	0.00	0.02	0.00	0.04	0.00	0.06
荒漠→森林	12.20	0.00	0.00	0.00	127.40	0.00	139.60
荒漠→灌丛	8.38	0.00	8.90	0.00	432.09	0.00	449.37
荒漠→草地	211.85	0.00	3724.33	0.02	492.56	0.00	4428.74

变更方式	核心区/hm²	占核心区比例/%	缓冲区/hm²	占缓冲区比例/%	实验区/hm²	占实验区比例/%	总计/hm²
荒漠→湿地	7745.58	0.06	13919.56	0.08	4979.32	0.05	26644.46
荒漠→农田	0.00	0.00	0.00	0.00	396.20	0.00	396.20
荒漠→城镇	0.00	0.00	0.00	0.00	0.18	0.00	0.18
荒漠→冰川/永久积雪	0.00	0.00	2026.48	0.01	0.00	0.00	2026.48
冰川/永久积雪→灌丛	0.00	0.00	0.37	0.00	0.00	0.00	0.37
冰川/永久积雪→草地	0.00	0.00	13.74	0.00	0.05	0.00	13.79
冰川/永久积雪→湿地	0.00	0.00	1.94	0.00	0.00	0.00	1.94
冰川/永久积雪→荒漠	0.00	0.00	152.89	0.00	0.00	0.00	152.89

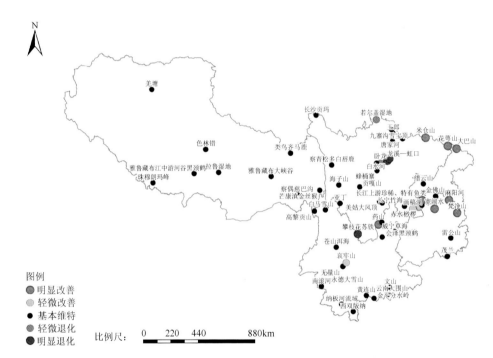

图 2.88　西南地区国家级自然保护区生态系统变化程度分级

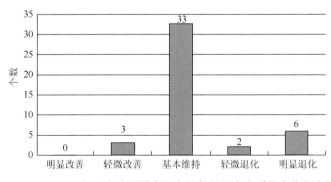

图 2.89　2000～2010年西南地区国家级自然保护区生态系统变化程度统计图

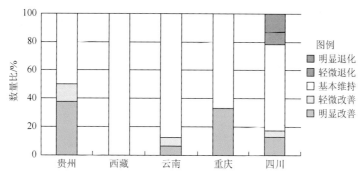

图 2.90　西南地区国家级自然保护区生态系统变化程度数量比

二、西南地区国家级自然保护区质量变化分析

（一）森林生态系统生物量变化

森林生态系统生物量增加。从表 2.58 和图 2.91 可以看出，2000～2010 年西南地区国家级自然保护区森林生态系统生物量呈升高趋势，其中，2010 年生物量最高，为 18968.73 万 t，2005 年生物量为 16175.89 万 t，2000 年生物量最低，为 15725.06 万 t。西南保护区森林生态系统 2000 年占保护区面积的 5.78%，2010 年占 5.75%；灌丛生态系统 2000 年占保护区面积的 4.26%，2010 年占 4.26%，森林灌丛面积基本没增加，生物量的增长是由于随时间推移，林木自然生长累积。

表 2.58　2000～2010 年西南保护区森林生态系统生物量

年份	2000	2005	2010
生物量/万 t	15725.06	16175.89	18968.73

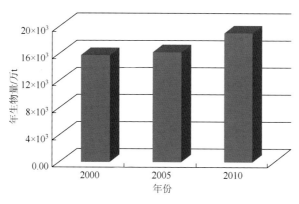

图 2.91　2000～2010 年西南保护区森林生态系统生物量

从表 2.59、图 2.92 和图 2.93 可以看出，西南地区国家级自然保护区森林生态系统生物量有较大部分区域处于好转或正常浮动范围，较小部分区域退化。其中，轻微好转的面积占 17.54%，明显好转占 39.73%，正常浮动占 22.65%，轻微退化占 8.38%，明显退化占 11.71%。

表 2.59　　2000～2010 年西南保护区森林生态系统生物量变化趋势各等级面积及比例

统计参数	明显退化	轻微退化	正常浮动	轻微好转	明显好转
面积/km²	2366.69	3306.56	6396.13	4952.31	11219.56
比例/%	8.38	11.71	22.65	17.54	39.73

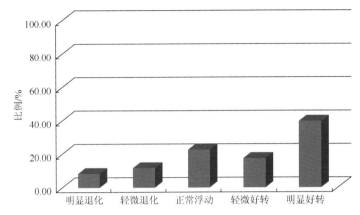

图 2.92　2000～2010 年西南保护区森林生态系统生物量变化趋势各等级比例

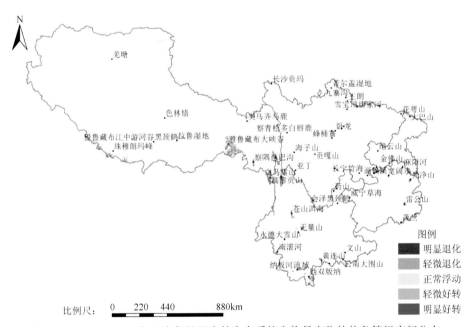

图 2.93　2000～2010 年西南保护区森林生态系统生物量变化趋势各等级空间分布

退化区域主要分布在西藏的羌塘、拉鲁湿地、雅鲁藏布江中游河谷黑颈鹤、珠穆朗玛峰、雅鲁藏布江大峡谷国家级自然保护区，四川的白水河、龙溪—虹口、美姑大风顶、马边大风顶、小金四姑娘山、蜂蛹寨国家级自然保护区，云南的高黎贡山、苍山洱海、白马雪山、无量山、云南大围山、西双版纳、纳板河流域、金平分水岭国家级自然保护区，重庆的大巴山、金佛山国家级自然保护区，贵州的梵净山、雷公山国家级自然保护区，主要是由于森林变更为农田、草地、湿地、灌丛，灌丛变更为草地、荒漠。

好转区域主要分布在西藏的雅鲁藏布江大峡谷、察隅慈巴沟、珠穆朗玛峰国家级自然保护区，四川、云南、重庆、贵州的所有国家级自然保护区。好转区域小部分是由于农田、荒漠变更为森林、灌丛，草地变更为森林，湿地变更为灌丛，灌丛变更为森林，大部分是由于保护区内林木自然生长生物量积累。

（二）其他生态系统年均净初级生产力变化

其他生态系统主要包括草原生态系统、湿地生态系统和其他类型生态系统。

其他生态系统年均净初级生产力基本维持。从表 2.60、图 2.94 和图 2.95 可以看出，西南地区 2000～2010 年其他生态系统年均净初级生产力全部集中在低（0～6）、较低（6～12）、中（12～18）、较高（18～24）四个等级，其中几乎全部集中在低（0～6）这个等级，每年处于低等级的面积比例均在 99% 以上，其余四个等级所占比例之和小于 1%。整体上，2000～2010 年年均净初级生产力各等级面积和比例相差不大，略有波动。

表 2.60　2000～2010 年西南保护区其他生态系统年均净初级生产力各等级面积与比例

年份	统计参数	低	较低	中	较高
2000	面积/km²	358790.13	1512.06	20.63	0.00
	比例/%	99.57	0.42	0.01	0.00
2001	面积/km²	358593.88	1684.06	44.88	0.00
	比例/%	99.52	0.47	0.01	0.00
2002	面积/km²	358420.25	1854.63	47.88	0.06
	比例/%	99.47	0.51	0.01	0.00
2003	面积/km²	359011.06	1258.69	52.94	0.13
	比例/%	99.64	0.35	0.01	0.00
2004	面积/km²	358969.63	1335.88	17.31	0.00
	比例/%	99.62	0.37	0.00	0.00
2005	面积/km²	358553.31	1738.56	0.00	0.00
	比例/%	99.51	0.48	0.01	0.00
2006	面积/km²	358294.25	1986.88	41.69	0.00
	比例/%	99.44	0.55	0.01	0.00
2007	面积/km²	358538.19	1752.63	31.94	0.06
	比例/%	99.50	0.49	0.01	0.00
2008	面积/km²	358910.44	1395.69	16.69	0.00
	比例/%	99.61	0.39	0.00	0.00
2009	面积/km²	358359.56	1900.38	62.50	0.38
	比例/%	99.46	0.53	0.02	0.00
2010	面积/km²	358729.13	1549.38	44.31	0.00
	比例/%	99.56	0.43	0.01	0.00

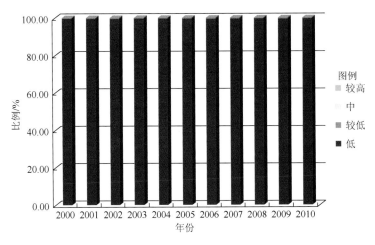

图 2.94　2000～2010 年西南保护区其他生态系统年均净初级生产力各等级比例

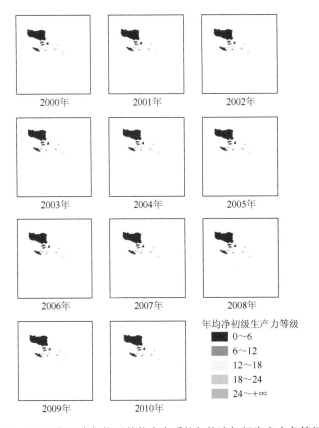

图 2.95　2000～2010 年西南保护区其他生态系统年均净初级生产力各等级时空分布

从表 2.61 和图 2.96 可以看出，2000～2010 年西南保护区其他生态系统净初级生产力总量变化不大，维持在 1200 万 t 左右，净初级生产力年总量最高的是 2004 年，为 1278.81 万 t；2007 年次之，为 1262.54 万 t；最低的是 2003 年，为 1177.82 万 t。

表 2.61　2000～2010 年西南保护区其他生态系统净初级生产力年总量　（单位：万 t）

年份	2000	2001	2002	2003	2004	2005	2006	2007	2008	2009	2010
净初级生产力	1234.06	1196.64	1229.36	1177.82	1278.81	1202.85	1228.55	1262.54	1194.79	1249.06	1258.59

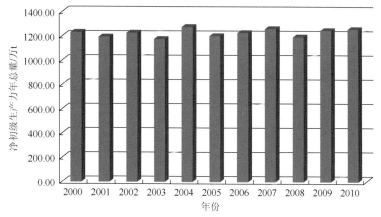

图 2.96　2000～2010 年西南保护区其他生态系统净初级生产力年总量

从表 2.62、图 2.97 和图 2.98 可以看出，西南保护区其他生态系统净初级生产力变化趋势几乎全部维持在正常浮动。其中，正常浮动的比例高达 99.33%，明显退化占 0.01%，轻微退化占 0.31%，轻微好转占 0.33%，明显好转占 0.02%。

表 2.62　2000～2010 年西南保护区其他生态系统净初级生产力变化趋势各等级面积及比例

统计参数	明显退化	轻微退化	正常浮动	轻微好转	明显好转
面积/km²	52.13	1102.69	358108.06	1181.44	80.75
比例/%	0.01	0.31	99.33	0.33	0.02

其中，退化区域主要分布在西藏的色林错、雅鲁藏布江中游河谷黑颈鹤、珠穆朗玛峰、类乌齐马鹿国家级自然保护区，四川的雪宝顶、唐家河、白水河、卧龙、长江上游珍惜、特有鱼类、贡嘎山、察青松多白唇鹿、长沙贡马国家级自然保护区，云南的苍山洱海和高黎贡山国家级自然保护区，重庆的大巴山，贵州的雷公山国家级自然保护区，主要是草地和湿地转化为城镇和荒漠所致。

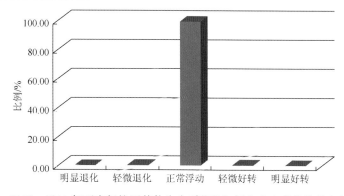

图 2.97　2000～2010 年西南保护区其他生态系统净初级生产力变化趋势各等级比例

　　好转区域主要分布在西藏的珠穆朗玛峰、色林错、雅鲁藏布江大峡谷、雅鲁藏布江中游河谷黑颈鹤、察隅慈巴沟国家级自然保护区，四川的长沙贡马、若尔盖湿地、贡嘎山、海子山、小金四姑娘山、亚丁、九寨沟国家级自然保护区，云南的白马雪山、高黎贡山、药山、大山包黑颈鹤、会泽黑颈鹤国家级自然保护区，重庆的大巴山，贵州的宽阔水、威宁草海、麻阳河国家级自然保护区，主要是农田、荒漠变更为草地和湿地所致。

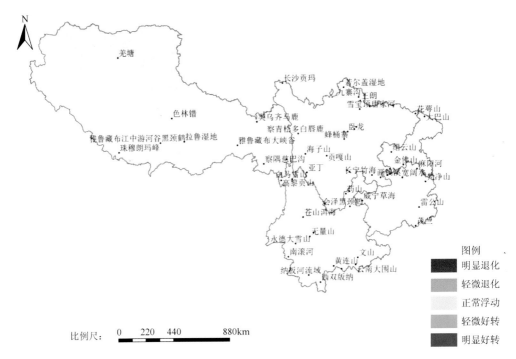

图2.98　2000～2010年西南保护区其他生态系统净初级生产力变化趋势各等级空间分布

三、小结

　　（1）西南地区国家级自然保护区包括森林、灌丛、草地、湿地、农田、城镇、荒漠、冰川/永久积雪8类生态系统类型。其中草地生态系统占比最高，2000年占保护区面积的74.62%，2010年占74.36%。2000～2010年的西南保护区各功能分区一级生态系统类型转化面积中，草地变更为湿地的面积最多，后面依次为湿地变更为草地和荒漠变更为湿地等。草地变更为湿地，转变最多的省份为西藏，其他省份变更面积较小。这主要是由于近些年来在全球气候变暖的大背景下，西藏地区冰雪融化，降雨量增加，湖泊、湿地面积增加造成的。

　　（2）2000～2010年西南地区国家级自然保护区森林生态系统年物量呈升高趋势。其中，2010年生物量最高，为18968.73万t。西南地区国家级自然保护区森林生态系统生物量有较大部分区处于好转或正常浮动范围，较小部分区域退化。退化区域主要分布在西藏的羌塘、拉鲁湿地、雅鲁藏布江中游河谷黑颈鹤、珠穆朗玛峰、雅鲁藏布江大峡谷国家级自然保护区，四川的白水河、龙溪—虹口、美姑大风顶、马边大风顶、小金四姑娘山、蜂蛹寨国家级自然保护区，云南的高黎贡山、苍山洱海、白马雪山、无量山、云南大围山、西双版纳、纳板河流域、金平分水岭国家级自然保护区，重庆的大巴山、金佛山国家自然保护区，贵州的梵净山、雷公山国家级自然保护区，主要是由于森林变更为农田、草地、湿地、灌丛，灌丛变更为草地、荒漠。好转区域主要分布在西藏的雅鲁藏布江大峡谷、察隅慈巴沟、珠穆朗玛峰国家级自然保护区，四川、云南、重庆、贵州的所有国家级自然保护区。好转区域小部分是由于农田、荒漠变更为森林、灌丛，草地变更为森林，湿地变更为灌丛，灌丛变更为森林，大部分是由于保护区内林木自然生长生物量积累。

（3）2000～2010 年西南保护区其他生态系统净初级生产力基本维持。其中净初级生产力年总量最高的是 2004 年，总量为 1278.81 万 t。西南保护区其他生态系统净初级生产力变化趋势几乎全部维持在正常浮动。其中，退化区域主要分布在西藏的色林错、雅鲁藏布江中游河谷黑颈鹤、珠穆朗玛峰、类乌齐马鹿国家级自然保护区，四川的雪宝顶、唐家河、白水河、卧龙、长江上游珍惜、特有鱼类、贡嘎山、察青松多白唇鹿、长沙贡马国家级自然保护区，云南的苍山洱海和高黎贡山国家级自然保护区，重庆的大巴山，贵州的雷公山国家级自然保护区，主要是草地和湿地转化为城镇和荒漠所致。好转区域主要分布在西藏的珠穆朗玛峰、色林错、雅鲁藏布江大峡谷、雅鲁藏布江中游河谷黑颈鹤、察隅慈巴沟国家级自然保护区，四川的长沙贡马、若尔盖湿地、贡嘎山、海子山、小金四姑娘山、亚丁、九寨沟国家级自然保护区，云南的白马雪山、高黎贡山、药山、大山包黑颈鹤、会泽黑颈鹤国家级自然保护区，重庆的大巴山，贵州的宽阔水、威宁草海、麻阳河国家级自然保护区，主要是农田、荒漠变更为草地和湿地所致。

第九节　西北地区国家级自然保护区格局和质量变化

西北地区包括甘肃、宁夏、青海、陕西和新疆，共 47 处国家级自然保护区，涉及四大类型的自然保护区，以森林生态系统类型自然保护区为主，没有草原与草甸、海洋与海岸、野生植物及地质遗迹、古生物遗迹类型自然保护区。其中森林生态系统类型 17 处，内陆湿地和水域生态系统类型 3 处，荒漠生态系统类型 8 处，野生动物类型 19 处。

一、西北地区国家级自然保护区格局变化分析

（一）西北地区国家级自然保护区生态系统类型构成

从表 2.63、图 2.99 和图 2.100 可以看出：从西北地区国家级自然保护区（以下简称西北保护区）的生态系统类型构成来看，包括森林、灌丛、草地、湿地、农田、城镇、荒漠、冰川/永久积雪 8 类生态系统类型。其中草地生态系统占比最高，占西北保护区面积的 50% 左右，其他生态系统依次为荒漠、湿地、灌丛、森林、冰川/永久积雪、农田和城镇。核心区、缓冲区和实验区均以草地生态系统为主。

草地面积略有下降。西北保护区中占比最高的是草地生态系统，2000 年占保护区面积的 51.03%，2010 年占 50.92%，面积略有下降。草地中以草原为主。其中，草地生态系统在核心区中 2000 年占 49.64%，2010 年占 49.47%；在缓冲区中 2000 年占 51.00%，2010 年占 51.00%；在实验区中 2000 年占 52.13%，2010 年占 52.00%。

表 2.63　西北保护区不同功能分区不同年份一级和二级生态系统类型面积与比例

一级生态系统类型	二级生态系统类型	核心区				缓冲区				实验区				保护区合计			
		2000 年		2010 年		2000 年		2010 年		2000 年		2010 年		2000 年		2010 年	
		面积/hm²	比例/%	面积/hm²	比例/%	面积/hm²	比例/%	面积/hm²	比例/%	面积/hm²	比例/%	面积/hm²	比例/%	面积/hm²	比例/%	面积/hm²	比例/%
森林	常绿阔叶林	0.00	0.00	0.00	0.00	0.00	0.00	0.00	0.00	13.19	0.00	13.19	0.00	13.19	0.00	13.19	0.00
	常绿针叶林	205301.47	1.52	205309.83	1.52	103992.39	1.06	104021.78	1.06	205756.48	1.20	205799.38	1.20	515050.35	1.27	515130.99	1.27
	落叶阔叶林	159621.56	1.19	163115.36	1.21	99908.60	1.01	102690.43	1.04	117398.80	0.68	117933.96	0.69	376928.96	0.93	383739.75	0.95
	落叶针叶林	9419.62	0.07	9459.02	0.07	8988.74	0.09	9024.16	0.09	16007.40	0.09	16047.71	0.09	34415.76	0.09	34530.89	0.09
	稀疏林	8083.93	0.06	6116.43	0.05	9932.09	0.10	8017.84	0.08	4370.97	0.03	4198.23	0.03	22386.99	0.06	18332.50	0.05
	针阔混交林	35067.29	0.26	35121.18	0.26	11057.62	0.11	11124.65	0.11	45183.53	0.26	45195.10	0.26	91308.43	0.23	91440.92	0.23
	合计	417493.87	3.10	419121.82	3.11	233879.44	2.37	234878.86	2.38	388730.37	2.26	389187.57	2.26	1040103.68	2.58	1043188.24	2.59
灌丛	常绿阔叶灌木林	640.90	0.00	640.63	0.00	629.62	0.01	629.62	0.01	2867.45	0.02	2867.45	0.02	4137.97	0.01	4137.70	0.01
	常绿针叶灌木林	0.00	0.00	0.00	0.00	61.03	0.00	61.03	0.00	242.27	0.00	242.27	0.00	303.30	0.00	303.30	0.00
	落叶阔叶灌木林	427614.17	3.19	429148.68	3.19	360607.82	3.66	362765.01	3.68	919095.98	5.35	921607.83	5.37	1707317.98	4.22	1713521.51	4.23
	稀疏灌木林	91447.52	0.68	90491.97	0.67	199826.48	2.03	199758.15	2.03	60766.18	0.35	62398.56	0.36	352040.18	0.87	352648.69	0.87
	合计	519702.59	3.86	520281.28	3.86	561124.95	5.70	563213.81	5.72	982971.88	5.72	987116.11	5.72	2063799.43	5.10	2070611.20	5.11
草地	草丛	7782.40	0.06	7800.39	0.06	2668.76	0.03	2668.76	0.03	3733.75	0.02	3876.68	0.02	14184.90	0.04	14345.83	0.04
	草甸	847643.53	6.29	830748.98	6.17	1100565.21	11.17	1099996.65	11.17	2615707.66	15.23	2596161.61	15.12	4563916.40	11.27	4526907.24	11.18
	草原	3621249.45	26.89	3616185.51	26.85	2154688.36	21.87	2155953.38	21.89	3157119.66	18.39	3157717.52	18.39	8933057.47	22.06	8929856.42	22.06
	稀疏草地	2208991.60	16.40	2207476.83	16.39	1766239.42	17.93	1763719.33	17.91	3173764.09	18.49	3171757.16	18.47	7148995.11	17.66	7142953.32	17.64
	合计	6685666.98	49.64	6662211.71	49.47	5024161.75	51.00	5022238.12	51.00	8950325.16	52.13	8929512.97	52.00	20660153.88	51.03	20614062.81	50.92

续表

一级生态系统类型	二级生态系统类型	核心区				缓冲区				实验区				保护区合计			
		2000年		2010年		2000年		2010年		2000年		2010年		2000年		2010年	
		面积/hm²	比例/%	面积/hm²	比例/%	面积/hm²	比例/%	面积/hm²	比例/%	面积/hm²	比例/%	面积/hm²	比例/%	面积/hm²	比例/%	面积/hm²	比例/%
湿地	草本沼泽	324770.62	2.41	327817.36	2.43	433584.30	4.40	435980.09	4.43	513373.48	2.99	513696.31	2.99	1271728.40	3.14	1277493.76	3.16
	灌丛沼泽	0.00	0.00	0.00	0.00	102.05	0.00	102.05	0.00	119.71	0.00	119.71	0.00	221.76	0.00	221.76	0.00
	河流	252338.86	1.87	254521.69	1.89	90514.45	0.92	92993.68	0.94	142714.70	0.83	145918.38	0.85	485568.01	1.20	493433.75	1.22
	湖泊	516807.62	3.84	558157.29	4.14	148424.69	1.51	158879.83	1.61	562491.04	3.28	598124.02	3.48	1227723.35	3.03	1315161.14	3.25
	森林沼泽	42.75	0.00	42.75	0.00	82.83	0.00	82.83	0.00	1128.97	0.01	1128.97	0.01	1254.55	0.00	1254.55	0.00
	水库/坑塘	380.39	0.00	571.50	0.00	570.79	0.01	877.21	0.01	2787.39	0.02	5280.99	0.03	3738.57	0.01	6729.70	0.02
	运河/水渠	0.00	0.00	0.00	0.00	0.00	0.00	0.00	0.00	11.73	0.00	25.95	0.00	11.73	0.00	25.95	0.00
	合计	1094340.24	8.13	1141110.59	8.46	673279.11	6.84	688915.69	6.99	1222627.02	7.13	1264294.33	7.36	2990246.37	7.38	3094320.61	7.65
农田	灌木园地	0.00	0.00	0.00	0.00	0.00	0.00	1.79	0.00	65.07	0.00	884.33	0.01	65.07	0.00	886.12	0.00
	旱地	10952.77	0.08	14244.52	0.11	18969.22	0.19	17177.72	0.17	124496.21	0.73	120619.18	0.70	154418.20	0.38	152041.41	0.38
	乔木园地	0.00	0.00	0.00	0.00	41.58	0.00	43.92	0.00	3.13	0.00	3.13	0.00	44.71	0.00	47.05	0.00
	水田	186.67	0.00	46.09	0.00	122.08	0.00	55.43	0.00	1185.83	0.01	1524.77	0.01	1494.58	0.00	1626.29	0.00
	合计	11139.44	0.08	14290.61	0.11	19132.88	0.19	17278.86	0.17	125750.24	0.74	123031.40	0.72	156022.56	0.38	154600.87	0.38
城镇	采矿场	1642.24	0.01	1964.33	0.01	1240.58	0.01	1527.55	0.02	1356.09	0.01	2089.36	0.01	4238.91	0.01	5581.24	0.01
	草本绿地	0.00	0.00	0.00	0.00	3.33	0.00	3.33	0.00	0.34	0.00	0.34	0.00	3.67	0.00	3.67	0.00
	工业用地	97.10	0.00	444.21	0.00	371.96	0.00	2514.30	0.03	1105.64	0.01	1982.86	0.01	1520.70	0.00	4941.36	0.01
	交通用地	726.77	0.01	787.40	0.01	1881.71	0.02	2067.03	0.02	11146.32	0.06	13099.55	0.08	13754.80	0.03	15953.99	0.04
	居住地	431.80	0.00	505.51	0.00	1309.23	0.01	1435.96	0.01	6006.19	0.03	6456.19	0.04	7747.22	0.02	8397.66	0.02
	乔木绿地	0.00	0.00	0.00	0.00	1.08	0.00	1.08	0.00	0.00	0.00	0.00	0.00	1.08	0.00	1.08	0.00
	合计	2897.91	0.02	3701.45	0.02	4807.89	0.04	7549.25	0.08	19560.58	0.11	23628.30	0.14	27266.38	0.06	34879.00	0.08
荒漠	裸土	2296413.67	17.05	2265639.11	16.82	1440784.60	14.63	1425664.22	14.47	2909095.92	16.94	2883157.91	16.79	6646294.19	16.42	6574461.25	16.24
	裸岩	1449267.07	10.76	1460045.80	10.84	1176532.48	11.94	1176981.17	11.95	2008532.19	11.70	2006690.77	11.69	4634331.74	11.45	4643717.74	11.47

续表

一级生态系统类型	二级生态系统类型	核心区				缓冲区				实验区				保护区合计			
		2000 年		2010 年		2000 年		2010 年		2000 年		2010 年		2000 年		2010 年	
		面积/hm²	比例/%	面积/hm²	比例/%	面积/hm²	比例/%	面积/hm²	比例/%	面积/hm²	比例/%	面积/hm²	比例/%	面积/hm²	比例/%	面积/hm²	比例/%
荒漠	沙漠/沙地	648454.89	4.82	647604.76	4.81	619900.73	6.29	619401.97	6.29	408082.55	2.38	405817.45	2.36	1676438.16	4.14	1672824.18	4.13
	盐碱地	36839.50	0.27	38976.28	0.29	21291.52	0.22	19319.32	0.20	26302.60	0.15	27868.29	0.16	84433.62	0.21	86163.89	0.21
	合计	4430975.13	32.90	4412265.95	32.76	3258509.33	33.08	3241366.68	32.91	5352013.26	31.17	5323534.42	31.00	13041497.71	32.22	12977167.06	32.05
冰川/永久积雪	冰川/永久积雪	303833.89	2.26	293060.84	2.18	75464.84	0.77	74819.35	0.76	127373.53	0.74	129048.44	0.75	506672.26	1.25	496928.63	1.23
	合计	303833.89	2.26	293060.84	2.18	75464.84	0.77	74819.35	0.76	127373.53	0.74	129048.44	0.75	506672.26	1.25	496928.63	1.23
合计		13466050.05	100.00	13466044.25	100.00	9850360.19	100.00	9850360.62	100.00	17169352.04	100.00	17169353.55	100.00	40485762.27	100.00	40485758.42	100.00

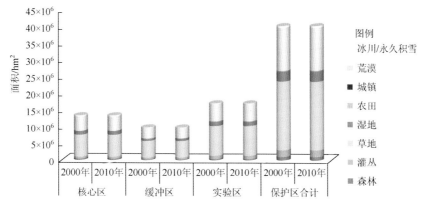

图 2.99　西北保护区不同功能分区不同年份一级生态系统类型面积

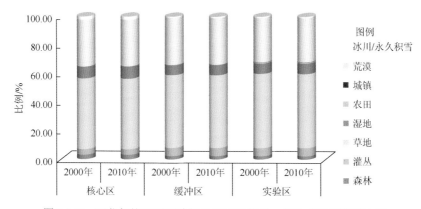

图 2.100　西北保护区不同功能分区不同年份一级生态系统类型比例

荒漠面积下降。荒漠生态系统 2000 年占国家级自然保护区面积的 32.22%，2010 年占 32.05%，面积略有下降。荒漠中以裸土为主。其中，荒漠生态系统在核心区中 2000 年占 32.90%，2010 年占 32.76%；在缓冲区中 2000 年占 33.08%，2010 年占 32.91%；在实验区中 2000 年占 31.17%，2010 年占 31.00%。

湿地面积略有上升。湿地生态系统 2000 年占国家级自然保护区面积的 7.38%，2010 年占 7.65%，面积略有上升。湿地中以湖泊为主。其中，湿地生态系统在核心区中 2000 年占 8.13%，2010 年占 8.46%；在缓冲区中 2000 年占 6.84%，2010 年占 6.99%；在实验区中 2000 年占 7.13%，2010 年占 7.36%。

灌丛基本维持。灌丛生态系统 2000 年占国家级自然保护区面积的 5.10%，2010 年占 5.11%，面积基本不变。灌丛中以落叶阔叶灌木林为主。其中，灌丛生态系统在核心区中 2000 年占 3.86%，2010 年占 3.86%；在缓冲区中 2000 年占 5.70%，2010 年占 5.72%；在实验区中 2000 年占 5.72%，2010 年占 5.75%。

森林面积基本不变。森林生态系统 2000 年占国家级自然保护区面积的 2.58%，2010 年占 2.59%，面积基本不变。森林中以常绿针叶林为主。其中，森林生态系统在核心区中 2000 年占 3.10%，2010 年占 3.11%；在缓冲区中 2000 年占 2.37%，2010 年占 2.38%；在实验区中 2000 年占 2.26%，2010 年占 2.26%。

冰川/永久积雪基本维持。冰川/永久积雪生态系统 2000 年占国家级自然保护区面积的 1.25%，2010 年占 1.23%，面积基本不变。其中，冰川/永久积雪生态系统在核心区中 2000 年占 2.26%，2010 年占 2.18%；在缓冲区中 2000 年占 0.77%，2010 年占 0.76%；在实验区中 2000 年占 0.74%，2010 年占 0.75%。

农田面积基本不变。农田生态系统 2000 年占国家级自然保护区面积的 0.38%，2010 年占 0.38%，面积基本不变。农田中以旱地为主。其中，农田生态系统在核心区中 2000 年占 0.08%，2010 年占 0.11%；在缓冲区中 2000 年占 0.19%，2010 年占 0.17%；在实验区中 2000 年占 0.74%，2010 年占 0.72%。

城镇面积基本不变。城镇生态系统 2000 年占国家级自然保护区面积的 0.06%，2010 年占 0.08%，面积基本不变。城镇中以交通用地为主。其中，城镇生态系统在核心区中 2000 年占 0.02%，2010 年占 0.02%；在缓冲区中 2000 年占 0.04%，2010 年占 0.08%；在实验区中 2000 年占 0.11%，2010 年占 0.14%。

（二）西北地区自然保护区生态系统类型转化情况

从 2000～2010 年的西北保护区各功能分区一级生态系统类型转化面积可以看出（表 2.64、表 2.65 和图 2.101），整个西北保护区荒漠变更为湿地的面积最多，后面依次为草地变更为湿地、冰川/永久积雪变更为荒漠和湿地变更为荒漠。

西北保护区荒漠变更为湿地的面积最多。有 74801.10hm^2 的荒漠变更为湿地，其中核心区 34039.08hm^2，缓冲区 16013.42hm^2，实验区 24748.60hm^2。转变最多的省份为青海，有 56781.61hm^2，占变更面积的 75.91%，其次是新疆，有 16757.65hm^2，占 22.40%，其他省份变更较小。这主要是由于青海的保护区加强了区内湿地的建设与保护，特别是加强了湿地植被的修复工作，使得被荒漠所吞噬的湿地逐渐被还原修复。

草地变更为湿地其次。有 44007.85hm^2 的草地变更为湿地，其中核心区 20198.65hm^2，缓冲区 1853.18hm^2，实验区 21956.02hm^2。转变最多的省份为新疆，有 34557.45hm^2，占变更面积的 78.53%，其次是青海，有 7589.09hm^2，占变更面积的 17.24%，其他省份变更面积较小。这主要是近十年来青海、新疆等地气候变暖，冰雪融化，降雨量增加，湖泊、湿地面积增加造成的。

有 16348.88hm^2 的冰川/永久积雪变更为荒漠，其中核心区 12296.38hm^2，缓冲区 1436.57hm^2，实验区 2615.93hm^2。转变最多的省份为青海，有 16094.72hm^2，占变更面积的 98.45%，其他省份变更面积较小。这主要是由于近年来气候变暖，冰雪融化，同时荒漠化日趋严重，沙尘天气逐渐增多，使得荒漠的面积逐渐增加。

有 9524.71hm^2 的湿地变更为荒漠，其中核心区 4927.40hm^2，缓冲区 534.81hm^2，实验区 4062.50hm^2。转变最多的省份为新疆，有 7593.63hm^2，占变更面积的 79.73%，其次是青海，有 1580.54hm^2，占变更面积的 16.59%，其他省份变更面积较小。这主要是新疆和青海两地北部的保护区近年来荒漠化日趋加重及沙尘暴的增多致使湖泊面积减少，同时也由于部分保护区面积较大，难以实施较好的管理，使得一些人类活动对湿地植物根系造成破坏，影响了湿地植物根系对于盐分的天然拦截，蒸腾作用减弱，盐分积累于地表，导致湿地沙漠化。

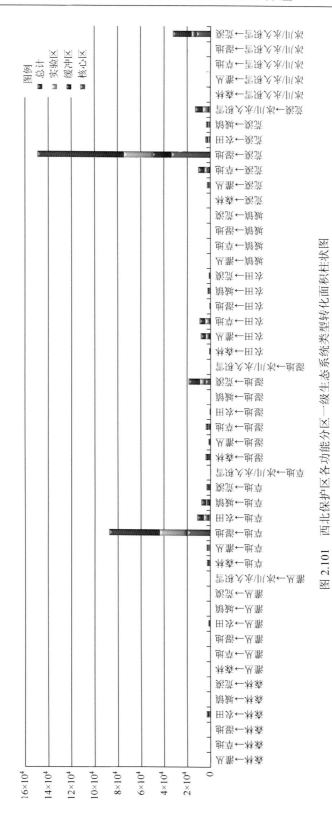

图 2.101　西北保护区各功能分区一级生态系统类型转化面积柱状图

表 2.64　西北保护区一级生态系统类型转化面积与比例

年份	类型	森林		灌丛		草地		湿地		农田		城镇		荒漠		冰川/永久积雪	
		面积/hm²	比例/%	面积/hm²	比例/%	面积/hm²	比例/%	面积/hm²	比例/%	面积/hm²	比例/%	面积/hm²	比例/%	面积/hm²	比例/%	面积/hm²	比例/%
2000～2010年	森林	1038213.18	99.82	5.20	0.00	11.55	0.00	11.26	0.00	1850.47	0.18	11.00	0.00	1.02	0.00	0.00	0.00
	灌丛	191.17	0.01	2061973.13	99.91	221.95	0.01	89.30	0.00	1043.44	0.05	197.01	0.01	83.44	0.00	0.01	0.00
	草地	1594.49	0.01	1681.43	0.01	20601230.91	99.71	44007.85	0.21	5805.21	0.03	3999.82	0.02	1807.94	0.01	26.23	0.00
	湿地	2269.21	0.08	983.79	0.03	2238.47	0.07	2974689.27	99.48	504.84	0.02	14.50	0.00	9524.71	0.32	21.57	0.00
	农田	728.91	0.47	4394.10	2.82	4917.40	3.15	571.06	0.37	143103.87	91.72	1467.53	0.94	839.70	0.54	0.00	0.00
	城镇	0.00	0.00	0.00	0.00	0.05	0.00	4.68	0.02	0.00	0.00	27261.64	99.98	0.00	0.00	0.00	0.00
	荒漠	192.90	0.00	1569.35	0.01	5418.82	0.04	74801.11	0.57	2309.04	0.02	1924.33	0.01	12948562.33	99.29	6719.84	0.05
	冰川/永久积雪	0.09	0.00	0.00	0.00	20.40	0.00	141.61	0.03	0.00	0.00	0.00	0.00	16348.88	3.23	490161.27	96.74

表 2.65 西北保护区各功能分区一级生态系统类型转化面积与比例

变更方式	核心区/hm²	占核心区比例/%	缓冲区/hm²	占缓冲区比例/%	实验区/hm²	占实验区比例/%	总计//hm²
森林→灌丛	2.80	0.00	0.09	0.00	2.31	0.00	5.20
森林→草地	1.07	0.00	2.91	0.00	7.58	0.00	11.56
森林→湿地	0.88	0.00	8.96	0.00	1.42	0.00	11.26
森林→农田	1373.73	0.01	208.29	0.00	268.45	0.00	1850.47
森林→城镇	0.00	0.00	0.00	0.00	11.00	0.00	11.00
森林→荒漠	0.94	0.00	0.07	0.00	0.01	0.00	1.02
灌丛→森林	62.80	0.00	121.99	0.00	6.38	0.00	191.17
灌丛→草地	100.98	0.00	47.33	0.00	73.63	0.00	221.94
灌丛→湿地	26.91	0.00	17.07	0.00	45.32	0.00	89.30
灌丛→农田	907.67	0.01	97.11	0.00	38.66	0.00	1043.44
灌丛→城镇	43.46	0.00	8.02	0.00	145.52	0.00	197.00
灌丛→荒漠	39.17	0.00	12.26	0.00	32.01	0.00	83.44
灌丛→冰川/永久积雪	0.00	0.00	0.00	0.00	0.00	0.00	0.00
草地→森林	1263.17	0.01	88.73	0.00	242.59	0.00	1594.49
草地→灌丛	355.77	0.00	279.83	0.00	1045.83	0.01	1681.43
草地→湿地	20198.65	0.15	1853.18	0.02	21956.02	0.13	44007.85
草地→农田	1647.89	0.01	703.24	0.01	3454.09	0.02	5805.22
草地→城镇	635.49	0.00	1963.57	0.02	1400.75	0.01	3999.81
草地→荒漠	652.59	0.00	488.93	0.00	666.42	0.00	1807.94
草地→冰川/永久积雪	21.17	0.00	1.59	0.00	3.48	0.00	26.24
湿地→森林	1287.23	0.01	771.02	0.01	210.96	0.00	2269.21
湿地→灌丛	608.82	0.00	345.27	0.00	29.70	0.00	983.79
湿地→草地	613.38	0.00	582.96	0.01	1042.13	0.01	2238.47
湿地→农田	342.58	0.00	96.26	0.00	66.01	0.00	504.84
湿地→城镇	0.00	0.00	0.00	0.00	14.50	0.00	14.50
湿地→荒漠	4927.40	0.04	534.81	0.01	4062.50	0.02	9524.71
湿地→冰川/永久积雪	0.96	0.00	20.61	0.00	0.00	0.00	21.57
农田→森林	220.86	0.00	226.83	0.00	281.22	0.00	728.91
农田→灌丛	400.29	0.00	1479.90	0.02	2513.91	0.01	4394.10
农田→草地	250.83	0.00	665.34	0.01	4001.22	0.02	4917.39
农田→湿地	180.31	0.00	93.39	0.00	297.35	0.00	571.05
农田→城镇	42.37	0.00	414.73	0.00	1010.42	0.01	1467.52
农田→荒漠	130.48	0.00	431.22	0.00	278.00	0.00	839.70
城镇→灌丛	0.00	0.00	0.00	0.00	0.00	0.00	0.00
城镇→草地	0.00	0.00	0.01	0.00	0.04	0.00	0.05
城镇→湿地	0.00	0.00	0.00	0.00	4.68	0.00	4.68
城镇→荒漠	0.00	0.00	0.00	0.00	0.00	0.00	0.00

续表

变更方式	核心区/hm²	占核心区 比例/%	缓冲区 /hm²	占缓冲区 比例/%	实验区 /hm²	占实验区 比例/%	总计//hm²
荒漠→森林	173.65	0.00	11.06	0.00	8.19	0.00	192.90
荒漠→灌丛	392.14	0.00	287.47	0.00	889.75	0.01	1569.36
荒漠→草地	343.65	0.00	2255.38	0.02	2819.78	0.02	5418.81
荒漠→湿地	34039.08	0.25	16013.42	0.16	24748.60	0.14	74801.10
荒漠→农田	104.10	0.00	352.47	0.00	1852.46	0.01	2309.03
荒漠→城镇	82.15	0.00	355.04	0.00	1487.14	0.01	1924.33
荒漠→冰川/永久积雪	1620.03	0.01	771.51	0.01	4328.29	0.03	6719.83
冰川/永久积雪→森林	0.00	0.00	0.09	0.00	0.00	0.00	0.09
冰川/永久积雪→灌丛	0.00	0.00	0.00	0.00	0.00	0.00	0.00
冰川/永久积雪→草地	15.03	0.00	1.04	0.00	4.34	0.00	20.41
冰川/永久积雪→湿地	103.54	0.00	1.53	0.00	36.54	0.00	141.61
冰川/永久积雪→荒漠	12296.38	0.09	1436.57	0.01	2615.93	0.02	16348.88

（三）生态系统格局变化分级评价

根据生态系统格局变化分级方法计算得出，十年来，西北地区 47 个国家级自然保护区中，生态系统格局变化情况为：明显改善 2 个，轻微改善 5 个，基本维持 37 个，轻微退化 1 个，明显退化 2 个（图 2.102 和图 2.103）。

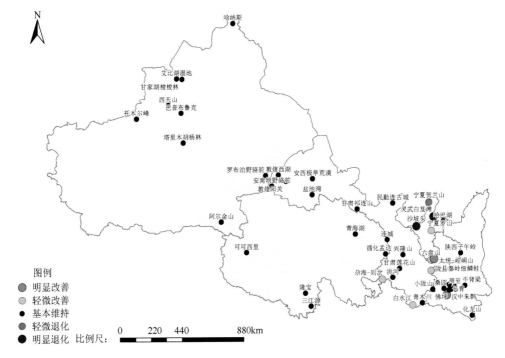

图 2.102　西北地区国家级自然保护区生态系统变化程度分级

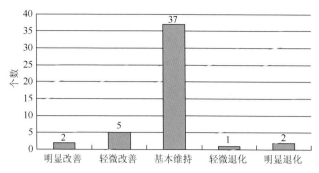

图 2.103　2000～2010 年西北地区国家级自然保护区生态系统变化程度统计图

西北五省中仅宁夏出现退化。宁夏国家级自然保护区退化率为 50%，6 个国家级自然保护区中 1 个轻微退化，为宁夏贺兰山国家级自然保护区；2 个明显退化，分别为灵武白芨滩和沙坡头国家级自然保护区。

同时，宁夏在西北五省中改善率也为最高，为 33.33%，6 个国家级自然保护区中 2 个轻微改善，分别为宁夏罗山、六盘山国家级自然保护区。宁夏国家级自然保护区生态系统格局变化南北不平衡现象比较明显，改善的自然保护区多集中在南部，退化的分布在北部（图 2.104）。

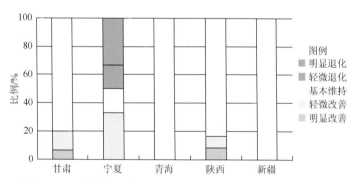

图 2.104　西北地区国家级自然保护区生态系统变化程度数量比

二、西北地区国家级自然保护区质量变化分析

（一）森林生态系统生物量变化

森林生态系统生物量增加。从表 2.66 和图 2.105 可以看出，2000～2010 年西北地区国家级自然保护区森林生态系统生物量大致呈上升趋势，2000 年为 6694.62 万 t，2005 年为 6892.64 万 t，2010 年为 7451.95 万 t。

表 2.66　2000～2010 年西北保护区森林生态系统生物量

年份	2000	2005	2010
生物量/万 t	6694.62	6892.64	7451.95

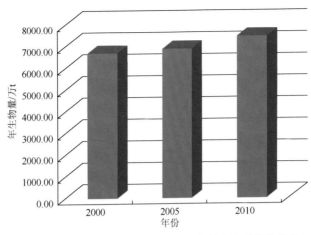

图 2.105　2000～2010 年西北保护区森林生态系统生物量

从表 2.67、图 2.106 和图 2.107 可以看出，西北地区国家级自然保护区森林生态系统的生物量基本呈好转面积占多数状态，其中正常浮动所占比例最高，达到 31.42%，其次是轻微好转和明显好转分别为 23.22% 和 23.18%，轻微退化占 17.55%，明显退化占 4.63%。其中，正常浮动主要集中在尕海—则岔、洮河、六盘山国家级自然保护区和甘肃祁连山国家级自然保护区的中部地区；好转区域主要集中在白水江、甘肃祁连山国家级自然保护区；轻微退化主要集中在连城和塔里木胡杨国家级自然保护区；正常浮动及好转区域主要集中在落叶阔叶林和常绿针叶林生态系统。好转趋势的增多主要是由于草地、湿地和荒漠生态系统向森林和灌丛生态系统转变，同时由于近些年降水量的增加致使植被出现较好的生长趋势，从而导致生物量的增加。

表 2.67　2000～2010 年西北保护区森林生态系统生物量变化趋势各等级面积及比例

统计参数	明显退化	轻微退化	正常浮动	轻微好转	明显好转
面积/km²	1157.13	4381.50	7844.31	5798.29	5786.50
比例/%	4.63	17.55	31.42	23.22	23.18

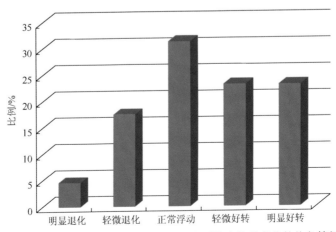

图 2.106　2000～2010 年西北保护区森林生态系统生物量变化趋势各等级比例

（二）其他生态系统年均净初级生产力变化

其他生态系统主要包括草原生态系统、湿地生态系统和其他类型生态系统。

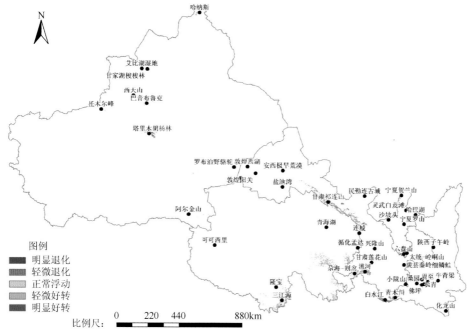

图 2.107　2000～2010 年西北保护区森林生态系统生物量变化趋势各等级空间分布

其他生态系统年均净初级生产力基本维持。从表 2.68、图 2.108 和图 2.109 可以看出，2000～2010 年西北保护区其他生态系统年均净初级生产力全部集中在低（0～6）、较低（6～12）和中（12～18）三个等级，低等级所占比例大部分在 95%以上，较低等级所占比例为 3%左右。其中，低等级中，所占比例最高的年份为 2003 年，为 98.57%，最低年份为 2000 年，为 96.12%；较低等级所占比例最高的年份为 2000 年，为 3.87%，最低年份为 2003 年，为 1.43%；中等等级所占面积都较小。

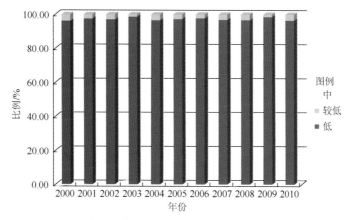

图 2.108　2000～2010 年西北保护区其他生态系统年均净初级生产力各等级比例

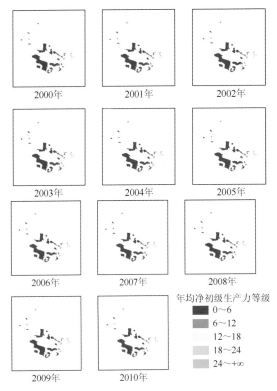

图 2.109　2000～2010 年西北保护区其他生态系统年均净初级生产力各等级时空分布

表 2.68　2000～2010 年西北保护区其他生态系统年均净初级生产力各等级面积与比例

年份	统计参数	低	较低	中
2000	面积/km²	362229.00	14599.13	4.75
	比例/%	96.12	3.87	0.00
2001	面积/km²	367457.25	9374.19	1.44
	比例/%	97.51	2.49	0.00
2002	面积/km²	365528.38	11303.25	1.25
	比例/%	97.00	3.00	0.00
2003	面积/km²	371446.00	5384.94	1.94
	比例/%	98.57	1.43	0.00
2004	面积/km²	363714.25	13111.56	7.06
	比例/%	96.52	3.48	0.00
2005	面积/km²	366453.19	10374.94	4.75
	比例/%	97.25	2.75	0.00
2006	面积/km²	368162.50	8669.44	0.94
	比例/%	97.70	2.30	0.00
2007	面积/km²	364714.31	12114.56	4.00
	比例/%	96.78	3.21	0.00
2008	面积/km²	363788.00	13038.31	6.56
	比例/%	96.54	3.46	0.00

续表

年份	统计参数	低	较低	中
2009	面积/km²	371044.00	5786.56	2.31
	比例/%	98.46	1.54	0.00
2010	面积/km²	363283.63	13547.56	1.69
	比例/%	96.40	3.60	0.00

从表 2.69 和图 2.110 可以看出，西北保护区其他生态系统净初级生产力年总量 2010 年最多，为 2286.67 万 t；2003 年最少，为 1899.87 万 t。

表 2.69 2000~2010 年西北保护区其他生态系统净初级生产力年总量 （单位：万 t）

年份	2000	2001	2002	2003	2004	2005	2006	2007	2008	2009	2010
净初级生产力	2187.71	1958.64	2069.74	1899.87	2145.23	2059.91	2048.76	2210.72	2100.89	2001.63	2286.67

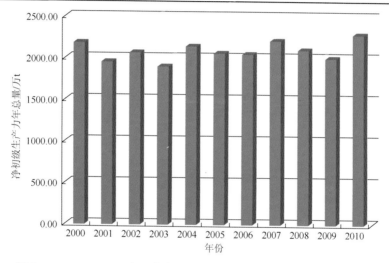

图 2.110 2000~2010 年西北保护区其他生态系统净初级生产力年总量

从表 2.70、图 2.111 和图 2.112 可以看出，西北保护区其他生态系统净初级生产力变化趋势大部分在正常浮动内。其中，正常浮动占 97.13%，明显退化占 0.01%，轻微退化占 0.88%，轻微好转占 1.96%，明显好转占 0.02%。明显好转区域主要分布在阿尔金山、可可西里、三江源、隆宝、青海湖、盐池湾、甘肃祁连山、宁夏贺兰山、安南坝野骆驼、罗布泊野骆驼、敦煌西湖、敦煌阳关、艾比湖湿地、托木尔峰、塔里木胡杨、巴音布鲁克和哈纳斯国家级自然保护区。其中正常浮动主要分布在草地和荒漠生态系统。

表 2.70 2000~2010 年西北地区其他生态系统净初级生产力变化趋势各等级面积及比例

统计参数	明显退化	轻微退化	正常浮动	轻微好转	明显好转
面积/km²	53.94	3327.31	366442.69	7384.81	65.75
比例/%	0.01	0.88	97.13	1.96	0.02

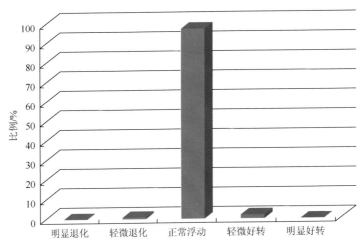

图 2.111　2000～2010 年西北保护区其他生态系统净初级生产力变化趋势各等级比例

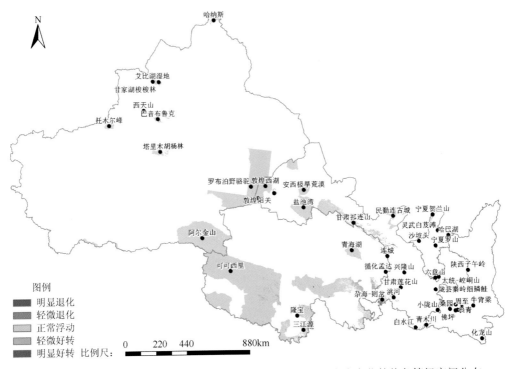

图 2.112　2000～2010 年西北保护区其他生态系统净初级生产力变化趋势各等级空间分布

三、小结

（1）西北地区国家级自然保护区包括森林、灌丛、草地、湿地、农田、城镇、荒漠、冰川/永久积雪 8 类生态系统类型。其中草地生态系统占比最高，其他生态系统依次为荒漠、湿地、灌丛、森林、冰川/永久积雪、农田和城镇。西北保护区中占比最高的为草地生态系统，2000 年占保护区面积的 51.03%，2010 年占 50.92%，面积略有下降。草地中以草原为主。其次为荒漠生态系统，2000 年占保护区面积的 32.22%，2010 年占 32.05%，面积略有下降。荒漠中以裸土为主。

（2）2000～2010 年西北保护区各功能分区一级生态系统类型转化中荒漠变更为湿地的面积最多，后面依次为草地变更为湿地、冰川/永久积雪变更为荒漠和湿地变更为荒漠等。有 74801.10hm² 的荒漠变更为湿地，转变最多的省份为青海，转变面积达 56781.61hm²，占变更面积的 75.91%；其次变更面积较大的是新疆，转变面积达 16757.65hm²，占变更面积的 22.40%；其他省份变更面积较小。这主要是由于青海的保护区加强了区内湿地的建设与保护，特别是加强了湿地植被的修复工作，使得被荒漠所吞噬的湿地逐渐被还原修复。

（3）2000～2010 年西北保护区森林生态系统生物量大致呈上升趋势，2000 年为 6694.62 万 t，2005 年为 6892.64 万 t，2010 年为 7451.95 万 t。西北保护区森林生态系统的生物量基本呈好转面积占多数状态，其中正常浮动所占比例最高，达到 31.42%，其次是轻微好转和明显好转分别为 23.22% 和 23.18%，轻微退化占 17.55%，明显退化占 4.63%。其中，正常浮动主要集中在尕海—则岔、洮河、六盘山国家级自然保护区和甘肃祁连山国家级自然保护区的中部地区；好转区域主要集中在白水江、甘肃祁连山国家级自然保护区；轻微退化主要集中在连城和塔里木胡杨国家级自然保护区；正常浮动及好转区域主要集中在落叶阔叶林和常绿针叶林生态系统。好转趋势的增多主要是由于草地、湿地和荒漠生态系统向森林和灌丛生态系统转变，同时由于近年来降水量的增加致使植被出现较好的生长趋势，从而导致生物量的增加。

（4）2000～2010 年西北保护区其他生态系统年均净初级生产力基本维持，全部集中在低、较低和中三个等级，低等级所占比例大部分在 95% 以上，较低等级所占比例为 3% 左右。其中，低等级中，所占比例最高的年份为 2003 年，为 98.57%，最低年份为 2000 年，为 96.12%；较低等级所占比例最高的年份为 2000 年，为 3.87%，最低年份为 2003 年，为 1.43%；中等等级所占面积都较小。西北保护区其他生态系统净初级生产力年总量 2010 年最多，为 2286.67 万 t；2003 年最少，为 1899.87 万 t。西北保护区其他生态系统净初级生产力变化趋势大部分在正常浮动内。其中，正常浮动占 97.13%，明显退化占 0.01%，轻微退化占 0.88%，轻微好转为 1.96%，明显好转为 0.02%。明显好转区域主要分布在阿尔金山、可可西里、三江源、隆宝、青海湖、盐池湾、甘肃祁连山、宁夏贺兰山、安南坝野骆驼、罗布泊野骆驼、敦煌西湖、敦煌阳关、艾比湖湿地、托木尔峰、塔里木胡杨、巴音布鲁克和哈纳斯国家级自然保护区。其中正常浮动主要分布在草地和荒漠生态系统。

第十节 各大区国家级自然保护区生态系统格局与质量变化比较

一、各大区国家级自然保护区生态系统格局变化比较

（一）一级生态系统动态变化

从表 2.71、表 2.72 和图 2.113 中可以看出：全国国家级自然保护区一级生态系统动态度表明，变化的生态系统类型占全国国家级自然保护区总面积的 1.02%，说明 2000～2010

年全国国家级自然保护区内一级生态系统动态变化是中度的。

全国七大区域国家级自然保护区一级生态系统动态度最高的为华中地区，为 9.39%，最小的为华南地区，仅为 0.25%。华中地区、华东地区和东北地区的一级生态系统动态度在均 3%以上，分别为 9.39%、5.05%和 3.79%，说明 2000～2010 年华中地区、华东地区和东北地区的国家级自然保护区内一级生态系统动态变化非常剧烈；华北地区的国家级自然保护区一级生态系统动态度为 2.73%，说明 2000～2010 年华北地区一级生态系统动态变化是剧烈的；西北地区和西南地区的国家级自然保护区一级生态系统动态度为 0.50%和 0.63%，说明 2000～2010 年西北地区和西南地区一级生态系统动态变化是轻微的；华南地区的国家级自然保护区一级生态系统动态度仅为 0.25%，说明 2000～2010 年华南地区一级生态系统动态变化是非常轻微的。

表 2.71　　各区国家级自然保护区一级生态系统动态度比较分析表　　（%）

地区	华东	华南	华北	华中	东北	西南	西北	全国
EC	5.05	0.25	2.73	9.39	3.79	0.63	0.50	1.02

表 2.72　　各区国家级自然保护区一级生态系统动态度级别表

变化级别	一级生态系统动态度/%
变化不大	0～0.5
轻微	0.5～1
中度	1～2
剧烈	2～3
非常剧烈	3 以上

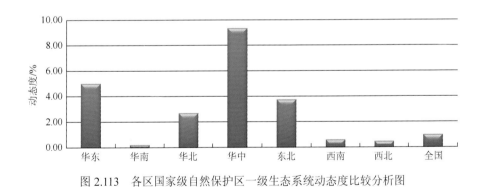

图 2.113　　各区国家级自然保护区一级生态系统动态度比较分析图

首先，全国七大区域中国家级自然保护区生态系统变化非常剧烈的从高到低依次为华中地区、华东地区和东北地区。

华中保护区中不论是核心区、缓冲区、实验区还是整个保护区，灌丛变更为森林的面积最多，后面依次为农田变更为湿地、农田变更为森林和农田变更为城镇。其中灌丛变更为森林、农田变更为湿地、农田变更为森林，对于华中地区国家级自然保护区的生态环境的保护是有利的，这主要是由于华中保护区为提高区内的森林覆盖率，不断完善保护区的森林生态系统，对林地进行较好地保护，采取人为恢复植被的相关措施，同时对保护区推动和实施了湿地恢复和保护工程，该项工程对于湿地生态环境和各类动植物资源的保护，促进人与自然和谐发展，增强生态效益和社会效益均十分显著。但华中保护区中有 1294.12hm^2 的湿地变更为农田，602.17hm^2 的森林变更为城镇，333.80hm^2 的湿地变更为城镇，271.31hm^2 的灌丛变更为农田，190.90hm^2 的湿地变更为裸地和147.58hm^2 的森林变更为农田等，对于自然保护区生态环境的保护是十分不利的，与自然保护区的管理是相悖的，保护区应该加强监管力度，使保护区内生态系统向有利的方向变化。

华东保护区中不论是核心区、缓冲区、实验区还是整个保护区，湿地变更为农田的面积最多，后面依次为海洋变更为湿地、农田变更为城镇、湿地变更为城镇、农田变更为湿地。其中有 7422.27hm^2 的海洋变更为湿地，占海洋面积的 2.74%。这是由于生态系统类型获取的季节和时间不同，加之之滩涂面积不断地外扩，以及在长江泥沙的淤积作用下，保护区形成了大片淡水到微咸水的沼泽地、潮沟和潮间带滩涂，使湿地面积增加，这是保护区自然形成的。有 2805.61hm^2 的农田变更为湿地，占农田面积的 2.51%。这是由于保护区的管理向有利于环境保护的方向发展，加大了对湿地生态环境和各类动植物资源的保护，促进了人与自然的和谐发展。有30763.26hm^2 的湿地变更为农田，占湿地面积的 9.34%，破坏了湿地生态系统。这使一些依赖于湿地生态系统的珍稀动植物生存环境发生改变，对于保护区生态环境的保护是不利的。有 4508.37hm^2 的农田变更为城镇，占农田面积的 4.03%；有 3333.76hm^2 的湿地变更为城镇，占湿地面积的 1.01%。这主要是由于华东地区近十年来保护区周边的城市乡镇不断向外扩张，对于建设用地面积的需求增多，致使原先的耕地被开发为建设用地，用于居民区的修建，而自然保护区是禁止进行工业化、城镇化的区域，因此这对于保护区的管理是不利的。

东北保护区中核心区内湿地变更为农田的面积最多，缓冲区和保护区内农田变更为湿地的面积最多，实验区内农田变更为森林的面积最多；其次为森林变更为农田、湿地变更为森林、草地变更为湿地。其中有 39620.32hm^2 的农田变更为湿地，33220.73hm^2 的农田变更为森林，7420.49hm^2 的草地变更为湿地，8302.74hm^2 的湿地变更为森林，这对于东北保护区的生态环境的保护是有利的。这主要是由于东北保护区不断完善保护区的森林生态系统，对林地进行较好地保护，采取人为恢复植被的相关措施，同时对保护区推动和实施了湿地恢复和保护措施，以维护湿地生态环境，保护各类动植物资源，促进人与自然和谐发展。但是有 26096.62hm^2 的森林变更农田，27873.91hm^2 的湿地变更为农田，1100.08hm^2 的森林变更为城镇。破坏森林生态系统和湿地生态系统以及自然保护区的城镇化，对于自然保护区的生态环境的保护是十分不利的，与自然保护区的管理是相悖的，保护区应该加强监管力度，使保护区内生态系统向有利的方向发展。

其次，全国七大区域中国家级自然保护区生态系统变化程度第四的为华北地区。

华北保护区的生态系统类型变化中湿地变更为草地的面积最多，后面依次为草地变更为城镇、湿地变更为裸地、灌丛变更为森林、草地变更为湿地、裸地变更为草地、草地变更为森林、农田变更为草地、草地变更为农田和灌丛变更为草地。其中，灌丛变更为森林，其面积为 11107.38hm^2；灌丛变更为草地，其面积为 3281.51hm^2；草地变更为森林，其面积为 4811.65hm²；农田变更为草地，其面积为 4462.22hm²；裸地变更为草地，其面积为 7069.54hm²。这对于华北保护区的生态环境的保护是有利的，改善了森林生态系统，维护了湿地生态环境。但是，草地变更为农田，其面积为 4235.22hm²；草地变更为城镇，其面积为 11779.54hm²；湿地变更为裸地，其面积为 11188.02hm²。其中城镇化建设使得城镇生态系统增多，对于自然保护区的生态环境的保护是十分不利的。

再次，全国七大区域中国家级自然保护区生态系统变化轻微的为西南地区和西北地区。

从西南地区国家级自然保护区各功能分区一级生态系统类型转化面积可以看出，整个西南地区国家级自然保护区草地变更为湿地的面积最多，后面依次为湿地变更为草地和荒漠变更为湿地等。其中有 156358.30hm² 的草地变更为湿地，34338.42hm² 的湿地变更为草地，3525.80hm² 的农田变更为森林，1075.65hm² 的农田变更为灌丛，2035.79hm² 的农田变更为草地，26644.46hm² 的荒漠变更为湿地，这对于保护区的草地和湿地的保护是有利的。这主要是由于西南地区国家级自然保护区不断完善保护区内的森林生态系统，对林地进行较好地保护，采取人为恢复植被的相关措施，同时对保护区推动和实施了湿地恢复和保护措施，以维护湿地生态环境，保护各类动植物资源，促进人与自然和谐发展。但是有 5582.20hm² 的森林变更为农田，187.40hm² 的灌丛变更为农田，138.78hm² 的草地变更为农田，947.30hm² 的湿地变更为农田，这与保护区的管理是相悖的，对保护区生态环境的保护是很不利的。

从西北地区国家级自然保护区各功能分区一级生态系统类型转化面积可以看出，整个西北地区国家级自然保护区荒漠变更为湿地的面积最多，后面依次为草地变更为湿地、冰川/永久积雪变更为荒漠和湿地变更为荒漠。其中有 74801.10hm² 的荒漠变更为湿地，44007.85hm² 的草地变更为湿地，这对保护区管理是积极的，增加了湿地的面积，保护了珍稀动植物的生境。但是有 16348.88hm² 的冰川/永久积雪变更为荒漠，9524.71hm² 的湿地变更为荒漠，1805.47hm² 的森林变更为农田，1043.44hm² 的灌丛变更为农田，5805.22hm² 的草地变更为农田，3999.81hm² 的草地变更为城镇，1807.94hm² 的草地变更为荒漠，9524.71hm² 的湿地变更为荒漠等，保护区耕地面积的增多和城镇化对保护区的生态环境的保护和管理是相当不利的。

最后，全国七大区域中国家级自然保护区生态系统变化程度最小的是华南地区。

从华南地区国家级自然保护区各功能分区一级生态系统类型转化面积可以看出，功能区生态系统类型变化主要有森林变更为农田、农田变更为森林、农田变更为城镇和农田变更为裸地。其中农田变更为森林，其面积为 164.95hm²，这是由于华南地区国家级自然保护区不断完善保护区内的森林生态系统，对林地进行较好地保护，采取人为恢复植被的相关措施，对保护区管理是有利的；但是部分森林变更为农田，其面积为 449.28hm²，农田变更为城镇，其面积为 366.30hm²，农田变更为裸地，其面积为 117.69hm²，保护区耕地面积的增多和城镇化与裸地化对保护区的生态环境的保护和管理是相当不利的。

（二）城镇化程度

从表 2.73 和表 2.74 与图 2.114 和图 2.115 中可以看出，全国七大区域国家级自然保护区中，华北地区的国家级自然保护区城镇化的程度最高，占全国国家级自然保护区城镇化的 34.07%；华南地区的国家级自然保护区城镇化的程度最低，为 0.96%；华东地区、西北地区和东北地区居中，其占全国国家级自然保护区城镇化的比例分别为 19.37%、16.94% 和 14.46%；华中地区和西南地区占比较少，分别为 9.18% 和 5.02%。

表 2.73　七大区域国家级自然保护区各生态系统类型变更为城镇生态系统统计表

区域	变更方式	面积总计/hm^2
华东地区	森林→城镇	381.17
	灌丛→城镇	327.30
	草地→城镇	154.03
	湿地→城镇	3333.76
	农田→城镇	4508.37
	裸地→城镇	2.71
	合计	8707.34
华南地区	海洋→城镇	7.25
	森林→城镇	36.19
	灌丛→城镇	0.09
	湿地→城镇	14.02
	农田→城镇	366.30
	裸地→城镇	5.54
	合计	429.39
华北地区	海洋→城镇	8.10
	森林→城镇	185.84
	灌丛→城镇	61.17
	草地→城镇	11779.54
	湿地→城镇	560.36
	农田→城镇	2537.12
	荒漠→城镇	30.83
	裸地→城镇	155.85
	合计	15318.81
华中地区	森林→城镇	602.17
	灌丛→城镇	68.52
	草地→城镇	3.54
	湿地→城镇	333.80
	农田→城镇	3103.35
	裸地→城镇	16.20
	合计	4127.58

区域	变更方式	面积总计/hm^2
东北地区	海洋→城镇	191.61
	森林→城镇	1100.08
	灌丛→城镇	1.52
	草地→城镇	42.73
	湿地→城镇	1195.36
	农田→城镇	3895.14
	荒漠→城镇	44.39
	裸地→城镇	31.59
	合计	6502.42
西南地区	森林→城镇	37.72
	灌丛→城镇	87.25
	草地→城镇	1280.04
	湿地→城镇	3.91
	农田→城镇	848.88
	荒漠→城镇	0.18
	合计	2257.98
西北地区	森林→城镇	11.00
	灌丛→城镇	197.01
	草地→城镇	3999.82
	湿地→城镇	14.50
	农田→城镇	1467.53
	荒漠→城镇	1924.33
	合计	7614.19
全国	海域→城镇	206.96
	森林→城镇	2354.17
	灌丛→城镇	812.78
	草地→城镇	17259.70
	湿地→城镇	5455.69
	农田→城镇	16726.69
	荒漠→城镇	2155.58
	冰川/永久积雪→城镇	55.00
	裸地→城镇	56.04
	合计	45082.61

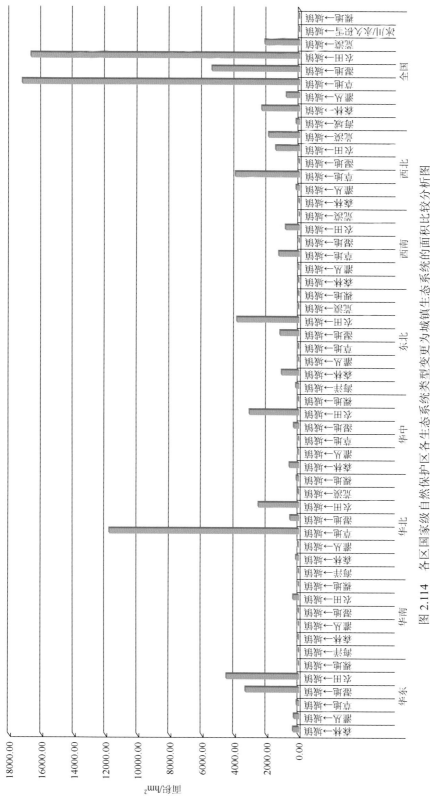

图 2.114　各区国家级自然保护区各生态系统类型变更为城镇生态系统的面积比较分析图

表 2.74　七大区域国家级自然保护区城镇化变更面积与比例统计表

区域	变更面积/hm²	比例/%
华东地区	8707.34	19.37
华南地区	429.39	0.96
华北地区	15318.81	34.07
华中地区	4127.58	9.18
东北地区	6502.42	14.46
西南地区	2257.98	5.02
西北地区	7614.19	16.94

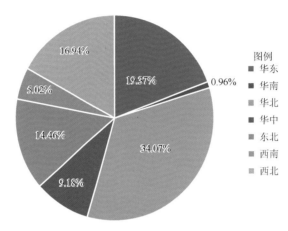

图 2.115　七大区域国家级自然保护区其他用地变更为城镇的比例分布图

　　全国七大区域国家级自然保护区城镇化程度从高到低依次为华北地区、华东地区、西北地区、东北地区、华中地区、西南地区和华南地区，其面积依次为 15318.81hm²、8707.34hm²、7614.19hm²、6502.42hm²、4127.58hm²、2257.98hm² 和 429.39hm²。其中华北地区国家级自然保护区的城镇化主要表现为草地变更为城镇的面积最多，为 11779.54hm²，后面依次为农田变更为城镇、湿地变更为城镇，面积分别为 2537.12hm² 和 560.35hm²；华东地区国家级自然保护区的城镇化主要表现为农田变更为城镇和湿地变更为城镇，其面积分别为 4508.37hm² 和 3333.76hm²；西北地区国家级自然保护区的城镇化主要表现为草地变更为城镇、荒漠变更为城镇、农田变更为城镇，其面积分别为 3999.81hm²、1924.33hm²、1467.52hm²；东北地区国家级自然保护区城镇化主要表现为农田变更为城镇、湿地变更为城镇、森林变更为城镇，其面积分别为 3895.14hm²、1195.36hm²、1100.08hm²；华中地区国家级自然保护区的城镇化主要表现为农田变更为城镇、森林变更为城镇、湿地变更为城镇，其面积分别为 3103.35hm²、602.17hm²、333.80hm²；西南地区国家级自然保护区的城镇化主要表现为草地变更为城镇和农田变更为城镇，其面积分别为 1280.04hm² 和 848.88hm²；华南地区国家级自然保护区的城镇化主要表现为农田变更为城镇，其面积为 366.30hm²。

　　因此，从以上描述中可以看出，全国七大区域国家级自然保护区都在一定程度地城镇化，其中华北地区城镇化程度最严重，华东地区、西北地区和东北地区城镇化程度居中，华中地区和西南地区国家级自然保护区城镇化程度较轻微，华南地区城镇化程度最低。而自然保护区在《全国主体功能区规划》中被确定为禁止开发区域，是禁止进行工业化、城镇化的区域。自然保护区的城镇化对保护区的生态环境的保护是很不利的，影响珍稀动植物的生境，使保护区内受保护的动植物数量减少，甚至面临灭绝的危险。因此，全国七大区域国家级自然保护区应该加强监管力度，使保护区内生态系统向有利的方向发展，要遏止自然保护区进一步城镇化。

全国国家级自然保护区一级生态系统动态度表明，变化的生态系统类型占全国国家级自然保护区总面积的 1.02%，说明 2000～2010 年全国国家级自然保护区内一级生态系统动态变化是中度的。

全国七大区域国家级自然保护区一级生态系统动态度按从高到低排列依次为：华中地区（9.39%）、华东地区（5.05%）、东北地区（3.79%）、华北地区（2.73%）、西南地区（0.63%）、西北地区（0.5%）、华南地区（0.25%）。

华中地区有 104506.85hm^2 的灌丛变更为森林，有 11206.20hm^2 的农田变更为湿地，转变最多的省份为河南，有 93822.73hm^2 的灌丛变更为森林，有 11206.20hm^2 的农田变更为湿地，转变最多的省份为河南；有 10304.40hm^2 的农田变更为湿地，因此华中地区动态度变化非常剧烈，大部分是对保护区有利的变化。

华东地区的主要转化为 30763.26hm^2 的湿地变更为农田，转变最多的省份为江苏，主要是近十年来江苏沿海自然保护区滩涂围垦造成的。华东地区动态变化非常剧烈，大部分是对保护区不利的变化。

东北地区的主要变化为 39620.32hm^2 的农田变更为湿地，有 27873.91hm^2 的湿地变更为农田，有 33220.73hm^2 的农田变更为森林，有 26096.62hm^2 的森林变更为农田，以上转化均集中在黑龙江。湿地和森林向农田的转变是不利的变化，但是也有农田转变为湿地和森林，而且有利的变化面积更多，表明黑龙江整体上是在向好的方向转变的。

华北地区的主要变化为湿地变更为草地，其面积为 42372.78hm^2；草地变更为城镇，其面积为 11779.54hm^2；湿地变更为荒漠/裸地，其面积为 12725.13hm^2。以上转化面积大部分集中在内蒙古，主要原因是湿地退化和人工占用。灌丛变更为森林，其面积为 11107.38hm^2，转变最多的是山西；草地变更为湿地和其面积为 7218.14hm^2，转变最多的是内蒙古。华北地区中内蒙古和山西变化剧烈，内蒙古以不利转化居多，山西则向有利方向发展。

西南地区的草地变更为湿地的面积最多，有 156358.30hm^2 的草地变更为湿地，这主要是近些年来在全球气候变暖的大背景下，西藏地区冰雪融化，降雨量增加，湖泊、湿地面积增加造成的，属于有利转化。

西北地区的主要变化为 74801.10hm^2 的荒漠变更为湿地，转变最多的省份为青海，其次是新疆，主要是由于两个地区加强了湿地植被的修复工作，使得被荒漠所吞噬的湿地逐渐被还原修复；有 44007.85hm^2 的草地变更为湿地，转变最多的省份为新疆，其次是青海，西北地区的转化大部分为有利转化。

华南地区的主要转化为森林变更为农田，其面积为 449.28hm^2，转变面积最多的是广东，主要是近十年来保护区的森林违规开垦为农田所致；农田变更为森林，其面积为 164.95hm^2，转变最多的是海南，这主要是由于在耕地上种植涵养水土的绿树，增加林地面积；农田变更为城镇，其面积为 366.30hm^2，主要集中在海南，主要是因为海南经济迅速发展，作为旅游开发城市，大量进行城市建设，农田被建设用地占用所造成的。华南地区总体转化面积较小，变化轻微。

（三）生态系统格局变化分级评价

近十年来，七大区域国家级自然保护区生态系统格局在基本维持的基础上，表现出一定的不平衡趋势。东北地区、华东地区、华北地区退化的保护区数量多于改善的保护区数量；华中地区、华南地区、西南地区、西北地区则相反，改善的保护区数量略多于退化的保护区数量（图 2.116）。

东北地区和华东地区退化较为明显。其中，东北地区国家级自然保护区退化率最高，达到 27.08%，各省均出现明显退化；华东地区退化率为 21.28%，以江苏、安徽、浙江三省最为明显，其中江苏 3 个国家级自然保护区均出现明显退化迹象。

华中地区和华南地区改善较为明显。其中，华中地区改善率达到 31.58%，以湖北、湖南两省较为显著，改善率分别达到 40.00% 和 35.29%；华南地区改善率达到 22.22%，以海南、广西两省较为明显，改善率分别为 33.33% 和 31.25%。

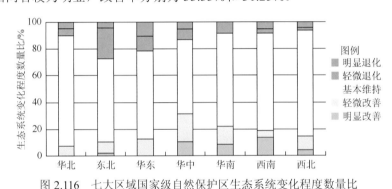

图 2.116　七大区域国家级自然保护区生态系统变化程度数量比

二、各大区国家级自然保护区生态系统质量变化比较

中国幅员辽阔，地区经济发展水平差异明显，以下对华东地区、华南地区、华北地区、华中地区、东北地区、西南地区、西北地区七个区域分别进行分析（表 2.75、图 2.117）。

1. 华东地区

华东地区 2000～2010 年国家级自然保护区生态质量变化情况为改善 33 个，基本维持 13 个，退化 1 个。各省市中，浙江改善率最高，达到 88.89%，共有 8 个国家级自然保护区生态质量趋于改善，主要是由于人为恢复植被和生态。各省市中退化率最高的是江苏，为 33.33%，3 个国家级自然保护区中的泗洪洪泽湖湿地国家级自然保护区有所退化，主要是由于养殖业、捕捞业、编织业、种植业的发展，同时也面临承载人口过多、对水资源损毁作用加大等问题。

2. 华南地区

华南地区 2000～2010 年国家级自然保护区生态质量变化情况为改善 28 个，基本维持

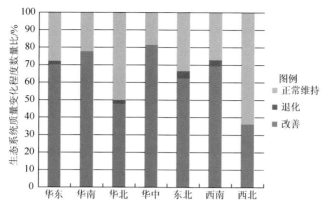

图 2.117 全国国家级自然保护区生态系统质量变化程度数量比

8 个。各省市中，广西改善率最高，达到 93.75%，共有 15 个国家级自然保护区生态质量趋于改善，主要是由于人为恢复植被和生态。

3. 华北地区

华北地区 2000～2010 年国家级自然保护区生态质量变化情况为改善 21 个，基本维持 22 个，退化 1 个。各省市中，改善率最高的为北京，达到 100%，2 个国家级自然保护区全部改善，改善主要由于人为恢复植被和生态；其次为山西，达到 80%。各省市中退化率最高的为内蒙古，退化率达到 4.35%，主要由于沙漠化土地面积急剧增加。

4. 华中地区

华中地区 2000～2010 年国家级自然保护区生态质量变化情况为改善 31 个，基本维持 7 个。各省市中，改善率最高的为湖南，达到 100%，17 个国家级自然保护区生态质量均趋于好转；改善率最低的为湖北，达到 60%，华中地区的改善率达到 81.58%，主要由于人为恢复植被和生态。

5. 东北地区

东北地区 2000～2010 年国家级自然保护区生态质量变化情况为改善 30 个，基本维持 16 个，退化 2 个。各省市中，改善率最高的为辽宁，达到 66.67%，共有 8 个国家级自然保护区生态质量趋于好转；退化率最高的同样是辽宁，退化率达到 8.33%；吉林的退化率为 7.69%。东北地区呈退化趋势的国家级自然保护区为双台河口国家级自然保护区和伊通火山群国家级自然保护区。

6. 西南地区

西南地区 2000～2010 年生态质量变化情况为改善 41 个，基本维持 16 个，退化 2 个。各省市中，改善率最高的为重庆，改善率达到 100%，辖区内的 3 个国家级自然保护区的生态质量均趋于好转。退化率最高的为西藏，退化率达到 11.11%，有 1 个国家级自然保护区生态质量趋于退化，为羌塘国家级自然保护区，这种趋势主要是由于该地区以高原高寒荒漠草原为主，植被和植物极其脆弱，受到开垦破坏就较难恢复；四川的退化率达到 4.35%，有 1 个国家级自然保护区生态质量趋于退化，为白水河国家级自然保护区。

表 2.75　全国国家级自然保护区生态质量变化评价表

名称	类型	显著退化/km²	占比/%	轻微退化/km²	占比/%	正常浮动/km²	占比/%	轻微转好/km²	占比/%	明显转好/km²	占比/%	合计/km²	总体状况
百花山	森林生态	0.16	0.07	3.46	1.58	24.69	11.23	50.28	22.87	141.23	64.25	219.82	改善
北京松山	森林生态	0.10	0.26	0.17	0.44	7.07	18.14	14.81	38.03	16.80	43.13	38.95	改善
八仙山	森林生态	2.32	5.94	10.38	26.53	15.48	39.55	6.45	16.48	4.50	11.50	39.13	基本维持
古海岸与湿地	古生物遗迹	2.07	2.34	23.17	26.14	54.63	61.64	8.58	9.68	0.17	0.20	88.62	基本维持
蓟县中、上元古界地层剖面	地质遗迹	0.12	1.68	1.23	17.11	1.91	26.62	1.58	21.96	2.35	32.63	7.19	改善
昌黎黄金海岸	海洋海岸	0.80	1.35	10.04	16.96	45.01	76.01	3.32	5.61	0.04	0.07	59.21	基本维持
柳江盆地地质遗迹	地质遗迹	0.00	0.00	0.70	15.17	2.33	50.38	0.48	10.31	1.12	24.15	4.63	改善
小五台山	森林生态	0.16	0.07	1.38	0.56	22.92	9.32	36.30	14.77	185.02	75.28	245.78	改善
泥河湾	地质遗迹	0.00	0.00	0.00	0.00	2.71	78.47	0.74	21.53	0.00	0.00	3.45	基本维持
大海陀	森林生态	0.06	0.06	0.77	0.76	18.77	18.50	18.00	17.74	63.85	62.94	101.45	改善
河北雾灵山	森林生态	6.55	5.05	27.16	20.94	36.18	27.89	33.10	25.52	26.73	20.61	129.72	基本维持
茅荆坝	森林生态	1.96	0.56	24.06	6.88	59.78	17.09	89.19	25.49	174.87	49.98	349.86	改善
滦河上游	森林生态	0.97	0.22	12.95	2.97	53.89	12.35	62.70	14.36	305.99	70.10	436.50	改善
塞罕坝	森林生态	0.16	0.09	3.66	2.02	59.23	32.66	53.70	29.61	64.63	35.63	181.38	改善
围场红松洼	草原草甸	3.08	1.77	11.65	6.68	41.42	23.78	24.86	14.27	93.20	53.50	174.21	改善
衡水湖	内陆湿地	0.85	1.83	6.29	13.52	30.58	65.78	8.72	18.76	0.05	0.11	46.49	基本维持
历山	森林生态	3.42	2.90	15.27	12.94	39.16	33.20	37.63	31.90	22.49	19.06	117.97	改善
芦芽山	野生动物	0.48	0.24	3.88	1.94	70.10	35.13	34.65	17.36	90.45	45.33	199.56	改善
庞泉沟	野生动物	0.51	0.35	1.01	0.69	11.28	7.75	22.56	15.50	110.20	75.71	145.56	改善
五鹿山	野生动物	0.21	0.12	0.31	0.17	12.21	6.64	40.91	22.24	130.26	70.83	183.90	改善
阳城莽河猕猴	野生动物	4.05	7.58	19.79	37.05	14.82	27.75	6.84	12.81	7.92	14.82	53.42	基本维持
阿鲁科尔沁	草原草甸	2.66	0.22	73.29	5.95	1128.41	91.59	25.01	2.03	2.71	0.22	1232.08	基本维持

续表

名称	类型	显著退化/km²	占比/%	轻微退化/km²	占比/%	正常浮动/km²	占比/%	轻微转好/km²	占比/%	明显转好/km²	占比/%	合计/km²	总体状况
白音敖包	森林生态	0.41	0.28	6.99	4.86	123.64	85.88	5.88	4.08	7.05	4.90	143.97	基本维持
达赉湖	内陆湿地	35.28	0.46	511.58	6.62	6916.00	89.54	234.98	3.04	25.83	0.33	7723.67	基本维持
达里诺尔	野生动物	11.54	1.02	229.94	20.38	870.08	77.12	10.81	0.96	5.89	0.52	1128.26	基本维持
大黑山	森林生态	1.06	0.21	9.90	1.97	41.07	8.17	65.18	12.97	385.48	76.68	502.69	改善
大青沟	森林生态	0.00	0.00	0.12	0.16	6.11	8.19	6.90	9.26	61.40	82.39	74.53	改善
大兴安岭汗马	森林生态	10.73	1.01	59.98	5.64	424.05	39.89	193.53	18.20	374.87	35.26	1063.16	改善
额尔古纳	森林生态	4.48	0.38	56.62	4.75	420.46	35.30	209.62	17.60	499.80	41.97	1190.98	改善
额济纳胡杨林	荒漠生态	2.93	1.13	10.13	3.92	214.33	83.00	19.65	7.61	11.19	4.33	258.23	基本维持
鄂尔多斯遗鸥	野生动物	0.15	0.15	0.02	0.02	93.14	89.51	10.74	10.32	0.00	0.00	104.05	基本维持
鄂托克恐龙遗迹化石	古生物遗迹	0.00	0.00	0.22	0.05	461.03	99.64	1.37	0.30	0.09	0.02	462.71	基本维持
哈腾套海	荒漠生态	0.00	0.00	0.00	0.00	1041.22	93.71	54.45	4.90	15.48	1.39	1111.15	基本维持
黑里河	森林生态	0.66	0.29	9.82	4.33	57.60	25.39	67.54	29.77	91.24	40.22	226.86	改善
红花尔基樟子松林	森林生态	17.21	8.69	18.50	9.34	52.20	26.36	34.35	17.34	75.80	38.27	198.06	改善
辉河	内陆湿地	8.31	0.14	1399.52	24.00	4417.78	75.75	2.85	0.05	3.55	0.06	5832.01	基本维持
科尔沁	野生动物	1.85	0.18	62.75	6.11	911.83	88.78	27.33	2.66	23.36	2.27	1027.12	基本维持
内蒙古大青山	森林生态	2.96	0.08	170.12	4.56	1898.17	50.94	342.44	9.19	1312.93	35.23	3726.62	改善
内蒙古贺兰山	森林生态	4.16	0.70	42.84	7.26	392.03	66.42	77.85	13.19	73.33	12.42	590.21	基本维持
赛罕乌拉	森林生态	94.33	10.96	418.08	48.60	264.64	30.76	48.17	5.60	35.07	4.08	860.29	退化
图牧吉	草原草甸	18.49	3.69	24.20	4.83	284.26	56.73	135.23	26.99	38.87	7.76	501.05	基本维持
乌拉特梭梭林—蒙古野驴	荒漠生态	0.08	0.01	0.32	0.02	1561.81	99.77	1.57	0.10	1.58	0.10	1565.36	基本维持
西鄂尔多斯	野生植物	0.16	0.00	0.90	0.02	4569.42	98.30	26.85	0.58	51.23	1.10	4648.56	基本维持

续表

名称	类型	显著退化/km²	占比/%	轻微退化/km²	占比/%	正常浮动/km²	占比/%	轻微转好/km²	占比/%	明显转好/km²	占比/%	合计/km²	总体状况
锡林郭勒草原	草原草甸	15.64	0.25	746.51	11.71	5440.21	85.37	135.08	2.12	35.28	0.55	6372.72	基本维持
白石砬子	森林生态	0.38	0.52	1.80	2.49	18.33	25.36	6.98	9.66	44.80	61.97	72.29	改善
北票鸟化石	古生物遗迹	0.13	0.36	0.31	0.90	4.56	13.13	4.86	13.99	24.88	71.63	34.74	改善
成山头海滨湿地貌	地质遗迹	0.13	7.19	0.35	20.05	0.67	38.36	0.21	11.92	0.39	22.47	1.75	基本维持
大连斑海豹	野生动物	0.92	3.91	2.53	10.81	12.23	52.20	2.54	10.86	5.21	22.22	23.43	基本维持
丹东鸭绿江口湿地	海洋海岸	2.28	1.47	15.31	9.89	131.01	84.59	4.21	2.72	2.06	1.33	154.87	基本维持
海棠山	森林生态	0.23	0.25	8.20	8.92	29.42	32.00	24.60	26.75	29.51	32.09	91.96	改善
恒仁老秃顶子	森林生态	0.32	0.23	6.61	4.64	51.21	35.95	14.33	10.06	69.99	49.13	142.46	改善
辽宁仙人洞	森林生态	0.16	0.43	0.43	1.10	5.71	14.85	5.98	15.55	26.20	68.07	38.48	改善
努鲁儿虎山	森林生态	0.90	0.86	3.21	3.05	15.44	14.67	21.41	20.34	64.29	61.08	105.25	改善
蛇岛老铁山	野生动物	2.15	3.83	9.53	16.95	14.60	25.98	9.64	17.14	20.29	36.10	56.21	改善
双台河口	野生动物	5.16	0.92	363.40	64.77	168.78	30.08	20.17	3.60	3.53	0.63	561.04	退化
医巫闾山	森林生态	0.73	0.64	19.62	17.13	52.66	45.96	16.02	13.98	25.54	22.29	114.57	改善
查干湖	内陆湿地	3.45	0.76	33.94	7.48	355.22	78.29	42.96	9.47	18.15	4.00	453.72	基本维持
大布苏	地质遗迹	0.61	0.76	4.77	5.97	74.34	92.99	0.17	0.21	0.06	0.07	79.95	基本维持
哈泥	内陆湿地	0.54	0.23	16.31	6.99	52.18	22.37	14.31	6.13	149.97	64.28	233.31	改善
珲春东北虎	野生动物	3.66	0.37	38.84	3.88	351.34	35.14	105.52	10.55	500.57	50.06	999.93	改善
吉林长白山	森林生态	16.75	0.87	136.48	7.13	747.56	39.03	212.83	11.11	801.52	41.85	1915.14	改善
龙湾	内陆湿地	0.48	0.35	3.76	2.74	18.46	13.42	11.15	8.11	103.67	75.38	137.52	改善
莫莫格	野生动物	36.77	3.95	236.29	25.36	582.53	62.51	52.03	5.58	24.30	2.61	931.92	基本维持
松花江三湖	森林生态	8.01	0.65	103.91	8.45	333.86	27.15	87.08	7.08	696.62	56.66	1229.48	改善
天佛指山	野生植物	1.87	0.25	24.91	3.30	286.99	38.05	107.07	14.20	333.34	44.20	754.18	改善

续表

名称	类型	显著退化/km²	占比/%	轻微退化/km²	占比/%	正常浮动/km²	占比/%	轻微转好/km²	占比/%	明显转好/km²	占比/%	合计/km²	总体状况
向海	内陆湿地	8.23	1.19	93.35	13.47	498.77	71.94	37.78	5.45	55.16	7.96	693.29	基本维持
鸭绿江上游	野生动物	0.24	0.23	6.63	6.38	16.29	15.68	9.99	9.62	70.73	68.09	103.88	改善
雁鸣湖	内陆湿地	4.83	1.64	50.69	17.18	93.92	31.83	37.39	12.67	108.25	36.68	295.08	改善
伊通火山群	地质遗迹	0.29	31.79	0.20	22.01	0.27	29.97	0.00	0.00	0.15	16.23	0.91	退化
八岔岛	内陆湿地	3.34	1.92	80.87	46.50	76.60	44.04	5.56	3.20	7.54	4.34	173.91	基本维持
宝清七星河	内陆湿地	0.18	0.11	0.23	0.14	160.12	98.53	1.99	1.23	0.00	0.00	162.52	基本维持
大沽河湿地	内陆湿地	1.09	0.08	154.45	11.86	440.62	33.83	209.92	16.12	496.46	38.11	1302.54	改善
东方红湿地	内陆湿地	0.31	0.21	4.96	3.38	85.01	58.05	10.15	6.93	46.01	31.42	146.44	改善
丰林	森林生态	0.63	0.33	12.48	6.54	46.40	24.32	16.48	8.64	114.77	60.16	190.76	改善
黑龙江凤凰山	野生植物	2.31	0.94	7.06	2.86	56.45	22.88	18.05	7.32	162.80	66.00	246.67	改善
黑龙江双河	森林生态	0.86	0.10	15.87	1.89	120.70	14.37	130.89	15.59	571.44	68.05	839.76	改善
红星湿地	内陆湿地	3.33	0.31	131.26	12.42	321.82	30.45	198.71	18.80	401.77	38.01	1056.89	改善
洪河	内陆湿地	0.00	0.00	0.06	0.03	209.02	98.66	2.79	1.32	0.00	0.00	211.87	基本维持
呼中	森林生态	32.69	2.02	81.64	5.03	472.72	29.15	357.44	22.04	677.39	41.77	1621.88	改善
凉水	森林生态	0.31	0.27	10.03	8.73	41.32	35.95	19.14	16.65	44.14	38.40	114.94	改善
挠力河	内陆湿地	21.01	1.77	261.01	21.97	804.04	67.69	18.91	1.59	82.85	6.98	1187.82	基本维持
饶河东北黑蜂	野生动物	103.74	2.26	320.24	6.97	1168.03	25.41	348.53	7.58	2656.72	57.79	4597.26	改善
三江	内陆湿地	24.17	3.27	201.07	27.19	464.35	62.80	15.52	2.10	34.27	4.63	739.38	基本维持
胜山	森林生态	4.41	0.75	19.35	3.30	177.96	30.37	161.36	27.54	222.89	38.04	585.97	基本维持
乌伊岭	内陆湿地	0.97	0.24	49.82	12.58	82.31	20.78	66.44	16.78	196.48	49.61	396.02	改善
五大连池	地质遗迹	8.45	2.85	46.23	15.60	157.26	53.07	32.11	10.84	52.29	17.65	296.34	基本维持
兴凯湖	内陆湿地	22.37	1.26	43.42	2.44	1533.68	86.25	163.95	9.22	14.73	0.83	1778.15	基本维持

续表

名称	类型	显著退化/km²	占比/%	轻微退化/km²	占比/%	正常浮动/km²	占比/%	轻微转好/km²	占比/%	明显转好/km²	占比/%	合计/km²	总体状况
扎龙	野生动物	9.54	0.38	73.02	2.87	2186.95	85.97	263.74	10.37	10.53	0.41	2543.78	基本维持
珍宝岛湿地	内陆湿地	4.90	2.08	19.59	8.32	165.63	70.33	20.23	8.59	25.14	10.68	235.49	基本维持
牡丹峰	森林生态	0.50	0.31	5.20	3.22	21.49	13.31	13.13	8.13	121.20	75.03	161.52	改善
穆棱东北红豆杉	野生植物	1.15	0.28	13.70	3.30	89.16	21.45	33.30	8.01	278.43	66.97	415.74	改善
南瓮河	内陆湿地	29.26	1.33	227.75	10.37	1058.38	48.19	267.14	12.16	613.83	27.95	2196.36	改善
崇明东滩鸟类	野生动物	0.00	0.00	1.72	5.49	11.29	36.04	10.00	31.93	8.31	26.54	31.32	改善
九段沙湿地	内陆湿地	0.00	0.00	0.03	0.12	18.62	82.00	3.97	17.50	0.09	0.38	22.71	基本维持
大丰麋鹿	野生动物	0.04	0.22	1.36	7.09	7.37	38.26	8.26	42.89	2.22	11.54	19.25	改善
洪泽洪泽湖湿地	内陆湿地	81.33	19.37	159.83	38.06	167.67	39.93	11.09	2.64	0.04	0.01	419.96	退化
盐城湿地珍禽	野生动物	48.76	3.53	100.43	7.26	799.08	57.77	320.21	23.15	114.73	8.29	1383.21	基本维持
大盘山	野生植物	0.14	0.34	1.01	2.54	13.68	34.33	10.08	25.28	14.96	37.52	39.87	改善
凤阳山—百山祖	森林生态	4.22	4.28	6.56	6.65	30.85	31.30	18.62	18.89	38.32	38.88	98.57	改善
古田山	森林生态	0.26	0.29	4.88	5.50	37.32	42.05	17.77	20.03	28.51	32.12	88.74	改善
临安清凉峰	森林生态	1.48	0.90	7.59	4.59	61.12	37.00	27.84	16.85	67.17	40.66	165.20	改善
南麂列岛	海洋海岸	0.89	8.55	0.01	0.09	6.25	60.12	1.54	14.77	1.71	16.47	10.40	基本维持
乌岩岭	森林生态	0.57	0.30	18.22	9.71	63.26	33.71	21.82	11.63	83.79	44.65	187.66	改善
长兴地质遗迹	地质遗迹	0.09	5.82	0.24	15.55	0.52	33.82	0.31	20.12	0.38	24.69	1.54	改善
浙江九龙山	野生植物	0.35	0.65	5.85	10.92	16.65	31.05	14.43	26.92	16.33	30.47	53.61	改善
浙江天目山	野生植物	0.77	1.84	2.21	5.32	17.46	42.00	8.66	20.85	12.46	29.99	41.56	改善
古牛绛	森林生态	0.38	0.58	1.53	2.32	14.62	22.18	5.60	8.50	43.78	66.42	65.91	改善
金寨天马	森林生态	4.53	1.83	15.06	6.10	107.77	43.66	37.29	15.11	82.19	33.30	246.84	改善
升金湖	野生动物	14.98	7.72	50.80	26.18	84.24	43.41	28.77	14.83	15.25	7.86	194.04	基本维持

续表

名称	类型	显著退化/km²	占比/%	轻微退化/km²	占比/%	正常浮动/km²	占比/%	轻微转好/km²	占比/%	明显转好/km²	占比/%	合计/km²	总体状况
铜陵淡水豚	野生动物	0.33	0.22	5.47	3.75	112.60	77.24	23.91	16.40	3.47	2.38	145.78	基本维持
扬子鳄	野生动物	1.83	1.69	12.10	11.19	39.11	36.19	22.61	20.92	32.41	30.00	108.06	改善
鹞落坪	森林生态	0.96	0.85	3.22	2.86	48.79	43.38	27.99	24.89	31.50	28.00	112.46	改善
戴云山	森林生态	1.36	0.98	10.71	7.74	51.68	37.36	20.81	15.04	53.78	38.87	138.34	改善
福建武夷山	森林生态	2.79	0.53	52.16	9.96	123.33	23.55	122.74	23.43	222.78	42.53	523.80	改善
虎伯寮	森林生态	2.99	3.44	6.68	7.70	26.06	30.02	23.29	26.82	27.81	32.03	86.83	改善
将乐龙栖山	森林生态	1.25	0.83	9.33	6.21	40.23	26.77	33.39	22.22	66.07	43.97	150.27	改善
君子峰	森林生态	0.24	0.13	11.06	5.82	67.45	35.51	41.28	21.73	69.91	36.81	189.94	改善
梁野山	森林生态	0.99	0.64	8.97	5.79	42.77	27.60	26.75	17.26	75.49	48.72	154.97	改善
梅花山	森林生态	0.39	0.17	19.08	8.39	33.15	14.57	33.34	14.65	141.63	62.23	227.59	改善
闽江源	森林生态	0.91	0.71	14.18	10.99	32.60	25.26	21.89	16.96	59.49	46.09	129.07	改善
厦门珍稀海洋物种	野生动物	2.99	14.46	1.16	5.63	12.54	60.66	1.33	6.45	2.64	12.79	20.66	基本维持
深沪湾海底古森林遗迹	古生物遗迹	0.02	0.68	0.34	11.46	2.27	77.63	0.20	6.69	0.10	3.54	2.93	基本维持
天宝岩	野生植物	3.66	3.50	6.49	6.20	19.62	18.74	15.24	14.55	59.73	57.02	104.74	改善
漳江口红树林	海洋海岸	0.29	2.27	1.51	11.82	9.79	76.58	0.85	6.66	0.34	2.66	12.78	基本维持
官山	森林生态	0.53	0.48	4.09	3.70	35.52	32.10	22.28	20.14	48.21	43.58	110.63	改善
江西马头山	森林生态	0.06	0.04	15.23	10.71	49.83	35.04	21.71	15.27	55.37	38.94	142.30	改善
江西武夷山	森林生态	0.29	0.20	18.37	12.80	46.19	32.17	25.85	18.00	52.86	36.82	143.56	改善
井冈山	森林生态	1.65	0.80	12.33	5.99	63.36	30.76	43.51	21.12	85.15	41.34	206.00	改善
九连山	森林生态	9.94	7.95	10.64	8.51	27.97	22.38	16.64	13.31	59.79	47.84	124.98	改善
鄱阳湖候鸟	野生动物	0.13	0.05	7.53	3.14	123.05	51.28	96.61	40.26	12.63	5.26	239.95	基本维持

续表

名称	类型	显著退化/km²	占比/%	轻微退化/km²	占比/%	正常浮动/km²	占比/%	轻微转好/km²	占比/%	明显转好/km²	占比/%	合计/km²	总体状况
鄱阳湖南矶湿地	野生动物	0.16	0.05	2.25	0.71	53.78	16.86	149.93	47.02	112.77	35.36	318.89	改善
桃红岭梅花鹿	野生动物	0.20	0.15	2.64	2.03	55.48	42.58	36.63	28.11	35.34	27.13	130.29	改善
滨州贝壳堤岛与湿地	海洋海岸	0.01	0.00	7.54	2.91	249.25	96.12	2.28	0.88	0.24	0.09	259.32	基本维持
黄河三角洲	海洋海岸	55.53	6.22	19.42	2.17	584.10	65.38	141.42	15.83	92.87	10.40	893.34	基本维持
昆嵛山	森林生态	6.77	5.62	6.83	5.67	16.53	13.72	19.12	15.87	71.23	59.12	120.48	改善
马山	地质遗迹	0.08	4.71	0.37	22.39	0.63	38.31	0.07	4.52	0.49	30.08	1.64	改善
荣成大天鹅	野生动物	0.02	0.21	0.48	6.08	7.29	92.77	0.07	0.94	0.00	0.00	7.86	基本维持
山旺古生物化石	古生物遗迹	0.00	0.00	0.00	0.61	0.43	82.15	0.03	6.39	0.06	10.85	0.52	基本维持
长岛	野生动物	0.00	0.00	0.03	0.34	4.09	40.50	4.92	48.68	1.06	10.48	10.10	改善
宝天曼	森林生态	0.00	0.00	1.18	1.92	21.55	35.10	22.44	36.56	16.21	26.41	61.38	改善
丹江湿地	内陆湿地	2.58	0.64	8.52	2.11	122.51	30.36	164.15	40.68	105.75	26.21	403.51	改善
董寨	野生动物	0.62	0.19	6.71	2.03	51.86	15.71	84.48	25.60	186.34	56.46	330.01	改善
伏牛山	森林生态	0.22	0.04	18.42	2.95	246.84	39.50	149.58	23.94	209.82	33.58	624.88	改善
河南黄河湿地	内陆湿地	14.82	7.25	56.34	27.56	100.38	49.10	16.24	7.94	16.65	8.15	204.43	基本维持
鸡公山	森林生态	0.01	0.06	0.46	2.02	8.03	34.92	8.82	38.37	5.66	24.63	22.98	改善
连康山	森林生态	0.00	0.00	3.07	2.72	32.37	28.68	34.26	30.36	43.18	38.25	112.88	改善
南阳恐龙蛋化石群	古生物遗迹	1.94	0.46	15.87	3.76	137.03	32.49	106.97	25.36	159.93	37.92	421.74	改善
太行山猕猴	野生动物	88.14	15.66	142.62	25.33	120.30	21.37	73.08	12.98	138.81	24.66	562.95	基本维持
小秦岭	森林生态	26.59	17.75	36.29	24.22	31.39	20.95	18.35	12.25	37.20	24.83	149.82	基本维持
新乡黄河湿地鸟类	内陆湿地	2.49	4.97	6.19	12.35	17.55	34.98	10.81	21.54	13.13	26.16	50.17	改善
九宫山	森林生态	0.32	0.19	2.41	1.44	67.44	40.32	41.61	24.88	55.46	33.16	167.24	改善
龙感湖	内陆湿地	0.00	0.00	0.04	0.03	8.43	6.27	49.36	36.70	76.68	57.01	134.51	改善

续表

名称	类型	显著退化/km²	占比/%	轻微退化/km²	占比/%	正常浮动/km²	占比/%	轻微转好/km²	占比/%	明显转好/km²	占比/%	合计/km²	总体状况
七姊妹山	野生植物	0.12	0.04	6.69	1.97	129.23	37.95	82.12	24.12	122.34	35.93	340.50	改善
神农架	森林生态	2.05	0.30	28.75	4.19	298.33	43.44	193.17	28.12	164.54	23.96	686.84	改善
石首麋鹿	野生动物	0.00	0.00	0.23	5.14	3.48	78.63	0.69	15.68	0.02	0.55	4.42	基本维持
五峰后河	森林生态	0.12	0.03	5.40	1.43	125.94	33.39	114.13	30.26	131.56	34.88	377.15	改善
星斗山	野生植物	0.67	0.11	12.29	2.02	133.59	22.00	141.05	23.24	319.47	52.62	607.07	改善
长江天鹅洲白鱀豚	野生动物	0.00	0.00	0.22	4.04	3.11	55.87	2.23	40.08	0.00	0.00	5.56	基本维持
长江新螺段白鱀豚	野生动物	8.23	4.27	65.95	34.25	102.42	53.19	13.96	7.25	2.00	1.04	192.56	基本维持
青龙山恐龙蛋化石群	古生物遗迹	0.00	0.99	0.01	5.36	0.11	50.11	0.08	37.53	0.01	6.01	0.21	基本维持
八大公山	森林生态	1.29	0.32	10.31	2.52	140.58	34.34	114.45	27.96	142.76	34.87	409.39	改善
八面山	森林生态	0.17	0.15	4.00	3.48	26.06	22.68	25.40	22.10	59.29	51.59	114.92	改善
东洞庭湖	野生动物	4.89	0.34	37.45	2.64	669.22	47.12	603.95	42.53	104.61	7.37	1420.12	改善
壶瓶山	森林生态	2.26	0.35	10.12	1.58	276.85	43.12	203.43	31.69	149.32	23.26	641.98	改善
湖南舜皇山	森林生态	5.64	3.15	7.74	4.33	40.31	22.57	31.81	17.81	93.11	52.13	178.61	改善
黄桑	森林生态	0.19	0.11	8.22	4.90	42.77	25.52	26.54	15.84	89.89	53.63	167.61	改善
借母溪	森林生态	0.01	0.00	1.70	1.44	45.60	38.53	30.96	26.16	40.09	33.87	118.36	改善
六步溪	森林生态	1.36	1.07	1.79	1.40	29.67	23.18	51.22	40.01	43.97	34.35	128.01	改善
莽山	森林生态	0.66	0.37	12.67	7.20	49.38	28.06	37.43	21.26	75.88	43.11	176.02	改善
南岳衡山	森林生态	0.37	0.26	7.88	5.51	39.50	27.62	36.02	25.19	59.22	41.42	142.99	改善
乌云界	森林生态	2.85	0.87	8.43	2.58	63.31	19.39	139.87	42.84	112.05	34.32	326.51	改善
小溪	森林生态	0.16	0.07	4.07	1.73	81.47	34.60	58.72	24.93	91.07	38.67	235.49	改善
炎陵桃源洞	森林生态	0.95	0.42	15.20	6.73	64.79	28.69	52.39	23.20	92.50	40.96	225.83	改善
阳明山	森林生态	0.37	0.33	8.67	7.67	25.53	22.59	21.25	18.80	57.19	50.61	113.01	改善

续表

名称	类型	显著退化/km²	占比/%	轻微退化/km²	占比/%	正常浮动/km²	占比/%	轻微转好/km²	占比/%	明显转好/km²	占比/%	合计/km²	总体状况
鹰嘴界	森林生态	0.04	0.03	4.27	3.00	50.38	35.41	25.94	18.23	61.63	43.32	142.26	改善
永州都庞岭	森林生态	6.06	3.10	9.25	4.74	36.03	18.45	33.12	16.96	110.83	56.75	195.29	改善
张家界天鹅	野生动物	0.01	0.40	0.10	2.91	1.23	37.08	0.89	26.91	1.09	32.71	3.32	改善
牛八岭	森林生态	1.33	1.84	4.75	6.57	18.63	25.79	12.89	17.84	34.66	47.96	72.26	改善
丹霞山	地质遗迹	1.53	0.68	12.43	5.49	62.21	27.46	67.24	29.68	83.13	36.69	226.54	改善
鼎湖山	森林生态	0.00	0.00	0.69	6.09	3.56	31.51	2.39	21.19	4.65	41.20	11.29	改善
雷州珍稀海洋生物	野生动物	0.00	0.00	0.05	3.53	1.34	88.84	0.09	5.97	0.03	1.66	1.51	基本维持
南岭	森林生态	2.15	0.37	29.98	5.19	147.31	25.49	121.63	21.04	276.93	47.91	578.00	改善
内伶仃岛—福田	海洋海岸	0.66	14.28	0.06	1.34	0.51	11.06	0.61	13.15	2.80	60.17	4.64	改善
象头山	森林生态	3.42	3.35	5.00	4.90	23.48	23.03	21.19	20.78	48.89	47.94	101.98	改善
徐闻珊瑚礁	海洋海岸	0.00	0.00	0.00	0.00	5.10	93.32	0.36	6.57	0.01	0.12	5.47	基本维持
湛江红树林	海洋海岸	0.15	0.30	0.33	0.65	39.25	78.11	8.98	17.88	1.54	3.07	50.25	基本维持
珠江口中华白海豚	野生动物	0.00	0.00	0.00	0.00	0.00	100.00	0.00	0.00	0.00	0.00	0.00	基本维持
惠东港口海龟	野生动物	0.15	23.46	0.15	23.25	0.00	0.00	0.17	26.36	0.17	26.93	0.64	改善
北仑河口	海洋海岸	0.75	5.98	0.54	4.28	5.29	42.13	2.40	19.12	3.58	28.50	12.56	改善
岑王老山	森林生态	0.54	0.31	2.12	1.20	25.31	14.34	24.78	14.04	123.77	70.12	176.52	改善
大明山	森林生态	2.65	1.53	10.94	6.33	37.68	21.79	31.76	18.37	89.90	51.99	172.93	改善
大瑶山	森林生态	1.42	0.59	12.26	5.10	46.05	19.18	45.18	18.81	135.23	56.32	240.14	改善
防城金花茶	野生植物	0.00	0.00	2.45	2.78	34.44	38.96	20.71	23.42	30.80	34.85	88.40	改善
合浦营盘港—英罗港儒艮	野生动物	0.00	0.00	0.00	0.00	0.92	91.31	0.09	8.69	0.00	0.00	1.01	基本维持
金钟山黑颈长尾雉	野生动物	1.48	0.87	5.95	3.50	53.04	31.18	36.43	21.41	73.23	43.04	170.13	改善

续表

名称	类型	显著退化/km²	占比/%	轻微退化/km²	占比/%	正常浮动/km²	占比/%	轻微转好/km²	占比/%	明显转好/km²	占比/%	合计/km²	总体状况
九万山	森林生态	0.84	0.33	9.37	3.63	53.68	20.76	47.43	18.35	147.19	56.94	258.51	改善
猫儿山	森林生态	5.42	3.29	8.49	5.15	32.93	19.96	28.42	17.23	89.70	54.38	164.96	改善
木论	森林生态	0.90	0.59	4.52	2.94	34.68	22.51	22.38	14.53	91.56	59.44	154.04	改善
弄岗	森林生态	1.24	1.21	6.94	6.75	29.29	28.48	22.37	21.75	43.01	41.82	102.85	改善
千家洞	森林生态	7.49	6.18	9.48	7.82	24.96	20.60	21.80	18.00	57.41	47.39	121.14	改善
山口红树林	海洋海岸	1.44	6.56	0.42	1.91	6.53	29.66	5.64	25.62	7.98	36.25	22.01	改善
十万大山	森林生态	0.39	0.07	16.47	2.81	113.83	19.43	115.11	19.64	340.17	58.05	585.97	改善
雅长兰科植物	野生植物	0.05	0.02	3.25	1.51	52.08	24.17	43.28	20.08	116.83	54.21	215.49	改善
花坪	野生植物	0.37	0.38	2.97	3.01	19.13	19.40	17.58	17.83	58.55	59.38	98.60	改善
霸王岭	野生动物	0.39	0.13	10.92	3.73	85.07	29.02	74.12	25.29	122.62	41.83	293.12	改善
大田	野生动物	0.14	1.12	0.47	3.85	4.45	36.12	3.01	24.38	4.26	34.54	12.33	改善
大洲岛	海洋海岸	0.06	1.58	0.25	6.25	0.31	7.77	0.50	12.59	2.85	71.81	3.97	改善
吊罗山	森林生态	3.54	1.96	7.53	4.16	41.29	22.79	16.44	9.08	112.33	62.02	181.13	改善
东寨港	海洋海岸	0.15	1.04	1.72	11.95	6.37	44.27	4.47	31.07	1.68	11.68	14.39	基本维持
尖峰岭	森林生态	0.65	0.27	12.45	5.26	57.88	24.43	52.60	22.20	113.30	47.83	236.88	改善
三亚珊瑚礁	海洋海岸	2.28	27.09	0.51	6.06	1.37	16.21	0.75	8.95	3.52	41.69	8.43	基本维持
铜鼓岭	海洋海岸	0.36	5.33	0.25	3.75	1.96	29.39	0.94	14.13	3.17	47.39	6.68	改善
五指山	森林生态	0.00	0.00	2.10	1.59	28.98	21.87	20.42	15.41	81.02	61.14	132.52	改善
大巴山	森林生态	22.05	1.83	70.04	5.80	615.85	51.00	115.55	9.57	384.16	31.81	1207.65	改善
金佛山	野生植物	5.63	1.63	20.27	5.88	122.45	35.52	81.52	23.65	114.87	33.32	344.74	改善
缙云山	森林生态	0.34	0.59	2.42	4.26	11.84	20.85	12.06	21.23	30.14	53.06	56.80	改善
长江上游珍稀、特有鱼类	野生动物	0.56	0.37	2.05	1.35	54.95	36.08	31.15	20.45	63.60	41.76	152.31	改善

续表

名称	类型	显著退化/km²	占比/%	轻微退化/km²	占比/%	正常浮动/km²	占比/%	轻微转好/km²	占比/%	明显转好/km²	占比/%	合计/km²	总体状况
虹口	森林生态	46.60	16.28	35.18	12.29	35.19	12.30	30.06	10.51	139.14	48.62	286.17	改善
白水河	森林生态	120.75	42.26	52.72	18.45	39.80	13.93	18.91	6.62	53.52	18.73	285.70	退化
攀枝花苏铁	野生植物	0.24	1.93	0.46	3.76	4.45	36.51	2.25	18.48	4.79	39.32	12.19	改善
画稿溪	野生植物	0.30	0.13	11.79	5.17	56.14	24.62	45.21	19.83	114.60	50.26	228.04	改善
王朗	野生动物	3.91	1.19	28.45	8.69	209.77	64.04	32.52	9.93	52.89	16.15	327.54	基本维持
雪宝顶	野生动物	10.33	1.51	120.64	17.62	203.28	29.69	78.77	11.50	271.77	39.69	684.79	改善
米仓山	森林生态	0.83	0.38	9.04	4.13	69.92	31.93	70.32	32.11	68.87	31.45	218.98	改善
唐家河	野生动物	5.76	1.54	16.41	4.39	57.56	15.41	54.64	14.63	239.23	64.03	373.60	改善
马边大风顶	野生动物	91.49	25.20	27.35	7.53	84.61	23.30	57.64	15.88	102.01	28.09	363.10	基本维持
长宁竹海	森林生态	0.02	0.01	1.24	0.98	27.71	22.04	23.75	18.89	73.01	58.07	125.73	改善
花萼山	森林生态	8.24	2.51	32.71	9.95	138.34	42.08	70.74	21.52	78.73	23.95	328.76	改善
蜂桶寨	野生动物	14.62	3.62	21.77	5.39	101.21	25.06	61.24	15.16	205.12	50.78	403.96	改善
卧龙	野生动物	80.54	3.86	114.63	5.49	1148.61	55.04	228.13	10.93	514.90	24.67	2086.81	改善
九寨沟	野生动物	10.96	1.68	52.92	8.09	416.28	63.63	73.45	11.23	100.58	15.37	654.19	基本维持
小金四姑娘山	野生动物	5.74	1.02	26.16	4.65	441.71	78.51	22.57	4.01	66.44	11.81	562.62	基本维持
若尔盖湿地	内陆湿地	0.10	0.01	19.70	1.16	1549.75	91.55	122.36	7.23	0.97	0.06	1692.88	基本维持
贡嘎山	森林生态	60.73	1.54	115.21	2.91	2766.05	69.94	304.30	7.69	708.74	17.92	3955.03	基本维持
察青松多白唇鹿	野生动物	10.46	0.74	50.83	3.59	1126.64	79.67	87.07	6.16	139.10	9.84	1414.10	基本维持
长沙贡玛	野生动物	1.94	0.03	49.18	0.73	6362.97	94.67	252.37	3.75	54.97	0.82	6721.43	基本维持
海子山	内陆湿地	47.70	1.05	197.67	4.34	3332.09	73.24	378.65	8.32	593.68	13.05	4549.79	基本维持
亚丁	森林生态	16.15	1.13	60.16	4.20	746.58	52.17	211.89	14.81	396.36	27.70	1431.14	改善
美姑大风顶	野生动物	21.13	4.28	40.11	8.12	184.78	37.40	90.84	18.39	157.20	31.82	494.06	改善

续表

名称	类型	显著退化/km²	占比/%	轻微退化/km²	占比/%	正常浮动/km²	占比/%	轻微转好/km²	占比/%	明显转好/km²	占比/%	合计/km²	总体状况
赤水桫椤	野生植物	0.00	0.00	5.43	4.51	42.64	35.44	24.79	20.61	47.45	39.44	120.31	改善
梵净山	森林生态	21.18	5.16	14.89	3.63	107.94	26.31	69.26	16.88	197.01	48.02	410.28	改善
宽阔水	森林生态	0.77	0.33	3.92	1.67	48.87	20.77	88.51	37.62	93.22	39.62	235.29	改善
雷公山	森林生态	7.91	1.72	17.72	3.85	156.96	34.07	69.38	15.06	208.69	45.30	460.66	改善
麻阳河	野生动物	0.80	0.31	4.52	1.73	87.54	33.46	75.07	28.70	93.68	35.81	261.61	改善
茂兰	森林生态	3.81	2.04	8.98	4.80	58.95	31.51	32.95	17.61	82.40	44.04	187.09	改善
威宁草海	内陆湿地	0.09	0.14	0.61	0.89	51.59	75.34	13.61	19.88	2.58	3.76	68.48	基本维持
习水中亚热带常绿阔叶林	森林生态	0.85	0.15	20.60	3.60	184.22	32.18	125.30	21.89	241.51	42.19	572.48	改善
哀牢山	森林生态	3.02	1.87	7.00	4.35	32.27	20.04	27.96	17.36	90.81	56.38	161.06	改善
白马雪山	森林生态	88.39	3.23	149.73	5.47	1277.85	46.65	410.14	14.97	813.30	29.69	2739.41	改善
苍山洱海	内陆湿地	69.93	7.45	153.04	16.31	327.43	34.89	115.69	12.33	272.31	29.02	938.40	改善
大山包黑颈鹤	野生动物	1.16	0.96	4.70	3.89	84.73	70.10	21.46	17.76	8.82	7.29	120.87	基本维持
高黎贡山	森林生态	158.02	4.64	173.46	5.09	1433.14	42.05	343.00	10.06	1300.28	38.15	3407.90	改善
黄连山	森林生态	12.18	2.13	49.39	8.64	119.68	20.94	97.22	17.01	293.08	51.28	571.55	改善
会泽黑颈鹤	野生动物	2.92	3.39	7.63	8.84	23.24	26.93	35.18	40.77	17.32	20.07	86.29	改善
金平分水岭	森林生态	50.60	12.32	42.57	10.37	75.93	18.49	75.75	18.45	165.75	40.37	410.60	改善
纳板河流域	森林生态	16.68	7.11	31.35	13.37	51.57	21.99	40.12	17.10	94.83	40.43	234.55	改善
南滚河	野生动物	11.49	2.08	31.11	5.63	109.87	19.88	94.06	17.02	306.02	55.38	552.55	改善
文山	森林生态	13.66	5.54	16.86	6.84	47.07	19.10	40.25	16.33	128.61	52.19	246.45	改善
无量山	森林生态	27.13	8.41	28.00	8.68	49.67	15.39	51.34	15.91	166.55	51.61	322.69	改善
西双版纳	森林生态	101.78	3.80	242.81	9.07	588.22	21.98	484.33	18.10	1258.76	47.04	2675.90	改善

续表

名称	类型	显著退化/km²	占比/%	轻微退化/km²	占比/%	正常浮动/km²	占比/%	轻微转好/km²	占比/%	明显转好/km²	占比/%	合计/km²	总体状况
药山	森林生态	4.63	2.40	8.53	4.42	62.45	32.37	37.60	19.49	79.72	41.32	192.93	改善
永德大雪山	森林生态	11.40	6.65	12.99	7.57	26.74	15.58	27.34	15.93	93.14	54.27	171.61	改善
云南大围山	森林生态	23.99	4.16	48.50	8.41	141.68	24.55	114.53	19.85	248.34	43.04	577.04	改善
察隅慈巴沟	森林生态	29.99	3.20	64.55	6.89	458.70	48.93	109.22	11.65	274.95	29.33	937.41	改善
拉鲁湿地	内陆湿地	0.67	5.55	1.26	10.46	5.96	49.37	3.38	27.98	0.80	6.64	12.07	基本维持
类乌齐马鹿	野生动物	6.39	0.52	44.64	3.63	1094.73	89.13	35.88	2.92	46.56	3.79	1228.20	基本维持
珠穆朗玛峰	森林生态	678.05	2.10	686.85	2.13	29102.80	90.24	787.18	2.44	996.68	3.09	32251.56	基本维持
雅鲁藏布大峡谷	森林生态	431.23	4.69	1796.50	19.52	3104.99	33.74	1321.95	14.36	2548.61	27.69	9203.28	改善
雅鲁藏布江中游河谷黑颈鹤	野生动物	339.65	6.08	924.22	16.53	4124.43	73.77	143.20	2.56	59.36	1.06	5590.86	基本维持
芒康滇金丝猴	野生动物	91.29	2.55	359.56	10.05	1483.79	41.48	625.73	17.49	1016.58	28.42	3576.95	改善
羌塘	荒漠生态	207.66	0.07	278733.95	94.61	15198.91	5.16	234.60	0.08	235.49	0.08	294610.61	退化
色林错	野生动物	39.01	0.15	925.41	3.65	24243.30	95.68	122.89	0.48	8.30	0.03	25338.91	基本维持
佛坪	野生动物	1.68	0.59	28.00	9.78	114.80	40.11	78.07	27.28	63.67	22.24	286.22	改善
汉中朱鹮	野生动物	2.58	1.11	15.27	6.57	93.88	40.42	53.59	23.07	66.96	28.83	232.28	改善
化龙山	森林生态	1.55	0.56	9.91	3.57	106.60	38.38	44.05	15.86	115.65	41.64	277.76	改善
陇县秦岭细鳞鲑	野生动物	0.00	0.00	0.00	0.00	0.03	28.99	0.06	52.50	0.02	16.58	0.11	改善
牛背梁	野生动物	0.27	0.16	8.69	5.16	65.99	39.20	52.00	30.89	41.40	24.59	168.35	改善
青木川	野生动物	0.00	0.00	1.76	1.99	24.01	27.22	35.30	40.02	27.14	30.77	88.21	改善
桑园	野生动物	0.31	0.22	11.18	7.89	43.71	30.84	37.55	26.49	48.97	34.55	141.72	改善
陕西子午岭	森林生态	0.00	0.00	0.42	0.11	65.28	16.75	220.92	56.67	103.20	26.47	389.82	改善
太白山	森林生态	7.32	1.31	43.03	7.72	250.44	44.95	135.33	24.29	121.10	21.73	557.22	改善

续表

名称	类型	显著退化/km²	占比/%	轻微退化/km²	占比/%	正常浮动/km²	占比/%	轻微转好/km²	占比/%	明显转好/km²	占比/%	合计/km²	总体状况
天华山	野生动物	5.37	2.06	44.37	16.98	99.13	37.94	52.20	19.98	60.20	23.04	261.27	改善
长青	野生动物	6.14	2.12	33.18	11.46	99.14	34.24	69.81	24.11	81.27	28.07	289.54	改善
周至	野生动物	4.33	0.78	22.78	4.11	176.05	31.79	199.53	36.03	151.17	27.29	553.86	改善
安西极旱荒漠	荒漠生态	0.05	0.00	2.39	0.03	7439.61	99.59	24.17	0.32	4.35	0.06	7470.57	基本维持
敦煌西湖	野生动物	0.00	0.00	0.55	0.01	7164.29	99.93	4.35	0.06	0.09	0.00	7169.28	基本维持
尕海—则岔	森林生态	56.75	2.27	960.13	38.33	1376.11	54.94	81.88	3.27	29.92	1.19	2504.79	基本维持
甘肃祁连山	森林生态	247.71	0.97	1844.12	7.24	20150.65	79.15	1497.25	5.88	1718.73	6.75	25458.46	基本维持
连城	森林生态	33.19	7.23	81.73	17.81	277.87	60.55	45.62	9.94	20.49	4.47	458.90	基本维持
民勤连古城	荒漠生态	0.00	0.00	0.98	0.03	3870.74	99.82	5.33	0.14	0.85	0.02	3877.90	基本维持
洮河	森林生态	52.73	1.89	391.25	14.05	1501.92	53.95	527.55	18.95	310.46	11.15	2783.91	基本维持
盐池湾	野生动物	0.01	0.00	0.13	0.00	13594.76	99.83	10.67	0.08	12.22	0.09	13617.79	基本维持
安南坝野骆驼	野生动物	0.00	0.00	0.00	0.00	3991.59	100.00	0.08	0.00	0.00	0.00	3991.67	基本维持
白水江	野生动物	18.63	1.07	79.64	4.56	468.01	26.81	426.65	24.44	752.46	43.11	1745.39	改善
敦煌阳关	内陆湿地	0.00	0.00	0.07	0.01	856.73	99.67	2.20	0.26	0.53	0.06	859.53	基本维持
甘肃莲花山	森林生态	0.97	0.98	20.64	20.95	42.29	42.94	19.81	20.12	14.78	15.01	98.49	基本维持
大统—岭峋山	森林生态	0.93	0.62	14.65	9.80	76.00	50.84	41.17	27.55	16.72	11.18	149.47	基本维持
小陇山	野生动物	0.00	0.00	10.50	3.51	87.65	29.29	78.79	26.33	122.33	40.88	299.27	改善
兴隆山	森林生态	4.02	1.44	48.40	17.35	126.17	45.24	66.56	23.87	33.73	12.09	278.88	基本维持
可可西里	野生动物	0.03	0.00	8.98	0.02	51191.71	99.89	46.50	0.09	0.59	0.00	51247.81	基本维持
隆宝	野生动物	0.00	0.00	0.36	0.34	97.57	93.51	6.41	6.15	0.00	0.00	104.34	基本维持
青海湖	野生动物	0.04	0.00	69.36	1.20	5635.79	97.24	90.50	1.56	0.30	0.01	5795.99	基本维持
三江源	内陆湿地	501.84	0.32	2276.76	1.46	144338.80	92.55	7560.16	4.85	1276.36	0.82	155953.92	基本维持

续表

名称	类型	显著退化/km²	占比/%	轻微退化/km²	占比/%	正常浮动/km²	占比/%	轻微转好/km²	占比/%	明显转好/km²	占比/%	合计/km²	总体状况
循化孟达	森林生态	2.35	1.33	16.24	9.16	93.62	52.82	48.45	27.34	16.58	9.35	177.24	基本维持
哈巴湖	荒漠生态	1.60	0.20	3.89	0.50	623.52	79.49	24.69	3.15	130.69	16.66	784.39	基本维持
灵武白芨滩	荒漠生态	0.20	0.02	0.51	0.06	745.23	92.04	18.34	2.27	45.44	5.61	809.72	基本维持
六盘山	森林生态	2.10	0.35	29.56	4.90	224.23	37.19	199.77	33.14	147.18	24.41	602.84	改善
宁夏贺兰山	森林生态	2.66	0.15	20.19	1.16	1464.31	84.39	126.97	7.32	121.02	6.97	1735.15	基本维持
宁夏罗山	森林生态	0.05	0.02	0.47	0.16	179.45	61.81	49.57	17.07	60.76	20.93	290.30	改善
沙坡头	荒漠生态	2.36	2.02	2.77	2.37	53.76	46.02	38.51	32.96	19.43	16.63	116.83	改善
阿尔金山	荒漠生态	0.55	0.00	12.86	0.03	46785.24	99.80	70.19	0.15	12.25	0.03	46881.09	基本维持
艾比湖湿地	内陆湿地	0.64	0.02	20.58	0.73	2768.04	98.67	13.84	0.49	2.27	0.08	2805.37	基本维持
巴音布鲁克	野生动物	0.73	0.05	296.59	21.30	1087.42	78.09	7.82	0.56	0.00	0.00	1392.56	基本维持
甘家湖梭梭林	荒漠生态	1.59	0.39	10.80	2.64	382.89	93.57	10.68	2.61	3.24	0.79	409.20	基本维持
哈纳斯	森林生态	5.21	0.24	136.31	6.33	1851.30	85.94	132.00	6.13	29.26	1.36	2154.08	基本维持
罗布泊野骆驼	野生动物	0.94	0.00	3.44	0.01	48436.46	99.86	49.50	0.10	13.91	0.03	48504.25	基本维持
塔里木胡杨	荒漠生态	185.97	4.83	447.97	11.62	3001.02	77.87	143.14	3.71	75.98	1.97	3854.08	基本维持
托木尔峰	森林生态	7.56	0.32	74.95	3.13	2258.99	94.41	34.32	1.43	16.89	0.71	2392.71	基本维持
西天山	森林生态	2.33	0.77	86.39	28.40	184.59	60.69	27.07	8.90	3.78	1.24	304.16	正常维持

7. 西北地区

西北地区 2000～2010 年生态质量变化情况为改善 17 个，基本维持 30 个。各省市中，改善率最高的为陕西，改善率达到 100%，12 个国家级自然保护区的生态质量变化情况均趋于好转。西北地区无国家级自然保护区处于退化状态。

2000～2010 年全国国家级自然保护区生态系统质量改善程度总体上呈华中＞华南＞华东＞西南＞东北＞华北＞西北的规律，生态系统质量改善的数量分别占各区域国家级自然保护区总数的 81.58%、77.78%、70.21%、69.49%、62.5%、47.73%和 36.17%。生态系统质量退化程度呈东北＞西南＞华北＞华东＞华南＝华中＝西北的规律，东北、西南、华北、华东的国家级自然保护区生态系统质量退化的数量分别占各区域国家级自然保护区总数的 4.17%、3.39%、2.27%和 2.13%，华南、华中和西北的退化率均为 0。

第十一节　各类型国家级自然保护区生态系统格局变化程度比较

一、各类型国家级自然保护区生态系统转化比较

2000～2010 年各类型国家级自然保护区中野生动物类型自然保护区生态系统转化面积最大。从图 2.118 可以看出该类型自然保护区转化面积占全国国家级自然保护区转化总面积的 31.05%，其次为内陆湿地和水域生态系统类型与荒漠生态系统类型，分别占总转化面积的 27.67%和 26.36%；核心区生态系统转化面积最多的是荒漠生态系统类型保护区，占核心区总转化面积的 33.44%；其次为野生动物类型自然保护区，为 29.81%；缓冲区生态系统转化面积最多的是荒漠生态系统类型自然保护区，占缓冲区总转化面积的 35.33%，其次为野生动物类型自然保护区，为 30.07%；实验区生态系统类型转化面积最多的是内陆湿地和水域生态系统类型自然保护区，占实验区总转化面积的 33.29%，其次为野生动物类型自然保护区，为 32.5%。

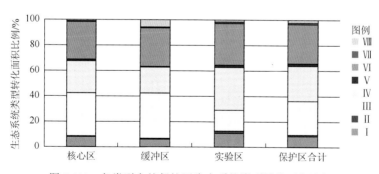

图 2.118　各类型自然保护区生态系统类型转化面积比例

Ⅰ：森林生态系统类型；Ⅱ：草原与草甸生态系统类型；Ⅲ：荒漠生态系统类型；Ⅳ：内陆湿地和水域生态系统类型；Ⅴ：海洋和海岸生态系统类型；Ⅵ：野生动物类型；Ⅶ：野生植物类型；Ⅷ：自然遗迹类型

二、各类型国家级自然保护区生态系统动态度总体评价

按照自然保护区一级生态系统动态度分级方法，将不同类型国家级自然保护区一级生

态系统动态度分为五级，即变化不大、轻微、中度、剧烈、非常剧烈。

地质遗迹和古生物遗迹国家级自然保护区生态系统动态度最高。从表2.76和图2.119中可以看出：全国八类生态类型国家级自然保护区一级生态系统动态度最高的为自然遗迹类型国家级自然保护区，高达9.13%，说明自然遗迹类型国家级自然保护区变化非常剧烈；最小的为森林生态系统类型国家级自然保护区，仅为0.61%。海洋和海岸生态系统类型国家级自然保护区一级生态动态度位于第二，为3.20%，属于剧烈变化；内陆湿地和水域生态系统类型、野生动物类型、草原与草甸生态系统类型的一级生态系统动态度变动在1%～2%，分别为1.36%、1.35%和1.34%，说明2000～2010年内陆湿地和水域生态系统类型、野生动物类型、草原与草甸生态系统类型的国家级自然保护区内一级生态系统动态变化属于中度变化；野生植物类型、荒漠生态系统类型、森林生态类型国家级自然保护区一级生态系统动态度在0.5%～1%，分别为0.85%、0.72%、0.61%，属于轻微变化。

表2.76　各类型国家级自然保护区一级生态系统动态度比较分析表

生态系统类型	一级生态系统动态度（EC）/%
森林生态系统类型	0.61
草原与草甸生态系统类型	1.34
内陆湿地和水域生态系统类型	1.36
自然遗迹类型	9.13
海洋和海岸生态系统类型	3.20
野生植物类型	0.85
野生动物类型	1.35
荒漠生态系统类型	0.72

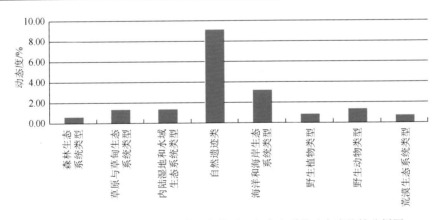

图2.119　全国各类型国家级自然保护区一级生态系统动态度比较分析图

三、各类型国家级自然保护区生态系统格局变化综合对比

自然遗迹类型国家级自然保护区退化率最高。根据现有类型划分的原则，8种类型国家级自然保护区中，生态系统退化比例最高的为自然遗迹类型国家级自然保护区，退化率

为 29.41%，该类型国家级自然保护区的保护对象具有一定的特殊性，生态系统动态度相对较大；其次为荒漠生态系统类型国家级自然保护区，退化率为 25%，以宁夏、内蒙古交界处黄河沿线较为明显；再次为内陆湿地和水域生态系统类型国家级自然保护区，退化率为 23.53%，该类型国家级自然保护区农业开发较为严重，同时也存在周边水资源用量增加，保护区内水资源不足的情况；此外，值得注意的是以草原与草甸生态系统类型为主要保护对象的国家级自然保护区，尤其是内蒙古一带，随着开发强度的日益增加，草地面积日益减少。

野生植物类型国家级自然保护区改善率最高。8 种类国家级型自然保护区中，生态系统改善比例最高的为野生植物类型国家级自然保护区，改善率达到 41.18%，以湖北恩施地区较为明显；其次为海洋和海岸生态系统类型国家级自然保护区，改善率为 20%，主要集中在海南（图 2.120）。

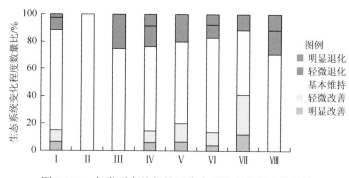

图 2.120　各类型自然保护区生态系统变化程度数量比

Ⅰ：森林生态系统类型；Ⅱ：草原与草甸生态系统类型；Ⅲ：荒漠生态系统类型；Ⅳ：内陆湿地和水域生态系统类型；Ⅴ：海洋和海岸生态系统类型；Ⅵ：野生动物类型；Ⅶ：野生植物类型；Ⅷ：自然遗迹类型

四、原因分析

首先，变化非常剧烈的是自然遗迹类型国家级自然保护区。

自然遗迹类型国家级自然保护区灌丛变更为森林的面积最多，其次为农田变更为城镇。有 24807.43hm^2 的灌丛变更为森林，占灌丛面积的 95.67%。主要是 2 个保护区有所变化，河南的南阳恐龙蛋化石群国家级自然保护区和广东丹霞山国家级自然保护区，其他保护区没有变化，其中南阳恐龙蛋化石群国家级自然保护区有 24799.92hm^2 的灌丛变为森林，主要与近几年保护区加大保护力度后森林的恢复以及大面积人工造林有关。有 1035.87hm^2 的农田变更为城镇，占农田面积的 0.75%。农田变更为城镇主要是由于城镇化造成的，主要的保护区为湖北青龙山恐龙蛋化石群国家级自然保护区、南阳恐龙蛋化石群国家级自然保护区、山东马山国家级自然保护区、福建深沪湾海底古森林遗迹国家级自然保护区、浙江长兴地质遗迹国家级自然保护区、吉林伊通火山群国家级自然保护区、大布苏国家级自然保护区、辽宁北票鸟化石国家级自然保护区和内蒙古鄂托克恐龙遗迹化石国家级自然保护区。这些保护区农田转变为城镇的主要原因是由于基础设施的扩建、建设开放博物馆等。保护区能充分利用已有的农田扩建，而不是破坏森林生态系统，表明了保护区管理部门生态环境保护意识强。这些变化属于积极的变化，保护区对森林生态系统管理很严格，应该继续保持。

自然遗迹类型国家级自然保护区生态系统变化属于非常剧烈。保护区管理部门需要引起重视，加强对于保护区内生态环境的保护。但是大部分的变化是有利的，主要是由于保护区近年来加大了对森林的保护力度，大面积人工造林；城镇化加快发展也是一个重要的原因。

其次，变化剧烈的是海洋和海岸生态系统类型国家级自然保护区。

海洋和海岸生态类型国家级自然保护区主要为湿地变为农田、湿地变更为草地、农田变更为湿地、湿地变更为荒漠、农田变更为城镇；其次为湿地变更为城镇、荒漠变更为湿地、湿地变更为裸地、农田变更为森林、海洋变更为湿地、海洋变更为裸地、裸地变更为草地、草地变更为湿地、农田变为裸地、森林变为灌丛。其余类型生态系统变更面积较小。其中占绝大部分转变面积的是湿地和其他生态系统之间的转化。

海洋和海岸生态类型国家级自然保护区有 1962.42hm^2 的湿地变更为农田，占湿地面积的 9.34%，主要分布在黄河三角洲国家级自然保护区、古黄河湿地国家级自然保护区、丹东鸭绿江口滨海湿地国家级自然保护区，这主要是围垦造成的；有 1780.58hm^2 的湿地变更为草地，占湿地面积的 1.04%，主要分布在黄河三角洲国家级自然保护区，大部分为灌丛沼泽变更为草丛；有 1588.26hm^2 的农田变更为湿地，占农田面积的 1.86%，主要分布在古海岸与湿地国家级自然保护区和丹东鸭绿江口滨海湿地国家级自然保护区，主要是耕地变更为水库/坑塘，由于保护区开发速度加快，耕地被大量开挖成水产养殖基地；有 1510.39hm^2 的裸地变更为湿地，占裸地面积的 7.35%，大部分分布在黄河三角洲国家级自然保护区，主要为裸土变更为水库/坑塘和河流；有 1474.07hm^2 的湿地变更为荒漠，占湿地面积的 1.72%，变更面积全部分布在黄河三角洲国家级自然保护区，这可能是因为该保护区内隐性潮土面积大，河道边缘水深变浅，近海地带盐化过程加剧，造成了灌丛植物向更耐盐的草丛进化，耐盐草丛死亡退化后同时一部分成为盐碱地所致；有 1461.08hm^2 的农田变更为城镇，占农田面积的 2.06%，主要分布在古海岸与湿地国家级自然保护区、三亚珊瑚礁国家级自然保护区和黄河三角洲国家级自然保护区；有 798.41hm^2 的湿地变更为城镇，占湿地面积的 0.93%，集中在古海岸与湿地国家级自然保护区和黄河三角洲国家级自然保护区，这主要是由于近十年来保护区周边的城市乡镇不断向外扩张，对于建设用地面积的需求增多所致；有 630.84hm^2 的荒漠变更为湿地，占荒漠面积的 5.85%，全部分布在黄河三角洲国家级自然保护区，这主要是由于近十年来该保护区湿地恢复完善提升工程的开展；有 401.40hm^2 的湿地变更为裸地，占湿地面积的 0.47%，集中表现在丹东鸭绿江口滨海湿地国家级自然保护区的水库/坑塘变更为裸土，这主要是由于一些海产养殖基地盐碱化或废弃而成为裸地；有 308.75hm^2 的农田变更为森林，占农田面积的 0.44%，分布于古海岸与湿地国家级自然保护区和铜鼓岭国家级自然保护区，这是与保护区管理得当，大量开展人工植被恢复工作有关；有 300.99hm^2 的海洋变更为湿地，占海洋面积的 0.18%，分布于昌黎黄金海岸国家级自然保护区和山口红树林国家级自然保护区；有 254.56hm^2 的海洋变为裸地，占海洋面积的 0.15%，全部分布于丹东鸭绿江口滨海湿地国家级自然保护区，这很可能是生态系统类型获取的季节和时间不同，加之滩涂面积不断地外扩造成的，另外，在长江泥沙的淤积作用下，保护区形成了大片淡水到微咸水的沼泽地、潮沟和潮间带滩涂，使湿地面积增加；有 246.75hm² 的裸地变更为草地，占裸地面积的 1.20%，全部分布于滨州贝壳堤岛与湿地国家级自然保护区；有 146.56hm² 的草地变更为湿地，占草地面积的 0.68%，全部分布在滨州贝壳堤岛与湿地国家级自然保护区、古海岸与湿地国家级自然保护区、黄河三角洲国家级自然保护区，这是由于保护区加强管理力度，使保护区向有利的方向发展，加大了对湿地生态环境和各类动植物资源的保护，促进了人与自然和谐发展。

总之，海洋和海岸生态系统类型国家级自然保护区中的湿地生态系统变更较大，其中有有利变化，也有不利变化。农田变更为湿地、裸地变更为湿地等有利变化主要集中在黄河三角洲国家级自然保护区和古海岸与湿地国家级自然保护区；湿地变更为草地，湿地变更为荒漠、湿地变更为城镇等不利变化主要集中在黄河三角洲国家级自然保护区、古海岸与湿地国家级自然保护区和丹东鸭绿江口滨海湿地国家级自然保护区。在海洋和海岸生态类型国家级自然保护区中，黄河三角洲国家级自然保护区和古海岸与湿地国家级自然保护区变化非常剧烈，应当着重保护。湿地生态系统对系统稳定性、生物多样性以及保护海岸有不可估量的作用，管理当局应当加大保护区管理力度，特别是对湿地生态系统加强保护。

再次，全国八大生态类型国家级自然保护区生态系统变化中等的从高到低依次为野生动物类型、内陆湿地和水域生态系统类型、草原与草甸生态系统类型。

野生动物类型国家级自然保护区中荒漠变更为湿地的面积最多，后面依次为灌丛变更为森林、草地变更为湿地、湿地变更为农田、农田变更为森林、森林变更为农田和湿地变更为草地等。野生动物类型国家级自然保护区有 59703.28hm² 的荒漠变更为湿地，转化面积最多的保护区为可可西里国家级自然保护区，有 30720.18hm²，变更面积占总变更面积的 51.45%；其次为青海湖国家级自然保护区，有 22497.87hm²，变更面积占总变更面积的 37.68%；其他保护区变更面积较小。荒漠变更为湿地中主要是裸土变更为湖泊，这主要是保护区对湿地重开发轻保护、重获取轻给予，导致湿地资源过度开发利用，超过了湿地生态系统自身的承载能力，同时由于西部许多重要湿地上游水资源被转为它用，导致河流断流和湖泊干涸。如今在国家大政方针的引导下，保护区加大了湿地生态系统的建设，同时实施了湿地生态保护修复工程，在优先实施现有的湿地保护工程、总结工程经验的基础上，结合评估研究，规划实施专门的保护工程，为维护生物安全提供了重要保障。有 40799.91hm² 的灌丛变更为森林，转化面积最多的保护区为董寨国家级自然保护区，有 21077.94hm²，变更面积占总变更面积的 48.95%；其次为太行山猕猴国家级自然保护区，有 14644.42hm²，变更面积占总变更面积的 34.00%；其他保护区变更面积较小。灌丛变更为森林中主要是落叶阔叶灌木林变更落叶阔叶林，这主要是由于保护区加大了森林生态系统的保护和恢复，在西部治理沙化耕地，控制水土流失，防风固沙，增加土壤蓄水能力等。有 40729.82hm² 的草地变更为湿地，转化面积最多的保护区为色林错国家级自然保护区，有 34426.76hm²，变更面积占总变更面积的 79.52%；其次为扎龙国家级自然保护区，有 7044.40hm²，变更面积占总变更面积的 16.27%；其他保护区变更面积较小。草地变更为湿地中主要是稀疏草地变更为湖泊，这主要是由于保护区为了切实加强保护恢复，增强了湿地生态系统的稳定性，大力推进生态文明建设，加大对于湿地的建设，把保护区建设为重要的水源涵养地，同时也给迁徙的鸟类以及当地的动植物提供了较好的生存环境，增加了湿地面积。

有 35969.49hm² 的湿地变更为农田，转化面积最多的保护区为盐城湿地珍禽国家级自然保护区，有 25283.55hm²，变更面积占总变更面积的 70.29%；其他保护区变更面积较小。湿地变更为农田中，主要是水库/坑塘变更为农田，这主要是由于自然保护区周边的居民为了经济利益进行水稻等作物的种植，这种行为对于保护区内受保护的物种带来了一定的负面影响，需要保护区管理部门加强管理。有 20255.60hm² 的农田变更为森林，转化面积最多的保护区为饶河东北黑蜂国家级自然保护区，有 17413.27hm²，变更面积占总变更面积的 85.97%；其他保护区变更面积较小。农田变更为森林中主要是旱地变更为落叶阔叶林，这主要与保护区实施人工植被恢复有关。有 15211.79hm² 的森林变更为农田，转化面积最多的保护区为饶河东北黑蜂国家级自然保护区，有 14198.87hm²，变更面积占总变更面积的 93.34%；其他保护区变更面积较小。森林变更为农田主要是常绿阔叶林变更为水田，这主要是由于保护区周边的居民为了一时的经济利益，不顾及生态环境的保护，砍伐森林同时种植经济作物，导致了森林面积的减少，水田面积的增多。有 11470.73hm² 的湿地变更为草地，转化面积最多的保护区为扎龙国家级自然保护区，有 2760.29hm²，变更面积占总变更面积的 24.06%；其次为达里诺尔国家级自然保护区，有 2644.62hm²，变更面积占总变更面积的 23.06%；再次为色林错国家级自然保护区，有 2125.47hm²，变更面积占总变更面积的 18.53%；其他保护区变更面积较小。这主要是由于保护区近些年来降雨量的增加导致了湿地变更为草地。

这些变化表明，野生动物类型国家级自然保护区中，西北地区的国家级自然保护区正在加大对于湿地生态系统的建设，对于增强湿地生态系统的稳定性起着积极的作用。华东地区和华南地区的国家级保护区的主要问题是森林生态系统和湿地生态系统面积的减少，而农田生态系统面积的增多主要是南方地区人口密度较大，保护区受到人为影响较大，并且保护区管理措施较弱，使得保护区内的一些生态系统遭到破坏，给保护区内的动植物带来了较大的影响，希望这些地区的保护区管理部门要加大保护区内的监管和周边地区环境保护的宣传力度，给区内珍稀物种营造良好的生存环境。

内陆湿地水域生态系统类型国家级自然保护区生态系统类型变化主要有农田变更为湿地、湿地变更为草地和灌丛变更为森林、湿地变更为农田、裸地变更为湿地、湿地变更为荒漠。有 43587.75hm² 的农田变更为湿地，占农田面积的 8.62%，主要发生变化的保护区为三江国家级自然保护区和八岔岛国家级自然保护区；有 40886.21hm² 的湿地变更为草地，占湿地面积的 1.49%，主要发生变化的保护区为三江源国家级自然保护区、达赉湖国家级自然保护区、查干湖国家级自然保护区、向海国家级自然保护区、辉河国家级自然保护区、若尔盖湿地国家级自然保护区，达赉湖国家级自然保护区内有 33840.80hm² 的湿地变更为草地，主要是该保护区内变化因素较多，湿地在调节气候、涵养水源、防止荒漠化等方面起了至关重要的作用，保护区应该加强对湿地的保护，湿地对草原的生态系统的稳定具有至关重要的作用；有 26519.70hm² 的灌丛变更为森林，占灌丛面积的 2.65%，主要发生变化的保护区为三江源国家级自然保护区、丹江湿地国家级自然保护区、河南黄河湿地国家级自然保护区 3 个保护区，丹江湿地国家级自然保护区内有 25560.43hm² 的灌丛变为森林，主要是该保护区变化较多，丹江湿地国家级自然保护区在丹江两岸第一山脊线以内的山地封山育林，并利用长江防护林、世行造林、飞播造林工程等累计造林 70 余万亩[①]，使丹江湿地国家级自然保护区生态环境明显改善；有 23669.52hm^2 的湿地变更为农田，占湿地面积的 0.86%，主要发生变化的保护区为挠力河国家级自然保护区和三江国家级自然保护区，挠力河国家级自然保护区有 8993.67hm^2 的湿地变更为农田，三江国家级自然保护区有 5828.96hm^2 的湿地变更为农田，湿地向农田转变，表明了这两个保护区保护力度很大，对湿地生态系统保护有了重视；有 21794.49hm^2 的裸地变更为湿地，占裸地面积的 0.93%，主要发生变化的保护区为三江源国家级自然保护区，有 21589.63hm^2 的裸地变更为湿地，表明三江源国家级自然保护区加大了对湿地的保护力度，将裸地转变为对生境有利的湿地生态系统；有 20213.20hm^2 的湿地变更为荒漠，占湿地面积的 0.74%，主要发生变化的保护区为达赉湖国家级自然保护区和艾比湖湿地国家级自然保护区，分别有 11050.89hm^2 和 7527.68hm^2 的湿地变更为荒漠，湿地向荒漠的转变表明湿地有所退化，也有可能是由于沿海滩涂围垦等原因导致湿地退化。总之，保护区要加强对湿地的保护。

保护区管理部门需要引起重视，加强对于保护区内生态环境的保护。主要的面积转变为农田变更为湿地、湿地变更为草地和灌丛变更为森林、湿地变更为农田、裸地变为湿地。有 43587.75hm^2 的农田变更为湿地，说明保护区对湿地保护有所重视，将农田转变为湿地，但是也有 23669.52hm^2 的湿地向农田变更，表明保护区对当地的居民没有做保护区的宣传，或者宣传的力度不够。保护区应该制止保护区内农田面积的继续增加，保护湿地生态系统刻不容缓。湿地生态系统被破坏，这使一些依赖于湿地生态系统的珍稀动植物生存环境发生改变，对于保护区生态环境的保护是不利的。裸地向湿地的转变也是有利的，保护区可以指定更科学的计划将裸地转变为湿地。

草原与草甸生态系统类型国家级自然保护区中草地变更为农田的面积最多，后面依次为湿地变更为草地、荒漠变更为草地、农田变更为草地和草地变更为城镇。

草原与草甸生态系统类型国家级自然保护区各功能分区一级生态系统类型转化面积中有 2553.23hm^2 的湿地变更为草地，主要发生在内蒙古的阿鲁科尔沁草原、锡林郭勒大草原，而湿地在草原与草甸生态系统类型保护区中具有很大的持水能力，对调节草原上水量，维持区域生态平衡等方面起着不可低估的作用，因此，湿地转变为草地对生态系统的维护是十分不利的；有 2074.05hm^2 的荒漠变更为草地，主要发生在内蒙古的阿鲁科尔沁草原，有 1692.61hm^2 的农田变更为草地，主要发生在内蒙古的锡林郭勒大草原，由于保护区对草地生态系统着重进行保护，实施退耕还草，积极培植草地，使草地面积逐年增长；有 3286.92hm^2 的草地变更为农田，有 1354.12hm^2 的草地变更为城镇，都主要发生在内蒙古的锡林郭勒草原，由于锡林郭勒草原国家级自然保护区近十年来其周边的城市乡镇不断向外扩张，对于耕地面积和建设用地面积的需求增多，致使原先的草地被开发为耕地和城镇用地，而自然保护区是禁止进行工业化、城镇化的区域，因此这对于保护区管理是不利的。

最后，全国八大生态类型国家级自然保护区生态系统变化轻微的从高到低依次为野生

---

① 1 亩≈666.67m^2。

植物类型、荒漠生态系统类型、森林生态系统类型。

野生植物类型国家级自然保护区面积变化较大的为草地变更为城镇、农田变更为森林，其次为森林变更为农田、农田变更为灌丛、灌丛变更为森林、农田变更为湿地、草地变更为森林、湿地变更为农田、裸地变更为森林，其余生态系统类型之间的变更较小。野生植物类型国家级自然保护区有 4237.99hm^2 的草地变更为城镇，占草地面积的 0.95%，其变更面积几乎全部集中在西鄂尔多斯国家级自然保护区，这主要是由于近十年来西鄂尔多斯国家级自然保护区棋盘井工业园区中采矿场的开发，破坏大量草原；有 1654.18hm^2 的农田变更为森林，占农田面积的 6.72%，主要集中在黑龙江凤凰山、金佛山、星斗山国家级自然保护区，这主要是由于保护区近十年来加强保护区管理，植被恢复；有 421.53hm^2 的森林变更为农田，占森林面积的 0.14%，大部分集中在黑龙江凤凰山国家级自然保护区；有 251.72hm^2 的农田变更为灌丛，占农田面积的 1.02%，主要集中在星斗山国家级自然保护区；有 119.20hm^2 的灌丛变更为森林，占灌丛面积的 0.25%，主要集中在大盘山和星斗山国家级自然保护区；有 97.20hm^2 的农田变更为湿地，占农田面积的 0.39%，主要集中在黑龙江凤凰山国家级自然保护区；有 60.81hm^2 的草地变更为森林，占草地面积的 0.01%，主要集中在大盘山、浙江九龙山和画稿溪国家级自然保护区；有 56.05hm^2 的湿地变更为农田，占湿地面积的 4.06%，大部分集中在黑龙江凤凰山国家级自然保护区，这是由于保护区周边村民占用湿地，开垦农田；有 53.58hm^2 的裸地变更为森林，占裸地面积的 61.40%，主要集中在浙江九龙山国家级自然保护区，为近十年来植被生长自然演替的结果。

总之，野生植物类型国家级自然保护区变化比较轻微，其中西鄂尔多斯国家级自然保护区变化较大，主要是为了发展经济，开发工业园区城市扩展，大量草原变更为城镇，属于不利转化；黑龙江凤凰山国家级自然保护区、金佛山国家级自然保护区、星斗山国家级自然保护区，其保护区管理当局加强管理，开展人工植被恢复工作，使大量农田转变为森林、灌丛，草地转变为森林，这些属于有利变化，应当积极引导。所以，各个保护区管理者应该注意保护区内的生态系统的保护，避免保护区生态系统退化。

荒漠生态系统类型国家级自然保护区不论是核心区、缓冲区、实验区还是整个荒漠生态系统类型自然保护区，草地变更为湿地的面积最多，后面依次为湿地变更为草地和荒漠变更为湿地等。荒漠生态系统类型国家级自然保护区有 156892.21hm^2 的草地变更为湿地，变更面积最大的保护区是羌塘国家级自然保护区，有 121914.35hm^2，变更面积占变更总面积的 77.71%；其次是阿尔金山国家级自然保护区，有 34521.83hm^2，变更面积占总变更面积的 22%，其他保护区变更面积较小。草地变更为湿地中主要是稀疏草地变更为湖泊，这是全国荒漠生态系统类型国家级自然保护区近十年来积极响应国家的政策，加大对于湿地的建设，把保护区建设为重要的水源涵养地，同时也给迁徙的鸟类提供了较好的生存环境，因此增加了湿地面积。有 27384.75hm^2 的湿地变更为草地，在湿地变更为草地的类型中，变更面积最大的保护区是羌塘国家级自然保护区，有 27091.63hm^2，变更面积占变更总面积的 98.93%，其他保护区变更面积较小。湿地变更为草地中主要是湖泊变更为稀疏草地，这是由于西北地区的荒漠化和沙尘现象致使一些湖泊干涸变，导致湿地变更为稀疏草地。

有 34049.99hm² 的荒漠变更为湿地，变更面积最大的保护区是羌塘国家级自然保护区，有 18357.08hm²，变更面积占变更总面积的 53.91%；其次是阿尔金山国家级自然保护区，有 15381.01hm²，变更面积占变更总面积的 45.17%，其他保护区变更面积较小。荒漠变更为湿地中主要为裸土变更为湖泊，这主要是由于一些保护区加大了植被的恢复和保护工作，加上丰沛的降水使得保护区内水草丰茂，湿地恢复状况良好。同时，一些保护区设立了监测站，对保护区进行连续监测，使得湿地和植被在调控下有良好的恢复势头。

总之，这些变化表明，荒漠生态系统类型国家级自然保护区相关管理部门正在加大对于区内湿地生态系统的建设，致力于提高保护区以及周边地区的生态环境质量，保护区内的生态环境质量，使其生态状况正在向好的方向发展。

森林生态系统类型国家级自然保护区各功能分区灌丛变更为森林的面积最多，后面依次为森林变更为农田、农田变更为森林、农田变更为草地、农田变更为灌丛、森林变更为灌丛、森林变更为裸地、湿地变更为草地、灌丛变更为草地、农田变更为城镇、森林变更为草地、草地变更为农田、草地变更为湿地、草地变更为城镇、草地变更为森林、湿地变更为裸地、灌丛变更为裸地、森林变更为湿地、湿地变更为农田和湿地变更为荒漠。森林生态系统类型国家级自然保护区各功能分区一级生态系统类型转化面积中有 20164.40hm² 的灌丛变更为森林，主要分布在伏牛山、小秦岭、连康山、宝天曼这 4 个国家级自然保护区，主要是由于气候适宜，森林中常绿阔叶林、落叶阔叶林和常绿针叶林的面积增多。有 6219.95hm² 的农田变更为森林，主要分布在大巴山、莽山和宽阔水国家级自然保护区；有 3816.69hm² 的农田变更为灌丛，主要分布在宁夏罗山和六盘山国家级自然保护区；有 1683.41hm² 的草地变更为森林，主要分布在西双版纳国家级自然保护区，这是由于这些国家级自然保护区采取人为修复植被的相关措施；有 4079.99hm² 的农田变更为草地，主要分布在大巴山和宁夏罗山国家级自然保护区，这是由于这两个森林生态系统类型国家级自然保护区实施退耕还草的措施，保护草地生态系统，维持生态系统的平衡；有 3503.90hm² 的湿地变更为草地，主要分布在珠穆朗玛峰国家级自然保护区；有 1617.76hm² 的湿地变更为裸地，主要分布在雅鲁藏布大峡谷国家级自然保护区；有 1323.97hm² 的湿地变更为农田，主要分布在雅鲁藏布大峡谷国家级自然保护区；有 1103.91hm² 的湿地变更为荒漠，主要分布在珠穆朗玛峰国家级自然保护区。湿地在调节气候、涵养水源、防止荒漠化等方面起着至关重要的作用，因此保护区应该加强对湿地的保护。湿地对草原生态系统的稳定起到了至关重要的作用，这些湿地的变化与保护区的管理是背道而驰的。有 2201.11hm² 的草地变更为湿地，主要分布在尕海—则岔国家级自然保护区，其中有 618.14hm² 的草甸和草原变更为草本沼泽；有 816.22hm² 的稀疏草地变更为湿地，草甸和草原变更为草本沼泽以及稀疏草地变更为湿地都主要集中在保护区的核心区，这主要是由于近年来尕海—则岔国家级自然保护区积极响应国家的政策，加大了对于湿地的建设，同时也给迁徙的鸟类提供了较好的生存环境，因此增加了湿地面积。有 3005.78hm² 的灌丛变更为草地，有 2660.56hm² 的森林变更为草地，主要分布在白水河国家级自然保护区；有 6317.09hm² 的森林变更为农田，主要分布在西双版纳国家级自然保护区；有 3574.06hm² 的森林变更为裸地，主要分布在白水河国家级自然保护区；1394.35hm² 的灌丛变更为裸地，这是由于保护区肆意的砍伐森林，周边城市和村庄开垦耕地，使森林和灌丛变为草丛和农田、裸地等，森林和灌丛生态系统遭到破坏。有 2460.92hm^2 的草地变更为农田，主要分布在甘肃祁连山国家级自然保护区；有 1734.85hm^2 的草地变更为城镇，主要分布在内蒙古大青山国家级自然保护区,这主要是由于此类国家级自然保护区近十年来周边的城市乡镇不断向外扩张，对于耕地面积和建设用地面积的需求增多，致使原先的草地、湿地被开发为耕地和城镇用地，而自然保护区是禁止进行工业化、城镇化的区域，因此这对于保护区的管理是不利的。

五、小结

全国八种生态类型国家级自然保护区一级生态系统动态度按从高到低排列依次为：自然遗迹类型（9.13%）、海洋和海岸生态系统类型（3.20%）、内陆湿地和水域生态系统类型（1.36%）、野生动物类型（1.35%）、草原与草甸生态系统类型（1.34%）、野生植物类型（0.85%）、荒漠生态系统类型（0.72%）、森林生态系统类型（0.61%）。

自然遗迹类型。从 2000～2010 年各功能分区一级生态系统类型转化面积可以看出，灌丛变更为森林的面积最多，其次为农田变更为城镇。有 24807.43hm^2 的灌丛变更为森林，占灌丛面积的 95.67%。主要是 2 个保护区有所变化，河南的南阳恐龙蛋化石群国家级自然保护区和广东丹霞山国家级自然保护区，主要与近几年保护区加大保护区力度后森林的恢复以及大面积人工造林有关。有 1035.87hm^2 的农田变更为城镇，农田变更为城镇主要是由于城镇化造成的，主要分布在湖北青龙山恐龙蛋化石群国家级自然保护区、南阳恐龙蛋化石群国家级自然保护区、山东马山国家级自然保护区、福建深沪湾海底古森林遗迹国家级自然保护区、浙江长兴地质遗迹国家级自然保护区、吉林伊通火山群国家级自然保护区和大布苏国家级自然保护区、辽宁北票鸟化石国家级自然保护区、内蒙古鄂托克恐龙遗迹化石国家级自然保护区，属于不利变化。

海洋和海岸生态系统类型。2000～2010 年各功能分区一级生态系统类型转化面积主要有湿地变为农田、湿地变更为草地、农田变更为湿地、湿地变更为荒漠、农田变更为城镇；其次为湿地变更为城镇、荒漠变更为湿地、湿地变更为裸地；其余类型转化较小。变化最大的为湿地变更为农田，有 1962.42hm^2，其主要分布在黄河三角洲国家级自然保护区、古黄河湿地国家级自然保护区丹东鸭绿江口滨海湿地国家级自然保护区这主要是围垦所造成的；有 1780.58hm^2 的湿地变更为草地，其主要分布在黄河三角洲国家级自然保护区；有 1588.26hm^2 的农田变更为湿地，其中古海岸与湿地国家级自然保护区和丹东鸭绿江口滨海湿地国家级自然保护区，主要是耕地变更为水库/坑塘，由于保护区开发速度加快，耕地被大量开挖成水产养殖基地；有 1510.39hm^2 的裸地变更为湿地，主要分布在黄河三角洲国家级自然保护区，主要为裸土变为水库/坑塘和河流；有 1474.07hm^2 的湿地变更为荒漠，变更面积全部分布在黄河三角洲国家级自然保护区；有 1461.08hm^2 的农田变更为城镇，主要分布在自古海岸与湿地国家级自然保护区、三亚珊瑚礁国家级自然保护区和黄河三角洲国家级自然保护区。

总之，海洋和海岸生态系统类型中的湿地生态系统变更较大，其中有有利变化，也有不利变化。农田变更为湿地、裸地变更为湿地等有利变化主要分布在黄河三角洲国家级自然保护区和古海岸与湿地国家级自然保护区，湿地变更为草地、湿地变更为荒漠、湿地变更为城镇等不利变化主要分布在黄河三角洲国家级自然保护区、古海岸与湿地国家级自然保护区和丹东鸭绿江口滨海湿地国家级自然保护区，在海洋和海岸生态系统类型中，湿地生态系统变化非常剧烈，应当着重保护。

野生动物生态类型。从 2000～2010 年各功能分区一级生态系统类型转化面积可以看出，不论是核心区、缓冲区、实验区还是整个野生动物生态类型国家级自然保护区荒漠变更为湿地的面积最多，后面依次为灌丛变更为森林、草地变更为湿地、湿地变更为农田、农田变更为森林、森林变更为农田和湿地变更为草地等。野生动物类型国家级自然保护区有 59703.28hm^2 的荒漠变更为湿地，转化面积最多的为可可西里国家级自然保护区，有 30720.18hm^2，变更面积占总变更面积的 51.45%；其次为青海湖国家级自然保护区，有 22497.87hm^2，变更面积占总变更面积的 37.68%；其他保护区变更面积较小。荒漠变更为湿地中主要是裸土变更为湖泊，这主要是保护区对湿地重开发轻保护、重获取轻给予，导致湿地资源过度开发利用，超过了湿地生态系统自身的承载能力，同时由于西部许多重要湿地上游水资源被转为它用，导致河流断流和湖泊干涸。如今在国家大政方针的引导下，保护区加大了湿地生态系统的建设，同时实施了湿地生态保护修复工程，优先实施现有的湿地保护工程，同时，在全球气候变暖的大背景下，西部地区冰雪融化，降雨量增加，致使湿地面积增加。

草原与草甸生态系统类型。从 2000～2010 年各功能分区一级生态系统类型转化面积可以看出，草原与草甸生态系统类型国家级自然保护区草地变更为农田的面积最多，其次为湿地变更为草地。有 3286.92hm^2 的草地变更为农田，占草地面积的 0.44%，主要分布在内蒙古的锡林郭勒大草原。由于锡林郭勒大草原国家级自然保护区过度开垦草地，使得草地不断退化，因此，该保护区应该加强草地生态系统类型的管理。有 2553.23hm^2 的湿地变更为草地，占湿地面积的 8.15%，主要分布在内蒙古的阿鲁科尔沁草原、锡林郭勒大草原。湿地在草原与草甸生态系统类型保护区中具有很大的持水能力，其在调节草原水量，维持区域生态平衡等方面起着不可低估的作用。湿地转变为草地对生态系统的维护是十分不利的。

野生植物类型。从 2000～2010 年各功能分区一级生态系统类型转化面积可以看出，面积变化较大的有草地变更为城镇、农田变更为森林，其次为森林变更为农田、农田变更为灌丛、灌丛变更为森林、农田变更为湿地、草地变更为森林、湿地变更为农田、裸地变更为森林，其余生态系统类型之间的变更较小。野生植物类型国家级自然保护区有 4237.99hm^2 的草地变更为城镇，其中变更面积几乎全部集中在西鄂尔多斯国家级自然保护区，这主要是由于近十年来西鄂尔多斯国家级自然保护区棋盘井工业园区中采矿场的开发，破坏大量草原；有 1654.18hm^2 的农田变更为森林，主要集中在黑龙江凤凰山、金佛山、星斗山国家级自然保护区，这主要是由于保护区近十年来加强保护区管理，植被恢复。

总之，野生植物类型国家级自然保护区变化比较轻微，其中西鄂尔多斯国家级自然保护区中大量草原变更为城镇，属于不利转化；黑龙江凤凰山国家级自然保护区、金佛山国家级自然保护区、星斗山国家级自然保护区，其保护区管理当局加强管理，开展人工植被恢复工作，使大量农田转变为森林、灌丛，草地转变为森林，这些属于有利变化，应当积极引导。

荒漠生态系统类型。从 2000～2010 年各功能分区一级生态系统类型转化面积可以看出，草地变更为湿地的面积最多，后面依次为湿地变更为草地和荒漠变更为湿地等。荒漠生态系统类型国家级自然保护区有 156892.21hm^2 的草地变更为湿地，在草地变更为湿地的类型中，变更面积最大的保护区是羌塘国家级自然保护区，有 121914.35hm^2，变更面积占变更总面积的 77.71%；其次是阿尔金山国家级自然保护区，有 34521.83hm^2，变更面积占总变更面积的 22%，其他保护区变更面积较小。草地变更为湿地中主要是稀疏草地变更为湖泊，这是由于荒漠生态系统类型国家级自然保护区近十年来积极响应国家的政策，加大了对于湿地的建设，把保护区建设为重要的水源涵养地，同时也由于近些年来全球气候变暖、冰雪融化、降雨量增加，致使湿地面积增加。

森林生态系统类型。从 2000～2010 年各功能分区一级生态系统类型转化面积中可以看出，灌丛变更为森林的面积最多，后面依次为森林变更为农田、农田变更为森林、农田变更为草地、农田变更为灌丛、森林变更为灌丛、森林变更为裸地、湿地变更为草地、灌丛变更为草地、农田变更为城镇、森林变更为草地、草地变更为农田、草地变更为湿地、草地变更为城镇、草地变更为森林、湿地变更为裸地、灌丛变更为裸地、森林变更为湿地、湿地变更为农田和荒漠。有 20164.40hm^2 的灌丛变更为森林，占灌丛面积的 1.04%，主要分布在伏牛山、小秦岭、连康山、宝天曼这 4 个国家级自然保护区。这主要是由于气候适宜的原因，森林中常绿阔叶林、落叶阔叶林和常绿针叶林的面积增多。其次，有 6219.95hm^2 的农田变更为森林，占农田面积的 1.63%，主要分布在大巴山、莽山和宽阔水国家级自然保护区等。这主要是由于保护区管理当局进行大量植被恢复工作。森林生态主要转化均为有利转化。

第三章　国家级自然保护区人类活动遥感监测与评价

第一节　国家级自然保护区人类活动遥感监测与评价方法

根据我国《中华人民共和国自然保护区条例》第二十六条、第二十七条、第二十八条、第二十九条和第三十三条的相关规定，自然保护区的核心区与缓冲区内禁止出现各种人类活动，实验区内严禁开设与自然保护区保护方向不一致的参观、旅游项目，不得建设污染环境、破坏资源或者景观的生产设施。因此，人类活动在自然保护区内禁止出现的类型以及适宜开展的区域在法律法规上有着明确的限制与规定。但实际情况是，随着我国社会经济的快速发展，自然保护与经济开发之间的矛盾日益突出，涉及自然保护区的各类开发建设项目、农业生产活动、资源采集活动以及旅游活动呈逐年增长趋势。此外，保护区周边社区的发展需要空间，从而逐渐蚕食着保护区内的土地。各种人类活动对部分自然保护区造成的影响已大大超出了其生态承载力，对保护区内的主要保护对象及其生态系统造成了极大破坏。

因此，为了有效遏制我国自然保护区内人类活动现象进一步蔓延，分期分类型清除区内现有人类活动，逐步恢复受影响的生态系统及主要保护对象的栖息生境。全国生态环境变化（2000～2010 年）遥感调查与评估项目专门设立了国家级自然保护区人类活动变化遥感监测与评价课题，进一步摸清了我国国家级自然保护区 2000 年和 2010 年两期人类活动状况，对比分析了人类活动变化情况，评价了人类活动影响变化程度，为自然保护区管理部门对人类活动实施监督管理提供了科学依据。

一、国家级自然保护区人类活动遥感监测方法

本书以环境卫星 CCD、Landsat TM/ETM 影像和 SPOT、ALOS 高分遥感影像为基础，采用目视解译的方法，提取自然保护区内农业生产用地、居民点、采石场、工矿用地、能源设施、旅游用地、交通运输用地和其他人工设施等人类活动数据，将自然保护区人类活动图层和保护区功能分区图层空间叠加，得到自然保护区核心区、缓冲区和实验区内各种人类活动斑块的空间分布、面积及其比例。通过深入开展保护区实地验证活动，确保人类活动解译数据的准确率。运用加权平均法，建立不同人类活动对自然保护区影响的权重指数，根据人类活动遥感解译结果，分析 2000 年与 2010 年两期国家级自然保护区人类活动状况，分级评价人类活动影响程度变化情况。

二、国家级自然保护区人类活动分类

通过分析遥感解译数据，国家级自然保护区内的人类活动形式多种多样，主要存在铁路、高速公路、水田、旱地、城镇、农村居民点、矿山、工厂、油井、工矿园、风力发电

场、水电站、水坝、变电站，也有高尔夫球场、度假村、寺庙、港口、码头、机场、海水养殖场、淡水养殖场、雷达站、实验基地等。为了便于分析，本书将人类活动划分为居民点、农业生产用地、工矿用地、采石场、旅游用地、交通运输用地、能源设施和人工设施8 种类型，分类体系见表 3.1。

表 3.1　国家级自然保护区人类活动分类体系

指标	定义	具体指标
农业生产用地	直接或间接为农业生产所利用的土地，以及在滩涂、浅海、沿江及内陆养殖经济动植物的区域	水田
		旱地
		人工经济林
		海水养殖场
		淡水养殖场
		陆地畜禽养殖场
居民点	因生产和生活需要而形成的集聚定居地点	城镇
		农村居民点
工矿用地	独立设置的工厂、车间、建筑安装的生产场地等，以及在矿产资源开发利用的基础上形成和发展起来的工矿区、矿业区	工厂
		矿山
		油井
		工矿园
采石场	开采建筑石（砂）料的场所	采石场
		采砂场
能源设施	利用各种能源产生和传输电能的设施	风力发电场
		水电站
		变电站
		太阳能电站
旅游用地	用于开展商业、旅游、娱乐活动所占用的场所	旅游用地
		高尔夫球场
		度假村
		寺庙
交通运输用地	从事运送货物和旅客的工具及设施，以及供各种无轨车辆和行人通行的基础设施	港口
		机场
		码头
		铁路
		高速公路
		普通道路
人工设施	无法准确划分到以上 7 种人类活动类别中的设施	其他人工设施

三、国家级自然保护区人类活动影响程度评价方法

在监测的基础上,采用加权平均法,计算了国家级自然保护区内的人类活动影响指数。权重根据各类人类活动斑块所在的功能区及其对自然保护区的影响程度来确定。根据不同类型人类活动的面积来计算国家级自然保护区内人类影响指数

$$\text{NRHI} = (a_1 b_1 x_1 + a_2 b_2 x_2 + \cdots + a_i b_i x_i)/x$$

式中,NRHI 为自然保护区内人类活动影响指数;x_i 为自然保护区内人类活动类型的面积,x 为自然保护区的总面积;a_i 和 b_i 为权重,其中 a_i 根据每一类人类活动斑块所在的功能区来确定,核心区、缓冲区、实验区的人类活动影响权重依次确定为 0.6、0.3、0.1;b_i 根据每一种人类活动类型对自然保护区的影响程度来确定,每一种人类活动类型对保护区的影响权重见表 3.2。

表 3.2　不同人类活动类型对自然保护区的影响权重表

序号	类型	对自然保护区的影响程度	影响权重
1	工矿用地	100	0.21
2	采石场	90	0.19
3	能源设施	90	0.19
4	旅游用地	80	0.17
5	交通设施	50	0.11
6	人工设施	30	0.07
7	农业生产用地	10	0.02
8	居民点	10	0.02

第二节　2000 年国家级自然保护区内人类活动遥感监测状况

一、人类活动面积和数量

2000 年,319 个国家级自然保护区中,318 个存在人类活动,仅有黑龙江大兴安岭汗马国家级自然保护区内没有任何人类活动。人类活动总面积 224.56 万 hm^2,占国家级自然保护区总面积的 2.44%。

国家级自然保护区内人类活动主要以农业生产用地为主,总面积 198.62 万 hm^2,占人类活动总面积的 88.45%(表 3.3),其次分别为居民点、交通运输用地、工矿用地等,其他各人类活动的面积百分比均在 1%以下。

国家级自然保护区内人类活动斑块总数量为 55392 个。其中,农业生产用地斑块一共有 32373 个,占人类活动斑块总数量的 58.44%(表 3.3);居民点斑块一共有 15368 个,

占 27.74%；交通运输用地斑块一共有 5788 个，占 10.45%；其余人类活动类型的斑块数量百分比均在 1%左右（图 3.1）。

表 3.3　2000 年国家级自然保护区内人类活动面积、数量、百分比

人类活动类型	面积/万 hm²	百分比/%	数量/个	百分比/%
农业生产用地	198.62	88.45	32373	58.44
居民点	13.92	6.20	15368	27.74
工矿用地	1.04	0.46	995	1.80
交通运输用地	10.00	4.45	5788	10.45
人工设施	0.88	0.39	722	1.30
旅游用地	0.01	0.00	25	0.05
能源设施	0.06	0.03	67	0.12
采石场	0.03	0.01	54	0.10
合计	224.56	100	55392	100

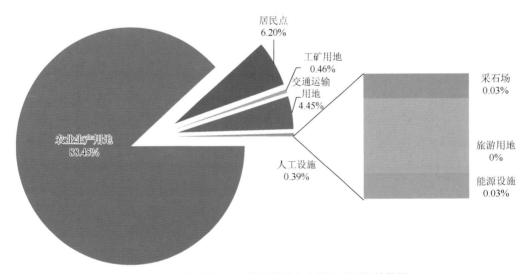

图 3.1　2000 年国家级自然保护区内人类活动面积结构图

二、不同功能区人类活动状况

（一）各功能区人类活动情况

2000 年国家级自然保护区内人类活动主要分布在实验区，304 个保护区的实验区有人类活动，人类活动总面积为 119.60 万 hm²，占人类活动总面积的 53.26%（图 3.2）；288 个保护区的缓冲区有人类活动，人类活动总面积为 43.25 万 hm²，占人类活动总面积的 19.26%；289 个保护区的核心区有人类活动，人类活动总面积为 61.71 万 hm²，占人类活动总面积的 27.48%。国家级自然保护区实验区人类活动斑块的总数量最多，共有 57261

个，占人类活动斑块总数量的 46.20%；其次是缓冲区，有 33811 个，占 27.28%；核心区
有 32869 个，占 26.52%（图 3.3）。

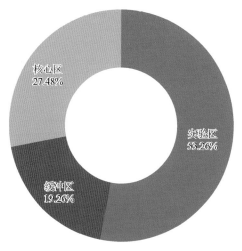

图 3.2　2000 年各功能区人类活动面积结构图　　　图 3.3　2000 年各功能区人类活动数量结构图

（二）各功能区不同类型人类活动分析

1. 核心区人类活动分析

251 个国家级自然保护区的核心区有农业生产用地，占 78.68%；178 个国家级自然保护区的核心区有居民点，占 55.80%；45 个国家级自然保护区的核心区有人工设施，占 14.11%；27 个国家级自然保护区的核心区有工矿用地，占 8.46%；19 个国家级自然保护区的核心区有旅游用地，占 5.96%；5 个国家级自然保护区的核心区有能源设施，占 1.57%；219 个国家级自然保护区的核心区有交通运输用地，占 68.65%；11 个国家级自然保护区的核心区有采石场，占 3.45%（表 3.4）。

表 3.4　2000 年国家级自然保护区核心区不同人类活动统计表

人类活动类型	农业生产用地	居民点	人工设施	工矿用地	旅游用地	能源设施	交通运输用地	采石场
国家级自然保护区数量/个	251	178	45	27	19	5	219	11
所占比例/%	78.68	55.80	14.11	8.46	5.96	1.57	68.65	3.45

2. 缓冲区人类活动分析

243 个国家级自然保护区的缓冲区有农业生产用地，占国家级自然保护区总数的 76.18%；219 个国家级自然保护区的缓冲区有居民点，占 68.65%；60 个国家级自然保护区的缓冲区有人工设施，占 18.81%；44 个国家级自然保护区的缓冲区有工矿用地，占 13.79%；29 个国家级自然保护区的缓冲区有旅游用地，占 9.09%；7 个国家级自然保护区

的缓冲区有能源设施，占 2.19%；9 个国家级自然保护区的缓冲区有采石场，占 2.82%；220 个国家级自然保护区的缓冲区有交通运输用地，占 68.97%（表 3.5）。

表 3.5　2000 年国家级自然保护区缓冲区不同人类活动统计表

人类活动类型	农业生产用地	居民点	人工设施	工矿用地	旅游用地	能源设施	采石场	交通运输用地
国家级自然保护区数量/个	243	219	60	44	29	7	9	220
所占比例/%	76.18	68.65	18.81	13.79	9.09	2.19	2.82	68.97

3. 实验区人类活动分析

276 个国家级自然保护区的实验区有农业生产用地，占国家级自然保护区总数的 86.52%；253 个国家级自然保护区的实验区有居民点，占 79.31%；108 个国家级自然保护区的实验区有人工设施，占 33.86%；62 个国家级自然保护区的实验区有工矿用地，占 19.44%；45 个国家级自然保护区的实验区有旅游用地，占 14.11%；18 个国家级自然保护区的实验区有能源设施，占 5.64%；13 个国家级自然保护区的实验区有采石场，占 4.08%；241 个国家级自然保护区的实验区有交通运输用地，占 75.55%（表 3.6）。

表 3.6　2000 年国家级自然保护区实验区不同人类活动统计表

人类活动类型	农业生产用地	居民点	人工设施	工矿用地	旅游用地	能源设施	采石场	交通运输用地
国家级自然保护区数量/个	276	253	108	62	45	18	13	241
所占比例/%	86.52	79.31	33.86	19.44	14.11	5.64	4.08	75.55

三、各主要人类活动具体情况

监测发现，2000 年全国 319 个国家级自然保护区中，278 个保护区内有居民点，294 个保护区内有农业生产用地，140 个保护区内有人工设施，82 个保护区内有工矿用地，71 个保护区内有旅游用地，23 个保护区内有能源设施，24 个保护区内有采石场，266 个保护区内有交通运输用地，分别占国家级自然保护区总数的 87.15%、92.16%、43.89%、25.71%、22.26%、7.21%、7.52%、83.39%（表 3.7）。

表 3.7　2000 年国家级自然保护区不同人类活动统计表

人类活动类型	居民点	农业生产用地	人工设施	工矿用地	旅游用地	能源设施	采石场	交通运输用地
国家级自然保护区数量/个	278	294	140	82	71	23	24	266
所占比例/%	87.15	92.16	43.89	25.71	22.26	7.21	7.52	83.39

（一）工矿用地

1. 数量

2000 年，全国共有 81 个国家级自然保护区内有工矿用地，6 个保护区的工矿用地数量大于 30 处，2 个 21～30 处，8 个 11～20 处（表 3.8）。27 个国家级自然保护区的核心区有工矿用地，44 个保护区的缓冲区有工矿用地。双台河口、黄河三角洲、内蒙古大青山、小秦岭、南岳衡山和灵武白芨滩国家级自然保护区内工矿用地数量较多。

表 3.8　2000 年不同工矿用地个数的国家级自然保护区数量表

工矿用地个数/个	1～5	6～10	11～20	21～30	>30
国家级自然保护区数量/个	56	9	8	2	6
所占比例/%	17.55	2.82	2.51	0.63	1.88

2. 空间分布

从空间上来看（图 3.4），2000 年，全国共有 26 个省份的国家级自然保护区内存在工矿用地，仅上海、江西、海南、云南、贵州 5 个省份的国家级自然保护区内没有工矿用地。其中，辽宁、黑龙江、内蒙古等省份的国家级自然保护区内工矿用地数量较多。全国 81 个有工矿用地的国家级自然保护区中，9 个分布在辽宁、8 个分布在黑龙江、12 个分布在内蒙古。

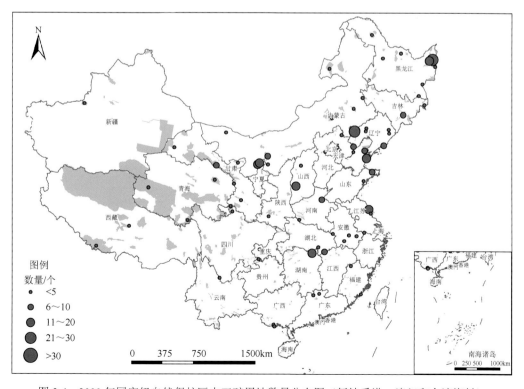

图 3.4　2000 年国家级自然保护区内工矿用地数量分布图（暂缺香港、澳门和台湾资料）

（二）采石场

1. 数量

2000 年，全国共有 24 个国家级自然保护区内有采石场，4 个保护区的采石场数量大于 5 处（表 3.9）。11 个保护区的核心区有采石场，9 个保护区的缓冲区有采石场，大布苏、昆嵛山、象头山国家级自然保护区内的采石场数量较多。

表 3.9　2000 年不同采石场个数的国家级自然保护区数量表

采石场个数/个	1～2	3～5	6～10	>10
国家级自然保护区数量/个	17	3	3	1
所占比例/%	5.33	0.94	0.94	0.31

2. 空间分布

从空间上来看（图 3.5），2000 年，全国共有 14 个省份的国家级自然保护区内存在采石场，其中，内蒙古、吉林、山东等省份的国家级自然保护区内采石场数量较多。

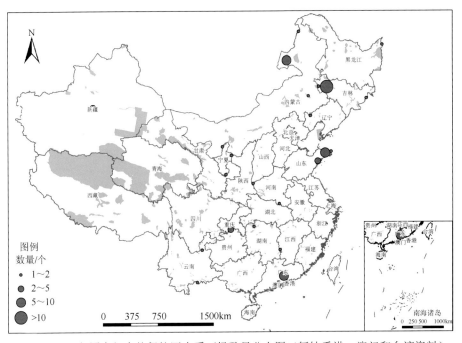

图 3.5　2000 年国家级自然保护区内采石场数量分布图（暂缺香港、澳门和台湾资料）

（三）能源设施

1. 数量

2000 年，全国共有 23 个国家级自然保护区内有能源设施，4 个保护区的能源设施大于 5 处（表 3.10）。5 个保护区的核心区内有能源设施，7 个保护区的缓冲区内有能源设施。其中，长沙贡玛国家级自然保护区内能源设施数量达 34 处。

表 3.10　2000 年不同能源设施个数的国家级自然保护区数量表

能源设施个数/个	1~2	3~5	>5
国家级自然保护区数量/个	16	3	4
所占比例/%	5.02	0.94	1.25

2. 空间分布

从空间上来看（图 3.6），2000 年，能源设施主要分布于广东、甘肃、内蒙古和青海等省份的国家级自然保护区内。

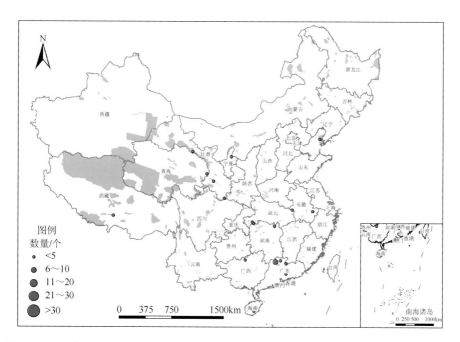

图 3.6　2000 年国家级自然保护区内能源设施数量分布图（暂缺香港、澳门和台湾资料）

（四）旅游用地

1. 数量

2000 年，全国共有 72 个国家级自然保护区内有旅游用地，8 个保护区的旅游用地数量大于 10 处，6 个保护区的旅游用地数量为 6~10 处（表 3.11）。19 个保护区的核心区内存在旅游用地，29 个保护区的缓冲区内存在旅游用地。其中，辽宁仙人洞、浙江天目山、扎龙、吉林长白山等国家级自然保护区内的旅游用地数量较多，均在 10 个以上。

表 3.11　2000 年不同旅游用地个数的国家级自然保护区数量表

旅游用地个数/个	1～2	3～5	6～10	>10
国家级自然保护区数量/个	47	11	6	8
所占比例/%	14.73	3.45	1.88	2.51

2. 空间分布

从空间上来看（图 3.7），2000 年，全国共有 26 个省份的国家级自然保护区开展旅游活动，仅有山西、安徽、湖北、云南、西藏 5 个省份的国家级自然保护区尚未开展旅游活动。其中，内蒙古、广西、辽宁、黑龙江等省份的国家级自然保护区内旅游用地数量较多。全国 72 个有旅游用地的国家级自然保护区中，8 个分布在内蒙古，5 个分布在辽宁，5 个分布在黑龙江，5 个分布在广西。

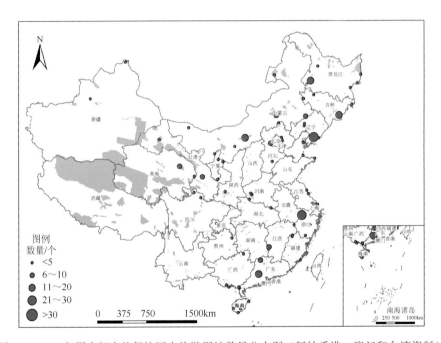

图 3.7　2000 年国家级自然保护区内旅游用地数量分布图（暂缺香港、澳门和台湾资料）

（五）交通运输用地

1. 数量

2000 年，全国共有 265 个国家级自然保护区内有交通运输用地，6 个保护区的交通运输用地数量大于 100 处，22 个保护区的交通运输用地数量为 50～100 处（表 3.12）。219个保护区的核心区内存在交通运输用地，220 个保护区的缓冲区内存在交通运输用地。其中，张家界大鲵、太统—崆峒山、内蒙古大青山、长江新螺段白鱀豚、丹江湿地、六盘山等国家级自然保护区内的交通运输用地数量较多，均在 100 处以上。

表 3.12　2000 年不同交通运输用地个数的国家级自然保护区数量表

交通运输用地个数/个	1～49	50～100	>100
国家级自然保护区数量/个	237	22	6
所占比例/%	74.29	6.90	1.88

2. 空间分布

从空间上来看（图 3.8），2000 年，全国 31 个省份的国家级自然保护区内均存在交通运输用地。其中，黑龙江、内蒙古、四川等省份的国家级自然保护区内交通运输用地数量较多。全国 265 个有交通运输用地的国家级自然保护区中，17 个分布在内蒙古，17 个分布在四川，21 个分布在黑龙江。

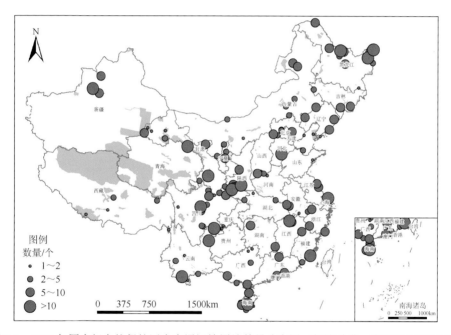

图 3.8　2000 年国家级自然保护区内交通运输用地数量分布图（暂缺香港、澳门和台湾资料）

（六）农业生产用地

1. 面积

2000 年，全国共有 294 个国家级自然保护区内存在农业生产用地。11 个保护区的农业生产用地面积在 5 万 hm^2 以上（表 3.13），总面积占国家级自然保护区农业生产用地总面积的 51.44%，其中，4 个分布在黑龙江。17 个保护区的农业生产用地面积在 2 万～5 万 hm^2，总面积占国家级自然保护区农业生产用地总面积的 25.40%。饶河东北黑蜂、三江、南阳恐龙蛋化石群、挠力河、东洞庭湖等国家级自然保护区内农业生产用地的面积较大，均在 5 万 hm^2 以上。

表 3.13　2000 年不同农业生产用地面积的国家级自然保护区数量表

农业生产用地面积/万 hm²	0~0.1	0.1~0.5	0.5~2	2~5	>5
国家级自然保护区数量/个	156	73	37	17	11
所占比例/%	48.90	22.88	11.60	5.33	3.45

2. 面积比例

2000 年，存在农业生产用地的国家级自然保护区中，5 个保护区的农业生产用地面积占保护区总面积的比例高于 70%，14 个保护区的农业生产用地面积比例为 50%～70%，21 个保护区的农业生产用地面积比例为 30%～50%（表 3.14）。大田、安徽扬子鳄、青龙山恐龙蛋化石群、新乡黄河湿地鸟类、升金湖等国家级自然保护区内农业生产用地面积百分比高于 70%。

表 3.14　2000 年不同农业生产用地面积百分比的国家级自然保护区数量表

农业生产用地面积占保护区面积的比例/%	0~10	10~30	30~50	50~70	>70
国家级自然保护区数量/个	205	49	21	14	5
所占比例/%	64.26	15.36	6.58	4.39	1.57

3. 空间分布

从空间上来看（图 3.9 和图 3.10），2000 年，全国 31 个省份的国家级自然保护区内均存在农业生产用地，其主要分布在黑龙江、河南、吉林、内蒙古等省份的国家级自然保护区内，其中，36.87%分布在黑龙江，9.50%分布在河南，8.59%分布在吉林，8.11%分布在内蒙古。40 个农业生产用地面积比例高于 30%的保护区中，7 个分布在黑龙江，河南、湖北、吉林各有 4 个。

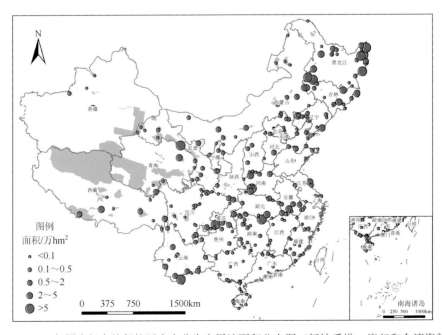

图 3.9　2000 年国家级自然保护区内农业生产用地面积分布图（暂缺香港、澳门和台湾资料）

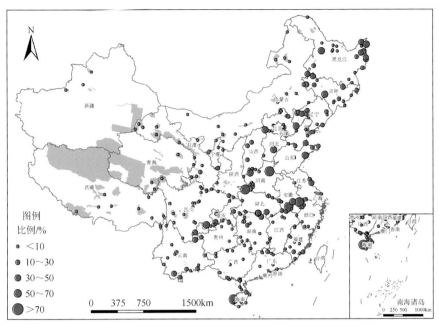

图 3.10　2000 年国家级自然保护区内农业生产用地面积比例分布图（暂缺香港、澳门和台湾资料）

（七）居民点

1. 面积

2000 年，全国共有 278 个国家级自然保护区内有居民点。居民点面积在 100hm² 以下的保护区有 154 个，占 48.28%（表 3.15），面积仅占居民点总面积的 2.60%。7 个保护区的居民点面积在 5000hm² 以上，但面积占居民点总面积的 36.02%。饶河东北黑蜂、南阳恐龙蛋化石群、东洞庭湖、莫莫格等国家级自然保护区内居民点的面积较大，面积均在 5000hm² 以上。

表 3.15　2000 年不同居民点面积的国家级自然保护区数量表

居民点面积/hm²	0~100	100~500	500~1000	1000~5000	>5000
国家级自然保护区数量/个	154	74	21	22	7
所占比例/%	48.28	23.20	6.58	6.90	2.19

2. 面积比例

在全国国家级自然保护区中，3 个保护区的居民点百分比高于 10%，11 个保护区的居民点面积百分比为 5%~10%（表 3.16）。青龙山恐龙蛋化石群、虎伯寮、铜陵淡水豚等国家级自然保护区内居民点面积百分比高于 10%。

表 3.16　2000 年不同居民点百分比的国家级自然保护区数量表

居民点面积占保护区总面积的比例/%	0~1	1~5	5~10	>10
国家级自然保护区数量/个	213	51	11	3
所占比例/%	66.77	15.99	3.45	0.94

3. 空间分布

从空间上来看（图 3.11 和图 3.12），2000 年，全国 31 个省份的国家级自然保护区内均存在居民点，其主要分布在黑龙江、河南、吉林、内蒙古等省份的国家级自然保护区内，其中，18.41% 分布在黑龙江、9.47% 分布在河南、9.12% 分布在吉林、9.16% 分布在内蒙古。

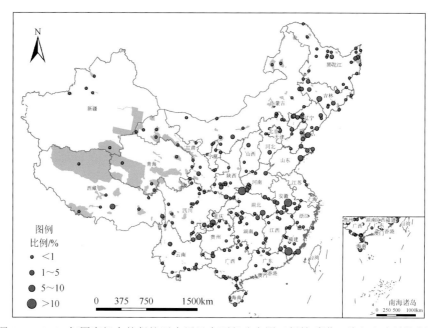

图 3.11　2000 年国家级自然保护区内居民点面积分布图（暂缺香港、澳门和台湾资料）

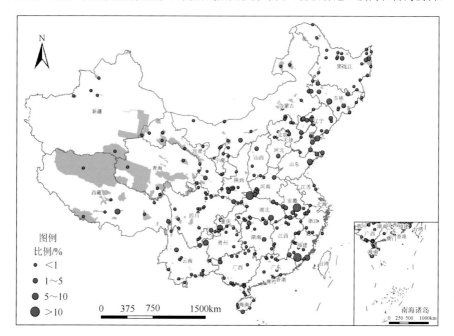

图 3.12　2000 年国家级自然保护区内居民点面积比例分布图（暂缺香港、澳门和台湾资料）

第三节　2010 年国家级自然保护区内人类活动遥感监测状况

一、人类活动面积和数量

2010 年，319 个国家级自然保护区中，318 个存在人类活动，仅有黑龙江大兴安岭汗马国家级自然保护区内没有任何人类活动。人类活动总面积 228.32 万 hm^2，占国家级自然保护区总面积的 2.46%。

国家级自然保护区的人类活动主要以农业生产用地为主，总面积 199.26 万 hm^2，占人类活动总面积的 87.27%（表 3.17），其次分别为居民点、交通运输用地，其他各人类活动的面积百分比均在 1%以下（图 3.13）。

国家级自然保护区人类活动斑块总数量为 61902 个，其中农业生产用地斑块一共有 32516 个，占人类活动斑块总数量的 52.53%（表 3.17）；居民点斑块一共有 19863 个，占 32.09%；交通运输用地斑块一共有 6760 个，占 10.92%，工矿用地一共有 1477 个，占 2.39%，人工设施一共 866 个，占 1.4%；其余人类活动类型斑块的数量百分比均在 1%左右。

表 3.17　2010 年国家级自然保护区内人类活动面积、数量、百分比

人类活动类型	面积/万 hm^2	百分比/%	数量/个	百分比/%
农业生产用地	199.26	87.27	32516	52.53
居民点	15.96	6.99	19863	32.09
工矿用地	1.1	0.48	1477	2.39
交通运输用地	10.71	4.69	6760	10.92
人工设施	1.07	0.47	866	1.40
采石场	0.06	0.03	70	0.11
旅游用地	0.12	0.05	280	0.45
能源设施	0.04	0.02	70	0.11
合计	228.32	100	61902	100

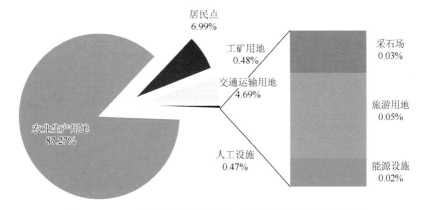

图 3.13　2010 年国家级自然保护区内人类活动面积结构图

二、不同功能区人类活动状况

（一）各功能区人类活动情况

2010 年国家级自然保护区人类活动仍主要分布在实验区，302 个保护区的实验区有人类活动，人类活动总面积为 121.70 万 hm^2，占人类活动总面积的 53.26%（图 3.14）。282 个保护区的缓冲区有人类活动，人类活动总面积为 44.70 万 hm^2，占人类活动总面积的 19.58%。250 个保护区的核心区有人类活动，人类活动总面积为 61.92 万 hm^2，占人类活动总面积的 28.25%。国家级自然保护区实验区人类活动斑块的总数量最多，共有 29076 个，占人类活动斑块总数量的 46.97%；其次是缓冲区，有 17289 个，占 27.93%；核心区有 15537 个，占 25.10%（图 3.15）。

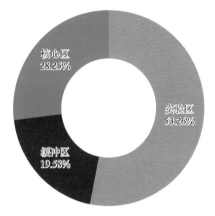
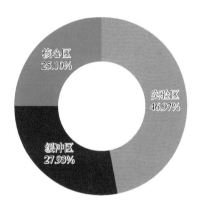

图 3.14　2010 年各功能区人类活动面积结构图　　　图 3.15　2010 年各功能区人类活动数量结构图

（二）各功能区不同类型人类活动分析

1. 核心区人类活动分析

253 个保护区的核心区有农业生产用地，占 79.31%；197 个保护区的核心区有居民点，占 61.76%；55 个保护区的核心区有人工设施，占 17.24%；29 个保护区的核心区有工矿用地，占 9.09%；29 个保护区的核心区有旅游用地，占 9.09%；6 个保护区的核心区有能源设施，占 1.88%；233 个保护区的核心区有交通运输用地，占 73.04%；19 个保护区的核心区有采石场，占 5.96%（表 3.18）。

表 3.18　2010 年国家级自然保护区核心区不同人类活动统计表

人类活动类型	农业生产用地	居民点	人工设施	工矿用地	旅游用地	能源设施	交通运输用地	采石场
国家级自然保护区数量/个	253	197	55	29	29	6	233	19
所占比例/%	79.31	61.76	17.24	9.09	9.09	1.88	73.04	5.96

2. 缓冲区人类活动分析

243 个国家级自然保护区的缓冲区有农业生产用地，占国家级自然保护区总数的76.18%；239 个保护区的缓冲区有居民点，占 74.92%；77 个保护区的缓冲区有人工设施，占 24.14%；43 个保护区的缓冲区有工矿用地，占 13.48%；33 个保护区的缓冲区有旅游用地，占 10.34%；12 个保护区的缓冲区有能源设施，占 3.76%；24 个保护区的缓冲区有采石场，占 2.82%；235 个保护区的缓冲区有交通运输用地，占 73.67%（表 3.19）。

表 3.19　2010 年国家级自然保护区缓冲区不同人类活动统计表

人类活动类型	农业生产用地	居民点	人工设施	工矿用地	旅游用地	能源设施	采石场	交通运输用地
国家级自然保护区数量/个	243	239	77	43	33	12	24	235
所占比例/%	76.18	74.92	24.14	13.48	10.34	3.76	2.82	73.67

3. 实验区人类活动分析

275 个国家级自然保护区的实验区有农业生产用地，占国家级自然保护区总数的86.21%；265 个保护区的实验区有居民点，占 83.07%；121 个保护区的实验区有人工设施，占 37.93%；64 个保护区的实验区有工矿用地，占 20.06%；57 个保护区的实验区有旅游用地，占 17.87%；22 个保护区的实验区有能源设施，占 6.90%；35 个保护区的实验区有采石场，占 10.97%；255 个保护区的实验区有交通运输用地，占 79.94%（表 3.20）。

表 3.20　2010 年国家级自然保护区实验区不同人类活动统计表

人类活动类型	农业生产用地	居民点	人工设施	工矿用地	旅游用地	能源设施	采石场	交通运输用地
国家级自然保护区数量/个	275	265	121	64	57	22	35	255
所占比例/%	86.21	83.07	37.93	20.06	17.87	6.90	10.97	79.94

三、各主要人类活动具体情况

监测发现，2010 年全国 319 个国家级自然保护区中，292 个保护区内有居民点，294个保护区内有农业生产用地，157 个保护区内有人工设施，88 个保护区内有工矿用地，87个保护区内有旅游用地，30 个保护区内有能源设施，56 个保护区内有采石场，278 个保护区内有交通运输用地，分别占国家级自然保护区总数的 91.54%、92.16%、49.22%、27.59%、27.27%、9.40%、17.55%、87.15%（表 3.21）。

表 3.21　2010 年国家级自然保护区不同人类活动统计表

人类活动类型	居民点	农业生产用地	人工设施	工矿用地	旅游用地	能源设施	采石场	交通运输用地
国家级自然保护区数量/个	292	294	157	88	87	30	56	278
所占比例/%	91.54	92.16	49.22	27.59	27.27	9.40	17.55	87.15

（一）工矿用地

1. 数量

2010 年，全国共有 88 个国家级自然保护区内有工矿用地，6 个保护区的工矿用地数量大于 30 处，2 个为 21～30 处，8 个为 11～20 处（表 3.22）。29 个保护区的核心区有工矿用地，43 个保护区的缓冲区有工矿用地。双台河口、内蒙古大青山、宁夏贺兰山、小秦岭、南岳衡山国家级自然保护区内工矿用地数量较多。

表 3.22　2010 年不同工矿用地个数的国家级自然保护区数量表

工矿用地个数/个	1～5	6～10	11～20	21～30	>30
国家级自然保护区数量/个	63	9	8	2	6
所占比例/%	19.75	2.82	2.51	0.63	1.88

2. 空间分布

从空间上来看（图 3.16），2010 年，全国共有 27 个省份的国家级自然保护区内存在工矿用地，仅有上海、江西、海南、贵州 4 个省份的国家级自然保护区内没有工矿用地。其中，内蒙古、辽宁、黑龙江、甘肃等省份的国家级自然保护区内工矿用地数量较多。全

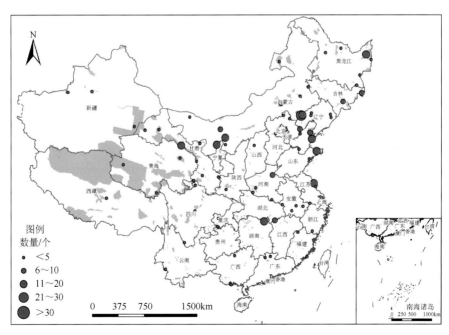

图 3.16　2010 年国家级自然保护区内工矿用地数量分布图（暂缺香港、澳门和台湾资料）

国 88 个有工矿用地的国家级自然保护区中，13 个分布在内蒙古、7 个分布在辽宁、7 个分布在黑龙江、7 个分布在甘肃。

（二）采石场

1. 数量

2010 年，全国共有 56 个国家级自然保护区内有采石场，7 个保护区的采石场数量大于 10 处（表 3.23）。19 个保护区的核心区内有采石场，24 个保护区的缓冲区内有采石场。双台河口、黄河三角洲国家级自然保护区内采石场数量较多。

表 3.23　2010 年不同采石场个数的国家级自然保护区数量表

采石场个数/个	1~2	3~5	6~10	>10
国家级自然保护区数量/个	36	9	4	7
所占比例/%	11.29	2.82	1.25	2.19

2. 空间分布

从空间上来看（图 3.17），2010 年，全国共有 23 个省份的国家级自然保护区内存在采石场，其中，内蒙古的国家级自然保护区内采石场数量最多。

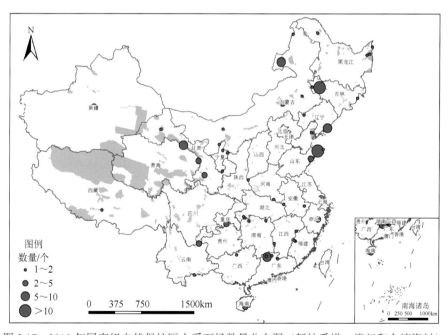

图 3.17　2010 年国家级自然保护区内采石场数量分布图（暂缺香港、澳门和台湾资料）

（三）能源设施

1. 数量

2010 年，全国共有 30 个国家级自然保护区内有能源设施，5 个保护区的能源设施大于 5 处（表 3.24）。6 个保护区的核心区内有能源设施，12 个保护区的缓冲区内有能源设施。其中，长沙贡玛国家级自然保护区内能源设施数量达 37 处。

表 3.24　2010 年不同能源设施个数的国家级自然保护区数量表

能源设施个数/个	1～2	3～5	＞5
国家级自然保护区数量/个	20	5	5
所占比例/%	6.27	1.57	1.57

2. 空间分布

从空间上来看（图 3.18），2010 年能源设施主要分布于广东、甘肃、内蒙古和湖南等省份的国家级自然保护区内。

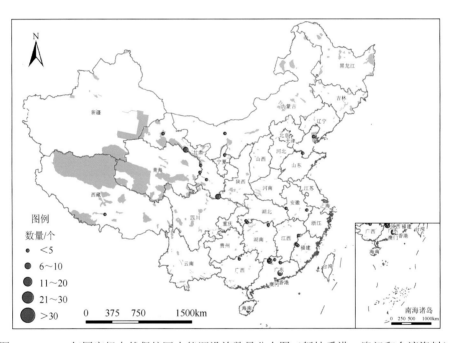

图 3.18　2010 年国家级自然保护区内能源设施数量分布图（暂缺香港、澳门和台湾资料）

（四）旅游用地

1. 数量

2010 年，全国共有 87 个国家级自然保护区内有旅游用地，10 个保护区的旅游用地数量大于 10 处，7 个保护区的旅游用地数量为 6～10 处（表 3.25）。29 个保护区的核心区内存在旅游用地，33 个保护区的缓冲区内存在旅游用地。其中，六盘山、吉林长白山、南麂列岛、辽宁仙人洞、浙江天目山等国家级自然保护区内的旅游用地数量较多，均在 10 处以上。

表3.25　2010年不同旅游用地个数的国家级自然保护区数量表

旅游用地个数/个	1～2	3～5	6～10	>10
国家级自然保护区数量/个	53	17	7	10
所占比例/%	16.61	5.33	2.19	3.13

2. 空间分布

从空间上来看（图3.19），2010年，全国31个省份的国家级自然保护区均已开展旅游活动。其中，内蒙古、广西、辽宁、黑龙江等省份的国家级自然保护区内旅游用地数量较多。全国87个有旅游用地的国家级自然保护区中，10个分布在内蒙古、6个分布在辽宁、6个分布在黑龙江、5个分布在广西。

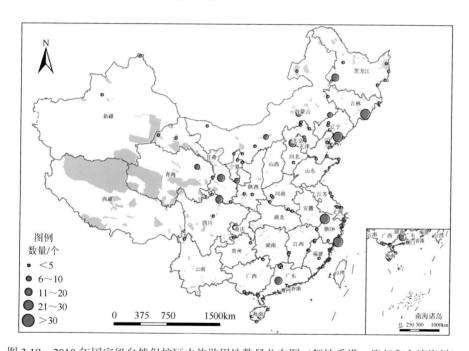

图3.19　2010年国家级自然保护区内旅游用地数量分布图（暂缺香港、澳门和台湾资料）

（五）交通运输用地

1. 数量

2010年，全国共有278个国家级自然保护区内有交通运输用地，5个保护区的交通运输用地数量大于100处，30个保护区的交通运输用地数量为50～100处（表3.26）。233个保护区的核心区内存在交通运输用地，235个保护区的缓冲区内存在交通运输用地。其中，张家界大鲵、金钟山黑颈长尾雉、内蒙古大青山、长江新螺段白鳘豚、丹江湿地等国家级自然保护区内的交通运输用地数量较多，均在100处以上。

表 3.26　　2010 年不同交通运输用地个数的国家级自然保护区数量表

交通运输用地个数/个	1～50	50～100	>100
国家级自然保护区数量/个	243	30	5
所占比例/%	76.18	9.40	1.57

2. 空间分布

从空间上来看（图 3.20），2000 年，全国 31 个省份的国家级自然保护区内均存在交通运输用地。其中，黑龙江、内蒙古、四川等省份的国家级自然保护区内交通运输用地数量较多。全国 278 个有交通运输用地的国家级自然保护区中，20 个分布在内蒙古、18 个分布在四川、20 个分布在黑龙江。

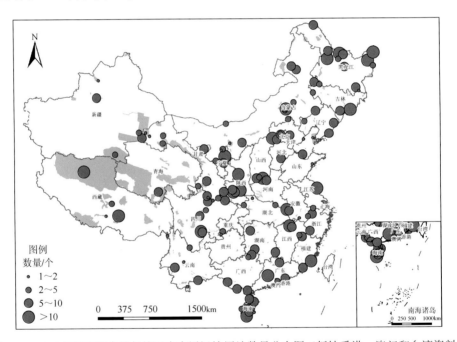

图 3.20　　2010 年国家级自然保护区内交通运输用地数量分布图（暂缺香港、澳门和台湾资料）

（六）农业生产用地

1. 面积

2010 年，全国共有 294 个国家级自然保护区内存在农业生产用地。12 个保护区的农业生产用地面积在 5 万 hm² 以上（表 3.27），总面积占国家级自然保护区农业生产用地总面积的 53.6%，其中，4 个分布在黑龙江。17 个保护区的农业生产用地面积为 2 万～5 万 hm²，总面积占国家级自然保护区农业生产用地总面积的 19.98%。饶河东北黑蜂、三江、南阳恐龙蛋化石群、挠力河、东洞庭湖等国家级自然保护区内农业生产用地的面积较大，均在 5 万 hm² 以上。

表 3.27 2010 年不同农业生产用地面积的国家级自然保护区数量表

农业生产用地面积/hm²	0~0.1	0.1~0.5	0.5~2	2~5	≥5
自然保护区数量/个	154	72	39	17	12
所占比例/%	48.28	22.57	12.23	5.33	3.76

2. 面积比例

2010 年，存在农业生产用地的国家级自然保护区中，5 个保护区的农业生产用地面积占保护区总面积的比例高于 70%，14 个保护区的农业生产用地面积比例为 50%～70%，21 个保护区的农业生产用地面积比例为 30%～50%（表 3.28）。大田、安徽扬子鳄、青龙山恐龙蛋化石群、新乡黄河湿地鸟类、升金湖等国家级自然保护区内农业生产用地面积百分比高于 70%。

表 3.28 2010 年不同农业生产用地面积百分比的国家级自然保护区数量表

农业生产用地面积占保护区面积的比例/%	0~10	10~30	30~50	50~70	>70
自然保护区数量/个	205	49	21	14	5
所占比例/%	64.26	15.36	6.58	4.39	1.57

3. 空间分布

从空间上来看（图 3.21 和图 3.22），2000 年，全国 31 个省份的国家级自然保护区内均存在农业生产用地，其主要分布在黑龙江、河南、吉林、内蒙古等省份的国家级自然保护区内，其中，35.52%分布在黑龙江、8.86%分布在吉林、8.83%分布在河南、8%分布在

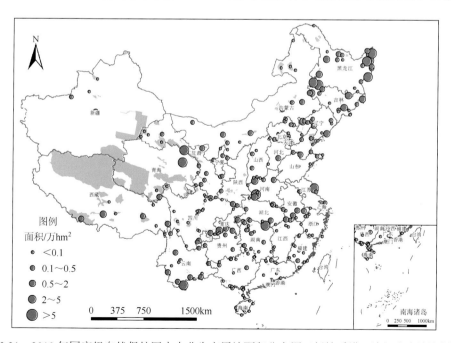

图 3.21 2010 年国家级自然保护区内农业生产用地面积分布图（暂缺香港、澳门和台湾资料）

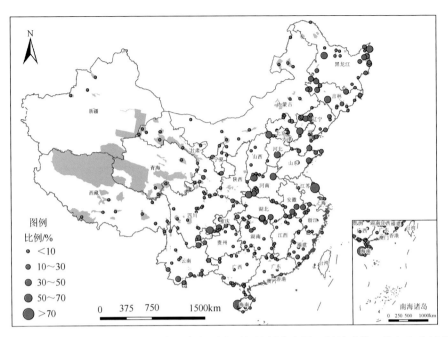

图 3.22　2010 年国家级自然保护区内农业生产用地面积比例分布图（暂缺香港、澳门和台湾资料）

内蒙古。40 个农业生产用地面积比例高于 30% 的保护区中，7 个分布在黑龙江，河南、湖北、吉林各有 4 个。

（七）居民点

1. 面积

2010 年，全国共有 292 个国家级自然保护区内有居民点。居民点面积在 100hm^2 以下的保护区有 151 个，占 47.34%（表 3.29），面积仅占居民点总面积的 2.68%。9 个保护区的居民点面积在 5000hm^2 以上，面积占居民点总面积的 44.29%。饶河东北黑蜂、南阳恐龙蛋化石群、东洞庭湖、莫莫格等国家级自然保护区内居民点的面积较大，面积均在 5000hm^2 以上。

表 3.29　2010 年不同居民点面积的国家级自然保护区数量表

居民点面积/hm^2	0～100	100～500	500～1000	1000～5000	>5000
自然保护区数量/个	151	84	24	24	9
所占比例/%	47.34	26.33	7.52	7.52	2.82

2. 面积比例

2010 年，在全国国家级自然保护区中，4 个保护区的居民点百分比高于 10%，11 个保护区的居民点面积百分比为 5%～10%（表 3.30）。青龙山恐龙蛋化石群、虎伯寮、威宁草海等国家级自然保护区内居民点面积百分比高于 10%。

表 3.30　2010 年不同居民点百分比的国家级自然保护区数量表

居民点面积占保护区总面积的比例/%	0~1	1~5	5~10	>10
自然保护区数量/个	217	60	11	4
所占比例/%	68.03	18.81	3.45	1.25

3. 空间分布

从空间上来看（图 3.23 和图 3.24），2010 年，全国 31 个省份的国家级自然保护区内

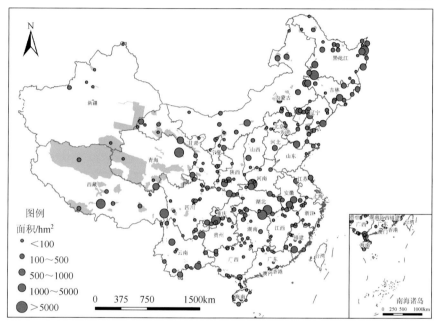

图 3.23　2010 年国家级自然保护区内居民点面积分布图（暂缺香港、澳门和台湾资料）

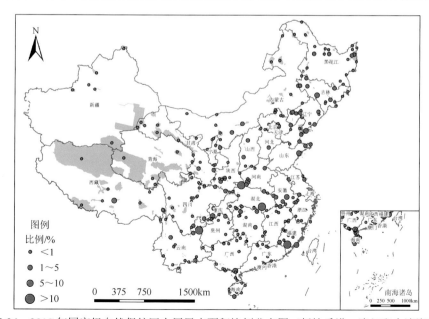

图 3.24　2010 年国家级自然保护区内居民点面积比例分布图（暂缺香港、澳门和台湾资料）

均存在居民点，其主要分布在黑龙江、内蒙古、河南、吉林等省份的国家级自然保护区内，其中，15.50%分布在黑龙江、9.15%分布在内蒙古、8.45%分布在河南、8.32%分布在吉林。

第四节　国家级自然保护区内人类活动变化分析

一、人类活动面积和数量变化情况

2000～2010年，国家级自然保护区内人类活动总面积由224.56万hm^2增加至228.32万hm^2，增幅为1.67%（表3.31）。其中，农业生产用地由198.62万hm^2增加至199.26万hm^2，增幅为0.32%；居民点由13.92万hm^2增加至15.96万hm^2，增幅为14.66%；工矿用地由1.04万hm^2增加至1.10万hm^2，增幅为5.77%；交通运输用地由10.00万hm^2增加至10.71万hm^2，增幅为7.10%；人工设施由0.88万hm^2增加至1.07万hm^2，增幅为21.59%；旅游用地由0.06万hm^2增加至0.12万hm^2，增幅为100%；能源设施由0.03万hm^2增加至0.04万hm^2，增幅为33.33%；采石场由0.01万hm^2增加至0.06万hm^2，增幅为500%。由此可见，近十年来居民点的面积增加最多，旅游用地和采石场的增幅较大，面积相比于2000年增加了两倍多。

表3.31　国家级自然保护区内人类活动面积变化情况表

人类活动类型	2000年面积/万hm^2	2010年面积/万hm^2	面积变化/万hm^2	增幅/%
农业生产用地	198.62	199.26	0.64	0.32
居民点	13.92	15.96	2.04	14.66
工矿用地	1.04	1.10	0.06	5.77
交通运输用地	10.00	10.71	0.71	7.10
人工设施	0.88	1.07	0.19	21.59
采石场	0.01	0.06	0.05	500.00
旅游用地	0.06	0.12	0.06	100.00
能源设施	0.03	0.04	0.01	33.33
合计	224.56	228.32	3.76	1.67

2000～2010年，国家级自然保护区内人类活动斑块总数量由55392个增加至61902个，增幅为11.75%（表3.32）。其中，农业生产用地斑块数量由32373个增加至32516个，增幅为0.44%；居民点斑块数量由15368个增加至19863个，增幅为29.25%；工矿用地斑块数量由995个增加至1477个，增幅为48.44%；交通运输用地斑块数量由5788个增加至6760个，增幅为16.79%；人工设施斑块数量由722个增加至866个，增幅为19.94%；旅游用地斑块数量由67个增加至280个，增幅为317.91%；能源设施斑块数量由54个增加至70个，增幅为29.63%；采石场斑块数量由25个增加至70个，增幅为180%。由此可见，近十年来居民点斑块数量增加最多，但旅游用地和采石场斑块数量增幅较大。

表 3.32 国家级自然保护区内人类活动斑块数量变化情况表

人类活动类型	2000 年斑块数量/个	2010 年斑块数量/个	斑块数量变化/个	增幅/%
农业生产用地	32373	32516	143	0.44
居民点	15368	19863	4495	29.25
工矿用地	995	1477	482	48.44
交通运输用地	5788	6760	972	16.79
人工设施	722	866	144	19.94
采石场	25	70	45	180.00
旅游用地	67	280	213	317.91
能源设施	54	70	16	29.63
合计	55392	61902	6510	11.75

综上所述,319 个国家级自然保护区中仅有黑龙江大兴安岭汗马国家级自然保护区近十年来没有出现人类活动,其余 318 个国家级自然保护区内的人类活动均出现了不同程度的增加趋势。其中,居民点的面积和斑块数量增加最多,采石场的面积和斑块数量增幅最大。

319 个国家级自然保护区中有 230 个保护区的人类活动面积近十年来基本没有增加(图 3.25),面积增加最多的保护区为黑龙江挠力河国家级自然保护区,该保护区 2000~2010 年人类活动总面积增加了 0.48 万 hm²,主要是农业生产用地和居民点的面积有所增加。

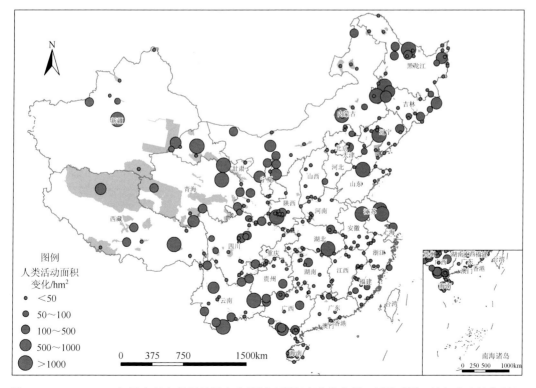

图 3.25 2000~2010 年国家级自然保护区内人类活动面积变化分布图(暂缺香港、澳门和台湾资料)

二、不同功能区人类活动及变化情况

（一）各功能区人类活动情况

2000～2010 年，实验区内有人类活动的国家级自然保护区由 276 个增加至 302 个，区内人类活动总面积由 119.60 万 hm² 增加至 121.60 万 hm²，增幅为 1.67%；缓冲区内有人类活动的国家级自然保护区数量维持不变，仍为 243 个，区内人类活动总面积由 43.25 万 hm² 增加至 44.70 万 hm²，增幅为 3.38%；核心区内有人类活动的国家级自然保护区由 251 个增加至 253 个，区内人类活动总面积由 61.70 万 hm² 增加至 61.92 万 hm²，增幅为 0.36%（表 3.33）。

表 3.33　国家级自然保护区内各功能区划人类活动面积变化情况表

功能区划	2000 年面积/万 hm²	2010 年面积/万 hm²	面积变化/万 hm²	增幅/%
实验区	119.60	121.60	2	1.67
缓冲区	43.25	44.70	1.45	3.58
核心区	61.70	61.92	0.22	0.36
合计	224.55	228.22	3.67	1.63

（二）各功能区不同类型人类活动分析

1. 核心区人类活动及变化情况

2000～2010 年，核心区内有农业生产用地的保护区由 251 个增加至 253 个；有居民点的保护区由 178 个增加至 197 个；有人工设施的保护区由 45 个增加至 55 个；有工矿用地的保护区由 27 个增加至 29 个；有旅游用地的保护区由 19 个增加至 29 个；有能源设施的保护区由 5 个增加至 6 个；有交通运输用地的保护区由 219 个增加至 233 个；有采石场的保护区由 11 个增加至 19 个（表 3.34）。

表 3.34　核心区内有不同类型人类活动的保护区对比表　　（单位：个）

人类活动类型	2000 年保护区数量	2010 年保护区数量	数量变化
农业生产用地	251	253	2
居民点	178	197	19
工矿用地	27	29	2
交通运输用地	219	233	14
人工设施	45	55	10
旅游用地	19	29	10
能源设施	5	6	1
采石场	11	19	8

核心区内农业生产用地由 55.06 万 hm² 减少至 54.83 万 hm²，减幅为 0.42%；居民点由 4.03 万 hm² 增加至 4.59 万 hm²，增幅为 13.90%；工矿用地由 1.40 万 hm² 减少至 1.24 万 hm²，减幅为 11.43%；交通运输用地由 0.81 万 hm² 增加至 0.86 万 hm²，增幅为 6.17%；人工设施由 0.15 万 hm² 增加至 0.18 万 hm²，增幅为 20.00%；旅游用地由 0.03 万 hm² 增加至 0.11 万 hm²，增幅为 266.67%；能源设施由 0.02 万 hm² 增加至 0.06 万 hm²，增幅为 200.00%；采石场由 0.01 万 hm² 增加至 0.02 万 hm²，增幅为 100%（表 3.35）。

表 3.35 核心区人类活动面积变化情况表

人类活动类型	2000 年面积/万 hm²	2010 年面积/万 hm²	面积变化/万 hm²	增幅/%
农业生产用地	55.06	54.83	−0.23	−0.42
居民点	4.03	4.59	0.56	13.90
工矿用地	1.40	1.24	−0.16	−11.43
交通运输用地	0.81	0.86	0.05	6.17
人工设施	0.15	0.18	0.03	20.00
旅游用地	0.03	0.11	0.08	266.67
能源设施	0.02	0.06	0.04	200.00
采石场	0.01	0.02	0.01	100.00
合计	61.51	61.89	0.38	0.62

2. 缓冲区人类活动及变化情况

2000～2010 年，缓冲区内有农业生产用地的保护区数量不变；有居民点的保护区由 219 个增加至 239 个；有人工设施的保护区由 60 个增加至 77 个；有工矿用地的保护区由 44 个减少至 43 个；有旅游用地的保护区由 29 个增加至 33 个；有能源设施的保护区由 7 个增加至 12 个；有交通运输用地的保护区由 220 个增加至 235 个；有采石场的保护区由 9 个增加至 24 个（表 3.36）。

表 3.36 缓冲区内有不同类型人类活动的保护区对比表 （单位：个）

人类活动类型	2000 年保护区数量	2010 年保护区数量	数量变化
农业生产用地	243	243	0
居民点	219	239	20
工矿用地	44	43	−1
交通运输用地	220	235	15
人工设施	60	77	17
旅游用地	29	33	4
能源设施	7	12	5
采石场	9	24	15

缓冲区内农业生产用地由 38.58 万 hm^2 增加至 39.36 万 hm^2，增幅为 2.02%；居民点由 2.83 万 hm^2 增加至 3.29 万 hm^2，增幅为 16.25%；工矿用地由 0.98 万 hm^2 减少至 0.89 万 hm^2，减幅为 9.18%；交通运输用地由 0.57 万 hm^2 增加至 0.62 万 hm^2，增幅为 8.77%；人工设施由 0.11 万 hm^2 增加至 0.13 万 hm^2，增幅为 18.18%；旅游用地由 0.02 万 hm^2 增加至 0.08 万 hm^2，增幅为 300%；能源设施由 0.01 万 hm^2 增加至 0.04 万 hm^2，增幅为 300%；采石场由 0.01 万 hm^2 增加至 0.02 万 hm^2，增幅为 100%（表 3.37）。

表 3.37　缓冲区人类活动面积变化情况表

人类活动类型	2000 年面积/万 hm^2	2010 年面积/万 hm^2	面积变化/万 hm^2	增幅/%
农业生产用地	38.58	39.36	0.78	2.02
居民点	2.83	3.29	0.46	16.25
工矿用地	0.98	0.89	−0.09	−9.18
交通运输用地	0.57	0.62	0.05	8.77
人工设施	0.11	0.13	0.02	18.18
旅游用地	0.02	0.08	0.06	300.00
能源设施	0.01	0.04	0.03	300.00
采石场	0.01	0.02	0.01	100.00
合计	43.11	44.43	1.32	3.04

3. 实验区人类活动及变化情况

2000～2010 年，实验区内有农业生产用地的保护区由 276 个减少至 275 个；有居民点的保护区由 253 个增加至 265 个；有人工设施的保护区由 108 个增加至 121 个；有工矿用地的保护区由 62 个增加至 64 个；有旅游用地的保护区由 45 个增加至 57 个；有能源设施的保护区由 18 个增加至 22 个；有交通运输用地的保护区由 241 个增加至 255 个；有采石场的保护区由 13 个增加至 35 个（表 3.38）。

表 3.38　实验区内有不同类型人类活动的保护区对比表　　　（单位：个）

人类活动类型	2000 年保护区数量	2010 年保护区数量	数量变化
农业生产用地	276	275	−1
居民点	253	265	12
工矿用地	62	64	2
交通运输用地	241	255	14
人工设施	108	121	13
旅游用地	45	57	12
能源设施	18	22	4
采石场	13	35	22

实验区内农业生产用地由 106.71 万 hm² 增加至 106.79 万 hm²，增幅为 0.08%；居民点由 7.81 万 hm² 增加至 8.94 万 hm²，增幅为 14.47%；工矿用地由 2.72 万 hm² 减少至 2.41 万 hm²，减幅为 11.40%；交通运输用地由 1.58 万 hm² 增加至 1.68 万 hm²，增幅为 6.33%；人工设施由 0.29 万 hm² 增加至 0.36 万 hm²，增幅为 24.14%；旅游用地由 0.06 万 hm² 增加至 0.21 万 hm²，增幅为 250%；能源设施由 0.03 万 hm² 增加至 0.12 万 hm²，增幅为 300%；采石场由 0.02 万 hm² 增加至 0.04 万 hm²，增幅为 100%（表 3.39）。

表 3.39　实验区人类活动面积变化情况表

人类活动类型	2000 年面积/万 hm²	2010 年面积/万 hm²	面积变化/万 hm²	增幅/%
农业生产用地	106.71	106.79	0.08	0.08
居民点	7.81	8.94	1.13	14.47
工矿用地	2.72	2.41	−0.31	−11.40
交通运输用地	1.58	1.68	0.1	6.33
人工设施	0.29	0.36	0.07	24.14
旅游用地	0.06	0.21	0.15	250.00
能源设施	0.03	0.12	0.09	300.00
采石场	0.02	0.04	0.02	100.00
合计	119.22	120.55	1.33	1.12

综上所述，2000～2010 年，农业生产用地面积在缓冲区内出现较大增长，而在核心区内则出现了减少现象；工矿用地在三个功能区内均呈现减少趋势；其余人类活动类型在三个功能区内均呈现增长趋势，尤其是在实验区内增长较多。

三、各类型保护区人类活动及变化情况

截至 2010 年，全国共有森林生态系统类型国家级自然保护区 140 个，内陆湿地和水域生态系统类型 34 个，草原与草甸生态系统类型 3 个，海洋和海岸生态系统类型 15 个，荒漠生态系统类型 12 个，野生动物类型 81 个，野生植物类型 17 个，自然遗迹类型 17 个。各类型保护区人类活动总面积变化情况见表 3.40。

表 3.40　各类型保护区人类活动面积变化情况表

保护区类型	2000 年人类活动面积/万 hm²	占该类型保护区总面积比例/%	2010 年人类活动面积/万 hm²	占该类型保护区总面积比例/%	增幅/%
森林生态系统	34.59	2.38	35.06	2.41	1.36
内陆湿地和水域生态系统	58.59	2.84	59.39	2.88	1.37
草原与草甸生态系统	2.52	3.08	2.55	3.12	1.19
海洋和海岸生态系统	10.06	24.44	10.20	24.78	1.39

续表

保护区类型	2000 年人类活动面积/万 hm²	占该类型保护区总面积比例/%	2010 年人类活动面积/万 hm²	占该类型保护区总面积比例/%	增幅/%
荒漠生态系统	5.45	0.14	5.52	0.14	1.28
野生动物	91.09	4.74	92.33	4.81	1.36
野生植物	4.58	5.17	4.64	5.23	1.31
自然遗迹	16.95	48.07	17.18	48.72	1.36

　　从各类型保护区人类活动面积上看，野生动物类型保护区人类活动面积最大，其次是内陆湿地和水域生态系统类型、森林生态系统类型，草原与草甸生态系统类型保护区人类活动面积最小。从各类型保护区人类活动面积占保护区面积比例上看，自然遗迹类型保护区人类活动面积占比最大，占该类型保护区总面积的 48%，出现该现象的主要原因是自然遗迹类型保护区的面积普遍较小，且大多临近城镇人口密集区域。其次是海洋和海岸生态系统类型和荒漠生态系统类型保护区，由于保护区面积巨大，其人类活动面积占比最小。

　　从各类型保护区人类活动面积增幅看，随着我国沿海地区经济的快速发展，导致海洋和海岸生态系统类型自然保护区内的人类活动面积增加幅度大于其他类型的自然保护区。

（一）森林生态系统类型国家级自然保护区人类活动变化情况

　　森林生态系统类型国家级自然保护区 2000 年人类活动总面积 34.59 万 hm²，占该类型国家级自然保护区总面积的 2.38%；2010 年人类活动总面积 35.06 万 hm²，占该类型国家级自然保护区总面积的 2.41%，增幅为 1.36%（表 3.40）。其中，农业生产用地面积近十年来基本无变化（表 3.41），但居民点面积增加了 0.31 万 hm²，是该类型国家级自然保护区内人类活动面积增加的主要原因。另外，2000～2010 年森林生态系统类型国家级自然保护区逐渐开始出现采石场和能源设施。

　　140 个森林生态系统类型国家级自然保护区中有 114 个保护区的人类活动总面积基本没有增加。面积增加最多的保护区为内蒙古大青山国家级自然保护区，近十年来该保护区的人类活动总面积增加了 0.13 万 hm²（图 3.26）。

表 3.41　森林生态系统类型国家级自然保护区人类活动面积变化情况表　　（单位：万 hm²）

人类活动类型	2000 年面积	2010 年面积	面积变化
农业生产用地	30.60	30.60	0.00
居民点	2.14	2.45	0.31
工矿用地	0.16	0.17	0.01
交通运输用地	1.54	1.64	0.10
人工设施	0.14	0.16	0.02
采石场	0.00	0.01	0.01
旅游用地	0.01	0.02	0.01
能源设施	0.00	0.01	0.01
合计	34.59	35.06	0.47

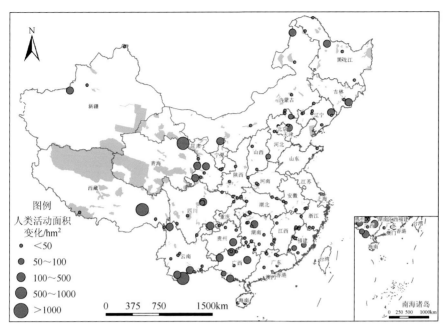

图 3.26　2000～2010 年森林生态系统类型国家级自然保护区人类活动面积变化分布图（暂缺香港、澳门和台湾资料）

（二）内陆湿地和水域生态系统类型国家级自然保护区人类活动变化情况

内陆湿地和水域生态系统类型国家级自然保护区 2000 年人类活动总面积 58.59 万 hm²，占该类型国家级自然保护区总面积的 2.84%；2010 年人类活动总面积 59.39 万 hm²，占该类型国家级自然保护区总面积的 2.88%，增幅为 1.37%（表 3.40）。其中，能源设施面积近十年来基本无变化（表 3.42），但居民点面积增加了 0.52 万 hm²，是该类型国家级自然保护区内人类活动面积增加的主要原因。另外，2000～2010 年内陆湿地和水域生态系统类型自然保护区逐渐开始出现采石场。

34 个内陆湿地和水域生态系统类型国家级自然保护区中有 21 个保护区的人类活动总面积基本没有增加。面积增加最多的保护区为黑龙江挠力河国家级自然保护区，近十年来该保护区的人类活动总面积增加了 0.48 万 hm²（图 3.27）。

表 3.42　内陆湿地和水域生态系统类型国家级自然保护区人类活动面积变化情况表 （单位：万 hm²）

人类活动类型	2000 年面积	2010 年面积	面积变化
农业生产用地	51.82	51.83	0.01
居民点	3.63	4.15	0.52
工矿用地	0.27	0.29	0.02
交通运输用地	2.61	2.79	0.18
人工设施	0.23	0.28	0.05
采石场	0.00	0.02	0.02

人类活动类型	2000 年面积	2010 年面积	面积变化
旅游用地	0.02	0.03	0.01
能源设施	0.01	0.01	0.00
合计	58.59	59.40	0.81

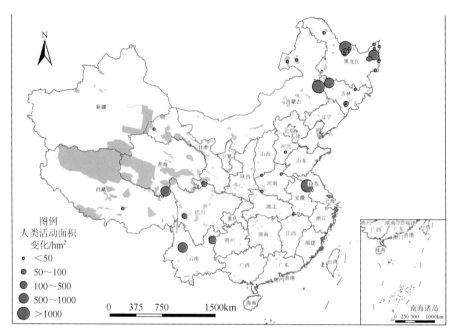

图 3.27　2000～2010 年内陆湿地和水域生态系统类型国家级自然保护区人类活动面积变化分布图（暂缺香港、澳门和台湾资料）

（三）草原与草甸生态系统类型国家级自然保护区人类活动变化情况

　　草原与草甸生态系统类型国家级自然保护区 2000 年人类活动总面积 2.52 万 hm²，占该类型国家级自然保护区总面积的 3.08%；2010 年人类活动总面积 2.55 万 hm²，占该类型国家级自然保护区总面积的 3.12%，增幅为 1.19%（表 3.40）。其中，农业生产用地、工矿用地、人工设施的面积近十年来基本无变化（表 3.43），旅游用地、能源设施、采石场在该类型保护区中没有出现，但居民点面积增加了 0.02 万 hm²，是该类型国家级自然保护区内人类活动面积增加的主要原因。

　　3 个草原与草甸生态系统类型国家级自然保护区仅有内蒙古阿鲁科尔沁草原国家级自然保护区的人类活动面积增加了 0.02 万 hm²，其余两个保护区的人类活动面积基本维持不变（图 3.28）。

表 3.43　草原与草甸生态系统类型国家级自然保护区人类活动面积变化情况表　（单位：万 hm²）

人类活动类型	2000 年面积	2010 年面积	面积变化
农业生产用地	2.23	2.23	0.00
居民点	0.16	0.18	0.02
工矿用地	0.01	0.01	0.00

续表

人类活动类型	2000 年面积	2010 年面积	面积变化
交通运输用地	0.11	0.12	0.01
人工设施	0.01	0.01	0.00
采石场	0.00	0.00	0.00
旅游用地	0.00	0.00	0.00
能源设施	0.00	0.00	0.00
合计	2.52	2.55	0.03

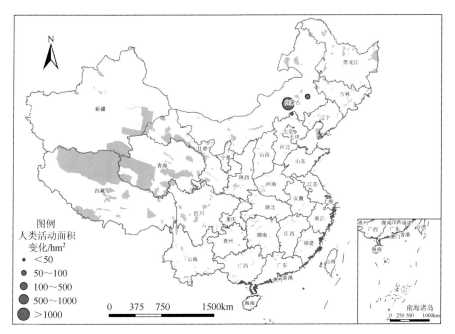

图 3.28 2000～2010 年草原与草甸生态系统类型国家级自然保护区人类活动面积变化分布图（暂缺香港、澳门和台湾资料）

（四）海洋和海岸生态系统类型国家级自然保护区人类活动变化情况

海洋和海岸生态系统类型国家级自然保护区 2000 年人类活动总面积 10.06 万 hm²，占该类型国家级自然保护区总面积的 24.44%；2010 年人类活动总面积 10.20 万 hm²，占该类型国家级自然保护区总面积的 24.78%，增幅为 1.39%（表 3.40）。其中，农业生产用地、工矿用地的面积近十年来基本无变化（表 3.44），能源设施、采石场在该类型保护区中没有出现，但居民点面积增加了 0.09 万 hm²，是该类型国家级自然保护区内人类活动面积增加的主要原因。另外，2000～2010 年海洋和海岸生态系统类型国家级自然保护区逐渐开始出现旅游用地。

15 个海洋和海岸生态系统类型国家级自然保护区中有 9 个保护区内的人类活动面积基本没有增加。面积增加最多的保护区为山东滨州贝壳堤岛与湿地国家级自然保护区，2000～2010 年该保护区人类活动总面积增加了 0.24 万 hm²（图 3.29）。

表 3.44　海洋和海岸生态系统类型国家级自然保护区人类活动面积变化情况表　（单位：万 hm^2）

人类活动类型	2000 年面积	2010 年面积	面积变化
农业生产用地	8.90	8.90	0.00
居民点	0.62	0.71	0.09
工矿用地	0.05	0.05	0.00
交通运输用地	0.45	0.48	0.03
人工设施	0.04	0.05	0.01
采石场	0.00	0.00	0.00
旅游用地	0.00	0.01	0.01
能源设施	0.00	0.00	0.00
合计	10.06	10.2	0.14

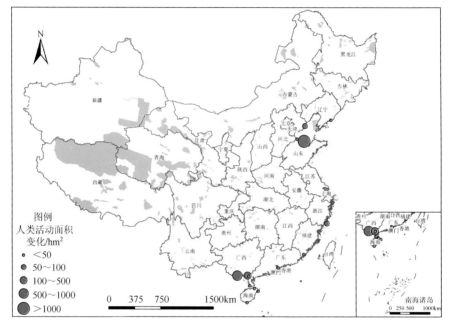

图 3.29　2000～2010 年海洋和海岸生态系统类型国家级自然保护区人类活动面积变化分布图（暂缺香港、澳门和台湾资料）

（五）荒漠生态系统类型国家级自然保护区人类活动变化情况

荒漠生态系统类型国家级自然保护区 2000 年人类活动总面积 5.45 万 hm^2，占该类型国家级自然保护区总面积的 0.14%；2010 年人类活动总面积 5.52 万 hm^2，占该类型国家级自然保护区总面积的 0.14%，增幅为 1.28%（表 3.40）。其中，农业生产用地、工矿用地的面积近十年来基本无变化（表 3.45），旅游用地、采石场、能源设施在该类型国家级自然保护区中没有出现，但居民点面积增加了 0.05 万 hm^2，是该类型国家级自然保护区内人类活动面积增加的主要原因。

12 个荒漠类型国家级自然保护区中有 5 个保护区内的人类活动面积基本没有增加。面积增加最多的保护区为新疆塔里木胡杨国家级自然保护区，2000～2010 年该保护区人类活动总面积增加了 0.58 万 hm^2（图 3.30）。

表 3.45 荒漠生态系统类型国家级自然保护区人类活动面积变化情况表 （单位：万 hm²）

人类活动类型	2000 年面积	2010 年面积	面积变化
农业生产用地	4.82	4.82	0.00
居民点	0.34	0.39	0.05
工矿用地	0.03	0.03	0.00
交通运输用地	0.24	0.26	0.02
人工设施	0.02	0.03	0.01
采石场	0.00	0.00	0.00
旅游用地	0.00	0.00	0.00
能源设施	0.00	0.00	0.00
合计	5.45	5.53	0.08

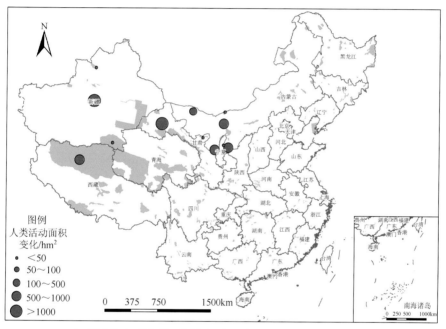

图 3.30 2000～2010 年荒漠生态系统类型国家级自然保护区人类活动面积变化分布图（暂缺香港、澳门和台湾资料）

（六）野生动物类型国家级自然保护区人类活动变化情况

野生动物类型国家级自然保护区 2000 年人类活动总面积 91.09 万 hm²，占该类型国家级自然保护区总面积的 4.74%；2010 年人类活动总面积 92.33 万 hm²，占该类型国家级自然保护区总面积的 4.81%，增幅为 1.36%（表 3.40）。其中，居民点面积增加了 0.80 万 hm²（表 3.46），是该类型国家级自然保护区内人类活动面积增加的主要原因。交通运输用地在该类型国家级保护区中也有显著增加。

81 个野生动物类型国家级自然保护区中有 53 个保护区的人类活动总面积基本没有增加。面积增加最多的保护区为黑龙江饶河东北黑蜂国家级自然保护区，2000～2010 年该保护区人类活动总面积增加了 0.31 万 hm²（图 3.31），主要原因是该保护区范围涉及了部分饶河县城，导致区内人类活动发展较快。

表 3.46　野生动物类型国家级自然保护区人类活动面积变化情况表　　（单位：万 hm²）

人类活动类型	2000 年面积	2010 年面积	面积变化
农业生产用地	80.57	80.58	0.01
居民点	5.65	6.45	0.80
工矿用地	0.42	0.44	0.02
交通运输用地	4.06	4.33	0.27
人工设施	0.36	0.43	0.07
采石场	0.00	0.02	0.02
旅游用地	0.02	0.05	0.03
能源设施	0.01	0.02	0.01
合计	91.09	92.32	1.23

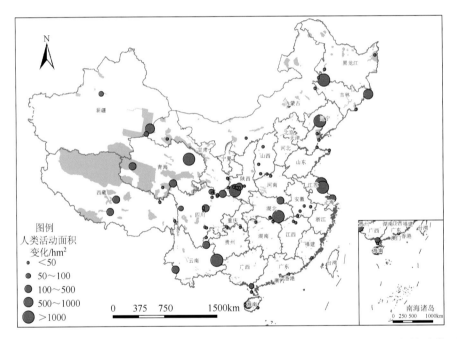

图 3.31　2000～2010 年野生动物类型国家级自然保护区人类活动面积变化分布图（暂缺香港、澳门和台湾资料）

（七）野生植物类型国家级自然保护区人类活动变化情况

野生植物类型国家级自然保护区 2000 年人类活动总面积 4.58 万 hm²，占该类型国家级自然保护区总面积的 5.17%；2010 年人类活动总面积 4.63 万 hm²，占该类型国家级自然保护区总面积的 5.23%，增幅为 1.31%（表 3.40）。其中，农业生产用地、工矿用地、人工设施的面积近十年来基本无变化（表 3.47），旅游用地、采石场、能源设施在该类型国家级自然保护区中没有出现，但居民点面积增加了 0.04 万 hm²，是该类型国家级自然保护区内人类活动面积增加的主要原因。

　　17 个野生植物类型国家级自然保护区中有 12 个保护区的人类活动总面积基本没有增加。增加最多的保护区为湖北星斗山国家级自然保护区，2000～2010 年该保护区人类活动总面积增加了 0.17 万 hm² （图 3.32）。

表 3.47　野生植物类型国家级自然保护区人类活动面积变化情况表　　　（单位：万 hm²）

人类活动类型	2000 年面积	2010 年面积	面积变化
农业生产用地	4.05	4.05	0.00
居民点	0.28	0.32	0.04
工矿用地	0.02	0.02	0.00
交通运输用地	0.20	0.22	0.02
人工设施	0.02	0.02	0.00
采石场	0.00	0.00	0.00
旅游用地	0.00	0.00	0.00
能源设施	0.00	0.00	0.00
合计	4.57	4.63	0.06

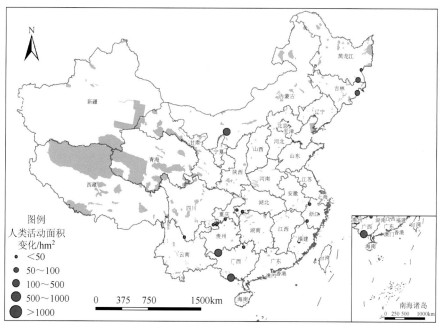

图 3.32　2000～2010 年野生植物类型国家级自然保护区人类活动面积变化分布图（暂缺香港、澳门和台湾资料）

（八）自然遗迹类型国家级自然保护区人类活动变化情况

　　自然遗迹类型国家级自然保护区 2000 年人类活动总面积 16.95 万 hm²，占该类型国家级自然保护区总面积的 48.07%；2010 年人类活动总面积 17.18 万 hm²，占该类型国家级自然保护区总面积的 48.72%，增幅为 1.36%（表 3.40）。其中，农业生产用地、工矿用地的面积近十年来基本无变化（表 3.48），采石场、能源设施在该类型国家级自然保护区中没有出现，但居民点面积增加了 0.15 万 hm²，是该类型国家级自然保护区内人类活动面积增加的主要原因。另外，2000～2010 年自然遗迹类型国家级自然保护区逐渐出现旅游用地。

17 个自然遗迹类型国家级自然保护区中有 15 个保护区内的人类活动面积基本没有增加。面积增加最多的保护区为天津古海岸与湿地国家级自然保护区，2000～2010 年该保护区人类活动总面积增加了 0.06 万 hm²（图 3.33）。

表 3.48　自然遗迹类型国家级自然保护区人类活动面积变化情况表　　　（单位：万 hm²）

人类活动类型	2000 年面积	2010 年面积	面积变化
农业生产用地	14.99	14.99	0.00
居民点	1.05	1.20	0.15
工矿用地	0.08	0.08	0.00
交通运输用地	0.75	0.81	0.06
人工设施	0.07	0.08	0.01
采石场	0.00	0.00	0.00
旅游用地	0.00	0.01	0.01
能源设施	0.00	0.00	0.00
合计	16.94	17.17	0.23

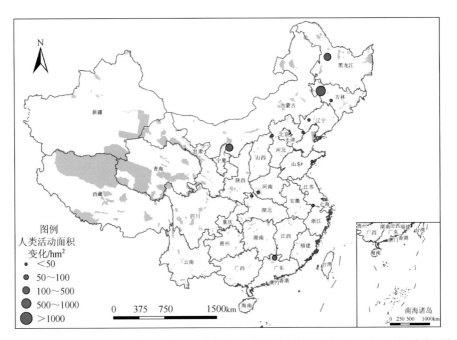

图 3.33　2000～2010 年自然遗迹类型国家级自然保护区人类活动面积变化分布图（暂缺香港、澳门和台湾资料）

综上所述,各类型国家级自然保护区内的人类活动面积近十年来的变化主要是居民点面积的增加,其余人类活动面积增加相对较少。森林生态、内陆湿地与水域和野生动物这三种数量与面积占主导地位的国家级自然保护区内涉及了所有类型的人类活动,而草原与草甸、荒漠和野生植物类型国家级自然保护区内基本没有旅游用地、采石场与能源设施。

四、七大区域国家级自然保护区人类活动及变化情况

截至 2010 年年底,东北地区有国家级自然保护区 50 个、华北地区 44 个、华东地区 48 个、华南地区 36 个、华中地区 38 个、西北地区 45 个、西南地区 58 个。各区域国家级自然保护区人类活动总面积变化情况见表 3.49。

表 3.49　各区域国家级自然保护区人类活动面积变化情况表

区域	2000 年人类活动面积/万 hm²	占该区域保护区总面积比例/%	2010 年人类活动面积/万 hm²	占该区域保护区总面积比例/%	增幅/%
东北地区	103.82	19.28	104.86	19.47	0.99
华北地区	27.33	5.92	28.14	6.09	2.96
华东地区	24.39	19.26	25.32	19.99	3.81
华南地区	1.67	2.72	1.72	2.80	2.99
华中地区	31.88	22.77	32.23	23.02	1.10
西北地区	16.19	0.43	16.61	0.44	2.59
西南地区	19.27	0.42	19.46	0.44	0.99

从各区域人类活动面积上看,东北地区人类活动面积最大,华南地区人类活动面积最小。从各区域人类活动面积占国家级自然保护区面积的比例上看,东北地区、华东地区、华中地区的人类活动面积所占比例较高,其中,华中地区的人类活动面积所占比例位居全国第一。东北地区作为我国粮食的主要产区之一,大部分国家级自然保护区内拥有大量农田,导致区内人类活动面积较大;而华东地区与华中地区由于人口密度、城镇化水平位居全国前列,因此国家级自然保护区内的人类活动面积较大。

从各区域人类活动面积增幅上看,华北地区、华东地区、华南地区的国家级自然保护区内人类活动面积增幅较大,其中,华东地区的人类活动面积增幅位居全国第一,达3.81%。其主要原因是这三个区域均位于我国东部沿海经济发达地区,涵盖了我国东部地区经济最发达的省份,是我国社会经济发展最快、人口密度最大、城市化发展最成熟的地区,因此该区域内人类活动对国家级自然保护区的侵蚀速度远大于其他地区。此外,西北地区国家级自然保护区内的人类活动面积增幅也达到 2.59%,出现该现象的主要原因与近十年来我国实施西部经济大开发有关。

(一)东北地区国家级自然保护区人类活动变化情况

东北地区国家级自然保护区 2000 年人类活动总面积 103.82 万 hm²,占该区域国家级自然保护区总面积的 19.28%;2010 年人类活动总面积 104.86 万 hm²,占该区域国家

级自然保护区总面积的 19.47%，增幅为 0.99%（表 3.49）。其中，农业生产用地面积减少了 0.33 万 hm² （表 3.50），但居民点面积增加了 0.89 万 hm²，是该地区国家级自然保护区内人类活动面积增加的主要原因。另外，2000～2010 年东部地区国家级自然保护区逐渐开始出现采石场。

东北地区 50 个国家级自然保护区中有 37 个保护区的人类活动总面积基本没有增加，面积增加最多的保护区为黑龙江挠力河国家级自然保护区，2000～2010 年该保护区的人类活动总面积增加了 0.48 万 hm²。

表 3.50　东北地区国家级自然保护区人类活动面积变化情况表　　（单位：万 hm²）

人类活动类型	2000 年面积	2010 年面积	面积变化
农业生产用地	91.83	91.50	−0.33
居民点	6.44	7.33	0.89
工矿用地	0.48	0.51	0.03
交通运输用地	4.62	4.92	0.30
人工设施	0.41	0.49	0.08
采石场	0.00	0.03	0.03
旅游用地	0.03	0.06	0.03
能源设施	0.01	0.02	0.01
合计	103.82	104.86	1.04

东北地区辽宁、吉林、黑龙江三个省份的国家级自然保护区人类活动总面积变化情况见表 3.51。

表 3.51　东北三省国家级自然保护区人类活动面积变化情况表

省份	2000 年人类活动面积/万 hm²	占该省份保护区总面积比例/%	2010 年人类活动面积/万 hm²	占该省份保护区总面积比例/%	增幅/%
辽宁	6.96	6.54	7.00	6.57	0.57
吉林	11.93	11.45	12.00	11.52	0.59
黑龙江	86.64	26.42	87.90	26.81	1.45

综上所述，黑龙江国家级自然保护区内的人类活动在面积总量、增幅以及占全省国家级自然保护区面积比例均位居第一，其主要原因是该省是我国重要的粮食产区，大部分保护区内均拥有大面积的农田，导致该省国家级自然保护区内的人类活动面积较大。

（二）华北地区国家级自然保护区人类活动变化情况

华北地区国家级自然保护区 2000 年人类活动总面积 27.33 万 hm²，占该地区国家级自然保护区总面积的 5.92%；2010 年人类活动总面积 28.14 万 hm²，占该地区国家级自然保护区总面积的 6.09%，增幅为 2.96%（表 3.49）。其中，旅游用地面积近十年来基本无变化（表 3.52），能源设施在地区国家级自然保护区中基本没有出现，但农业生产用地面积增加了 0.39 万 hm²，是该地区国家级自然保护区内人类活动面积增加的主要原因。另外，2000～2010 年华北地区国家级自然保护区逐渐开始出现采石场。

华北地区 44 个国家级自然保护区中有 33 个保护区的人类活动总面积基本没有增加，面积增加最多的保护区为内蒙古大青山国家级自然保护区，2000～2010 年该保护区的人类活动总面积增加了 0.13 万 hm²。

表 3.52　华北地区国家级自然保护区人类活动面积变化情况表　（单位：万 hm²）

人类活动类型	2000 年面积	2010 年面积	面积变化
农业生产用地	24.17	24.56	0.39
居民点	1.69	1.97	0.28
工矿用地	0.13	0.14	0.01
交通运输用地	1.22	1.32	0.10
人工设施	0.11	0.13	0.02
采石场	0.00	0.01	0.01
旅游用地	0.01	0.01	0.00
能源设施	0.00	0.00	0.00
合计	27.33	28.14	0.81

华北地区五个省份的国家级自然保护区人类活动总面积变化情况见表 3.53。

表 3.53　华北五省份国家级自然保护区人类活动面积变化情况表

省份	2000 年人类活动面积/万 hm²	占该省份保护区总面积比例/%	2010 年人类活动面积/万 hm²	占该省份保护区总面积比例/%	增幅/%
河北	2.35	8.49	2.36	8.53	0.43
山西	0.61	8.09	0.62	8.28	1.64
北京	0.11	4.04	0.11	4.04	0
天津	3.24	75.66	3.30	77.11	1.85
内蒙古	21.48	5.12	22.30	5.31	3.82

综上所述，内蒙古国家级自然保护区内的人类活动在面积总量、增幅位居该地区第一，其主要原因是该自治区是我国重要的资源型省份，大部分保护区内均拥有丰富的矿产资源，随着人类对矿产资源需求的日益增长，导致该自治区内国家级自然保护区内的人类活动面积尤其是工矿用地面积较大。

（三）华东地区国家级自然保护区人类活动变化情况

华东地区国家级自然保护区 2000 年人类活动总面积 24.39 万 hm²，占该地区国家级自然保护区总面积的 19.26%；2010 年人类活动总面积 25.32 万 hm²，占该地区国家级自然保护区总面积的 19.99%，增幅为 3.81%（表 3.49）。其中，旅游用地的面积近十年来基本无变化（表 3.54），能源设施在该地区国家级自然保护区中基本没有出现，但农业生产用地面积增加了 0.53 万 hm²，是该地区国家级自然保护区内人类活动面积增加的主要原因。

　　华东地区 48 个国家级自然保护区中有 40 个保护区的人类活动总面积基本没有增加，面积增加最多的保护区为江苏盐城湿地珍禽国家级自然保护区，2000～2010 年该保护区的人类活动总面积增加了 0.29 万 hm²。

表 3.54　华东地区国家级自然保护区人类活动面积变化情况表　　　　（单位：万 hm²）

人类活动类型	2000 年面积	2010 年面积	面积变化
农业生产用地	21.57	22.10	0.53
居民点	1.51	1.77	0.26
工矿用地	0.11	0.12	0.01
交通运输用地	1.09	1.19	0.10
人工设施	0.10	0.12	0.02
采石场	0.00	0.01	0.01
旅游用地	0.01	0.01	0.00
能源设施	0.00	0.00	0.00
合计	24.39	25.32	0.93

　　华东地区七个省份的国家级自然保护区人类活动总面积变化情况见表 3.55。

表 3.55　华东五省份国家级自然保护区人类活动面积变化情况表

省份	2000 年人类活动面积/万 hm²	占该省份保护区总面积比例/%	2010 年人类活动面积/万 hm²	占该省份保护区总面积比例/%	增幅/%
上海	0.12	1.29	0.12	1.29	0
江苏	11.30	11.45	12	11.52	6.19
安徽	4.58	27.70	4.58	27.70	0
浙江	0.51	5.16	0.51	5.16	0
山东	6.61	28.94	7.08	30.99	7.11
福建	1.20	6.38	1.25	6.65	4.17
江西	0.47	3.14	0.47	3.14	0

　　综上所述，华东地区作为我国经济发展最为快速的地区之一，该区域内各省份国家级自然保护区人类活动面积理应出现较大幅度的增长，但实际情况则是上海、安徽、浙江与江西四个省份国家级自然保护区人类活动面积基本没有出现增长，这与上述省份重视自然保护区管理有关。而山东、江苏与福建三省的国家级自然保护区人类活动面积却出现了增长趋势，其主要原因是山东和江苏两省近十年来大量开发沿海滩涂资源，导致沿海保护区内的人类活动面积大幅增加。

（四）华南地区国家级自然保护区人类活动变化情况

华南地区国家级自然保护区2000年人类活动总面积1.67万hm²，占该类型国家级自然保护区总面积的2.72%；2010年人类活动总面积1.72万hm²，占该类型国家级自然保护区总面积的2.80%，增幅为2.99%（表3.49）。其中，工矿用地、人工设施的面积近十年来基本无变化（表3.56），旅游用地、能源设施、采石场在该地区国家级自然保护区中基本没有出现，但农业生产用地和居民点面积均增加了0.02万hm²，是该地区国家级自然保护区内人类活动面积增加的主要原因。

华南地区36个国家级自然保护区中有34个保护区内的人类活动面积基本没有增加。面积增加最多的国家级自然保护区为广西大明山国家级自然保护区，2000~2010年该保护区人类活动总面积增加了0.02万hm²。

表3.56　华南地区国家级自然保护区人类活动面积变化情况表　（单位：万hm²）

人类活动类型	2000年面积	2010年面积	面积变化
农业生产用地	1.48	1.50	0.02
居民点	0.10	0.12	0.02
工矿用地	0.01	0.01	0.00
交通运输用地	0.07	0.08	0.01
人工设施	0.01	0.01	0.00
采石场	0.00	0.00	0.00
旅游用地	0.00	0.00	0.00
能源设施	0.00	0.00	0.00
合计	1.67	1.72	0.05

华南地区三个省份的国家级自然保护区人类活动总面积变化情况见表3.57。

表3.57　华南三省份国家级自然保护区人类活动面积变化情况表

省份	2000年人类活动面积/万hm²	占该省份保护区总面积比例/%	2010年人类活动面积/万hm²	占该省份保护区总面积比例/%	增幅/%
广东	0.41	2.26	0.41	2.26	0
广西	1.14	3.56	1.18	3.69	3.57
海南	0.15	1.40	0.16	1.41	0.67

综上所述，尽管2000~2010年华南地区人类活动增幅较大，但广东国家级自然保护区人类活动面积近十年来基本没有增长，说明该省份重视自然保护区的管理，而广西和海南近十年来人类活动面积均呈增长趋势，是导致该地区人类活动面积增加的主要因素。

（五）华中地区国家级自然保护区人类活动变化情况

华中地区国家级自然保护区2000年人类活动总面积31.88万hm²，占该类型国家级自然保护区总面积的 22.77%；2010 年人类活动总面积 32.23 万 hm^2，占该类型国家级自然保护区总面积的 23.02%，增幅为 1.10%（表 3.49）。各种人类活动在该地区的国家级自然保护区中均有出现，其中，农业生产用地近十年来呈减少趋势（表 3.58），但居民点面积增加了 0.27 万 hm^2，是该地区国家级自然保护区内人类活动面积增加的主要原因。

华中地区 38 个国家级自然保护区中有 30 个保护区内的人类活动面积基本没有增加，面积增加最多的保护区为湖北星斗山国家级自然保护区，2000～2010 年该保护区人类活动总面积增加了 0.17 万 hm^2。

表 3.58　华中地区国家级自然保护区人类活动面积变化情况表　　（单位：万 hm^2）

人类活动类型	2000 年面积	2010 年面积	面积变化
农业生产用地	28.20	28.13	−0.07
居民点	1.98	2.25	0.27
工矿用地	0.15	0.16	0.01
交通运输用地	1.42	1.51	0.09
人工设施	0.12	0.15	0.03
采石场	0.00	0.01	0.01
旅游用地	0.01	0.02	0.01
能源设施	0.00	0.01	0.01
合计	31.88	32.24	0.36

华中地区三个省份的国家级自然保护区人类活动总面积变化情况如表 3.59 所示。

表 3.59　华中三省份国家级自然保护区人类活动面积变化情况表

省份	2000 年人类活动面积/万 hm^2	占该省份保护区总面积比例/%	2010 年人类活动面积/万 hm^2	占该省份保护区总面积比例/%	增幅/%
湖北	8.06	26.54	8.45	27.80	4.84
湖南	7.43	12.72	7.47	12.79	0.54
河南	16.91	32.98	16.95	33.05	0.24

综上所述，由于华中地区是我国人口较为密集的区域，周边社区的发展对保护区造成了巨大影响，因此该地区各省份国家级自然保护区人类活动面积总量及占保护区面积比例都比较大，且人类活动面积的增幅呈逐年增长趋势，其中，湖北的人类活动面积增幅最大，而河南的总量及占保护区面积比例则位居该地区第一。

（六）西北地区国家级自然保护区人类活动变化情况

西北地区国家级自然保护区 2000 年人类活动总面积 16.19 万 hm^2，占该类型国家级自然保护区总面积的 0.43%；2010 年人类活动总面积 16.61 万 hm^2，占该类型国家级自然保护区总面积的 0.44%，增幅为 2.59%（表 3.49）。其中，采石场、能源设施在该地区国家级自然保护区中没有出现，但农业生产用地面积增加了 0.18 万 hm^2（表 3.60），是该地区国家级自然保护区内人类活动面积增加的主要原因，居民的面积在该类型国家级自然保护区中也有显著增加。

西北地区45个野生动物类型国家级自然保护区中有33个保护区的人类活动总面积基本没有增加。面积增加最多的保护区为陕西汉中朱鹮国家级自然保护区，2000～2010 年该保护区人类活动总面积增加了 0.14 万 hm²。

表 3.60　西北地区国家级自然保护区人类活动面积变化情况表　　（单位：万 hm²）

人类活动类型	2000 年面积	2010 年面积	面积变化
农业生产用地	14.32	14.50	0.18
居民点	1.00	1.16	0.16
工矿用地	0.07	0.08	0.01
交通运输用地	0.72	0.78	0.06
人工设施	0.06	0.08	0.02
采石场	0.00	0.00	0.00
旅游用地	0.00	0.01	0.01
能源设施	0.00	0.00	0.00
合计	16.17	16.61	0.44

西北地区五个省份的国家级自然保护区人类活动总面积变化情况见表 3.61。

表 3.61　西北五省份国家级自然保护区人类活动面积变化情况表

省份	2000 年人类活动面积/万 hm²	占该省份保护区总面积比例/%	2010 年人类活动面积/万 hm²	占该省份保护区总面积比例/%	增幅/%
甘肃	7.15	0.98	7.24	0.99	1.26
宁夏	3.44	7.36	3.59	7.69	4.36
青海	2.70	0.12	2.71	0.13	0.37
陕西	1.77	5.02	1.94	5.49	9.60
新疆	1.39	0.22	1.46	0.23	5.04

综上所述，2000～2010 年受我国西部大开发的影响，西北地区国家级自然保护区人类活动面积呈逐年上升趋势，其中，陕西、宁夏和新疆三省份的人类活动面积增幅较大，宁夏的人类活动面积总量和占保护区面积比例位居该地区第一。

（七）西南地区国家级自然保护区人类活动变化情况

西南地区国家级自然保护区 2000 年人类活动总面积 19.27 万 hm²，占该类型国家级自然保护区总面积的 0.42%；2010 年人类活动总面积 19.46 万 hm²，占该类型国家级自然保护区总面积的 0.44%，增幅为 0.99%（表 3.49）。其中，旅游用地、工矿用地的面积近十年来基本无变化（表 3.62），能源设施在该地区国家级自然保护区中没有出现，农业生产用地呈下降趋势，但居民点面积增加了 0.17 万 hm²，是该类型国家级自然保护区内人类活动面积增加的主要原因。

西南地区 58 个国家级自然保护区中有 46 个保护区的人类活动总面积基本没有增加。增加最多的保护区为云南大围山国家级自然保护区，2000～2010 年该保护区人类活动总面积增加了 0.08 万 hm^2。

表 3.62 西南地区国家级自然保护区人类活动面积变化情况表　　　（单位：万 hm^2）

人类活动类型	2000 年面积	2010 年面积	面积变化
农业生产用地	17.04	16.98	−0.06
居民点	1.19	1.36	0.17
工矿用地	0.09	0.09	0.00
交通运输用地	0.86	0.91	0.05
人工设施	0.08	0.09	0.01
采石场	0.00	0.01	0.01
旅游用地	0.01	0.01	0.00
能源设施	0.00	0.00	0.00
合计	19.27	19.45	0.18

西南地区五个省份的国家级自然保护区人类活动总面积变化情况如表 3.63 所示。

表 3.63 西南五省份国家级自然保护区人类活动面积变化情况表

省份	2000 年人类活动面积/万 hm^2	占该省份保护区总面积比例/%	2010 年人类活动面积/万 hm^2	占该省份保护区总面积比例/%	增幅/%
贵州	2.36	9.35	2.43	9.63	2.97
西藏	5.47	0.13	5.47	0.13	0
云南	5.38	3.81	5.51	3.91	2.42
重庆	0.73	3.91	0.73	3.91	0
四川	5.66	1.96	5.69	1.97	0.53

综上所述，2000～2010 年西南地区国家级自然保护区人类活动面积增加幅度较小，其中，西藏、重庆两省份的人类活动面积基本没有增加，贵州是该地区人类活动面积增加最多的省份。

五、小结

1. 人类活动面积与斑块数量呈缓慢增长趋势

2000～2010 年，国家级自然保护区人类活动总面积增加 3.76 万 hm^2，斑块数量增加 6510 个，增幅分别为 1.67%和 11.75%，各种类型人类活动的面积与斑块数量均呈缓慢增长趋势。由此可见，随着国家级自然保护区监督管理水平的逐步提高，保护区内人类活动的扩张速度得到了有效减缓。

2000～2010 年，保护区内人类活动面积与斑块数量增加最多的是居民点，分别增加了

2.04 万 hm^2 和 4495 个，分别占人类活动总面积与斑块数量增加值的 54.11% 和 69.08%。由此可见，周边社区发展对保护区范围的侵蚀是目前保护区面临的最主要的威胁因素。

2. 各功能区人类活动面积增加幅度呈实验区>缓冲区>核心区的规律

2000～2010 年，国家级自然保护区各功能区内的人类活动面积均呈增加趋势，其中实验区内的人类活动面积增加了 2 万 hm^2，占人类活动总面积增加值的 53.19%；缓冲区与核心区内的人类活动面积分别增加了 1.45 万 hm^2 和 0.22 万 hm^2。由此可见，核心区作为自然保护区各功能区中管理最为严格的区域有效限制了人类活动面积的扩大。

3. 东部沿海地区人类活动面积增幅较大

2000～2010 年，从全国各区域人类活动面积增幅来看，华北地区、华东地区、华南地区的国家级自然保护区内人类活动面积增幅较大，其中，华东地区的人类活动面积增幅位居全国第一，达 3.81%。其主要原因是这三个区域均位于我国东部沿海经济发达地区，涵盖了我国东部地区经济最发达的省份，是我国社会经济发展最快、人口密度最大、城市化发展最成熟的地区，因此该区域内人类活动对自然保护区的侵占速度远大于其他地区。

第五节 国家级自然保护区人类活动影响程度变化评价

一、全国总体评价

根据国家级自然保护区人类活动影响程度评价方法，分别计算 319 个国家级自然保护区 2000 年与 2010 年的人类活动影响程度指数，其影响程度变化空间分布如图 3.34 所示。

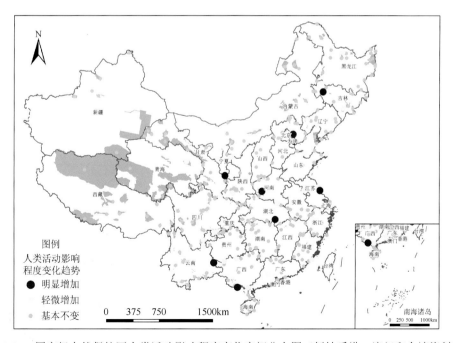

图 3.34 国家级自然保护区人类活动影响程度变化空间分布图（暂缺香港、澳门和台湾资料）

测算结果表明，国家级自然保护区人类活动整体维持不变，少数保护区有所增加。全国 319 个国家级自然保护区中，大丰麋鹿、北仑河口、八仙山、六盘山、长江新螺段白鱀豚、金钟山黑颈长尾雉、大布苏、古海岸与湿地、宝天曼 9 个保护区人类活动影响明显增加，占保护区总数的 3%（图 3.35）；29 个保护区人类活动影响轻微增加，占 9%；281 个保护区人类活动影响基本维持，占 88%。

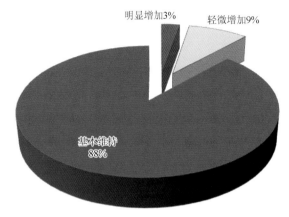

图 3.35　国家级自然保护区人类活动影响程度变化趋势比例图

二、不同类型国家级自然保护区人类活动影响评价

对不同类型国家级自然保护区 2000～2010 年人类活动变化分析表明，在 140 个森林生态系统类型保护区中，八仙山、六盘山、宝天曼国家级自然保护区人类活动影响变化趋势明显增加，6 个轻微增加；81 个野生动物类型保护区中，大丰麋鹿、长江新螺段白鱀豚、金钟山黑颈长尾雉国家级自然保护区明显增加，11 个轻微增加；17 个自然遗迹类型保护区中，大布苏、古海岸与湿地国家级自然保护区明显增加，2 个轻微增加；15 个海洋海岸生态系统类型保护区中，北仑河口国家级自然保护区明显增加，2 个轻微增加；34 个内陆湿地与水域生态系统类型保护区中，3 个保护区轻微增加；3 个草原与草甸生态系统类型保护区均基本不变；12 个荒漠生态系统类型保护区中，4 个轻微增加；17 个野生植物类型保护区中，1 个轻微增加。

从受人类活动影响的国家级自然保护区数量来看，野生动物类型保护区最多，其次是森林生态系统类型。从人类活动增加的国家级自然保护区占各类型国家级自然保护区数量比例来看，自然遗迹、海洋、野生动物国家级自然保护区受的影响较大。

三、不同区域国家级自然保护区人类活动影响评价

对不同区域国家级自然保护区人类活动变化分析表明，在华东地区 48 个保护区中，大丰麋鹿国家级自然保护区人类活动影响变化趋势明显增加，5 个轻微增加；东北地区 50 个保护区中，大布苏国家级自然保护区明显增加，5 个轻微增加；华北地区 44 个保护区中，八仙山、古海岸与湿地国家级自然保护区明显增加，3 个轻微增加；

华南地区 36 个保护区中，北仑河口、金钟山黑颈长尾雉国家级自然保护区明显增加，4 个轻微增加；华中地区 38 个保护区中，长江新螺段白鱀豚、宝天曼国家级自然保护区明显增加，董寨国家级自然保护区轻微增加；西北地区 45 个保护区中，六盘山国家级自然保护区明显增加，6 个轻微增加；西南地区 58 个保护区中，5 个轻微增加。从受人类活动影响的保护区数量来看，华北地区、华东地区、东北地区国家级自然保护区最多。

第六节　问题与建议

一、国家级自然保护区人类活动监督管理问题与建议

（一）国家级自然保护区人类活动产生的主要原因

造成国家级自然保护区内人类活动普遍存在且影响明显的原因有很多，总体而言，主要有以下几个方面。

1. 早期国家级自然保护区划建不尽合理，形成"历史遗留问题"

我国早期的国家级自然保护区建设以抢救性保护为主，建区前缺少对保护区资源和环境本底的详细调查和合理规划，片面追求保护区面积越大越好，将不少城镇、村庄和农田划入保护区，甚至有部分已开发建成的旅游设施和建设项目也被划入保护区范围内，成为国家级自然保护区的"历史遗留问题"。如饶河东北黑蜂国家级自然保护区、长岛国家级自然保护区的范围均包含了整个县城行政区，西鄂尔多斯国家级自然保护区包含了乌海市的工业整顿区，大黑山、小秦岭国家级自然保护区建立时区内就分布不少已建矿山。

上述"历史遗留问题"的存在，不可避免地对保护区及其周边地区居民的生产和生活以及国家重大基础建设项目的建设带来不利影响。为协调保护与发展的矛盾，按照《中华人民共和国自然保护区条例》的相关规定，在保护区的实验区内批准建立了一些法律法规许可内的建设项目，这也在一定程度上增加了保护区内的人类活动。

2. 少数地方政府对国家级自然保护区认识不足，重开发轻保护

国家级自然保护区的设立不可避免地会对所在地的经济发展带来一定影响，当自然保护与开发建设存在矛盾时，少数地方政府和保护区行政管理部门由于对国家级自然保护区设立的意义认识不到位，往往牺牲自然保护区的利益，默认或纵容违法违规活动，从而导致自然保护区内人类活动普遍，且呈逐步增长的趋势。20 世纪 80 年代及之前建立的一些国家级自然保护区，批准设立时仅有一个大致的范围，大多存在着边界不清的问题，这些保护区在保护与开发建设存在矛盾时，更易受到周边开发建设活动的蚕食，因而人类活动影响更为明显。

3. 管理体制不顺，管理工作不到位

我国国家级自然保护区实行综合管理与部门管理相结合的体制，自然保护区分属

多个行政部门，管理工作既交叉重叠，又存在着管理的缺失。对于具体的国家级自然保护区，综合管理部门受管理人力资源的限制和其行政主管部门的制约，很难对每一个保护区的管理工作进行全面监督。此外，少数国家级自然保护区的行政主管部门也存在管理不到位或管理工作中未按相关法律法规办事的问题，如在未经过环境影响评价的情况下批准在保护区内开展旅游活动等。更为严重的是，个别部门借批准保护区总体规划之际，私自同意保护区功能分区调整，致使一些建设项目进入保护区的缓冲区和核心区。

4. 法制不健全，管理制度缺失

1994 年颁布的《中华人民共和国自然保护区条例》是我国唯一一部适用于所有自然保护区的行政法规，该《条例》法律位阶低，约束力不够，同时也受当时立法水平的限制，对自然保护区内违法行为的处罚规定不全面、处罚力度严重不足，也未建立相应的责任追究制度等。这就使得保护区内违法成本极低，很难有效制止保护区内的违法活动。

（二）相关建议

按照新老区别、分类处理、因区制宜的原则，针对国家级自然保护区人类活动监督管理提出如下建议。

1. 妥善处理历史遗留问题

（1）对自然保护区建立前就存在、不符合法律法规要求的工矿企业、采石场以及核心区与缓冲区内的旅游设施等，督促保护区所在地政府采取关停和搬迁措施，确实无法关停和搬迁的则按照有关规定调整保护区范围。

（2）对保护对象有影响的农田和养殖场，督促保护区所在地政府进行退耕还林、还草、还湿，逐步恢复自然生境；对传统的、对保护对象影响较小的农业活动，要求保护区管理机构与村民签订共管协议，限制在原有规模之内并强化监督管理。

（3）对核心区和缓冲区内的居民点，有条件的地区，要求所在地政府结合新农村建设，组织实施搬迁，在农村环境综合整治等专项经费中给予重点支持。

2. 严肃处理保护区内的违法违规活动

对遥感监测和实地核查中发现的违法违规活动，视其违法违规程度和造成的影响，分别采取不同的处理措施。

（1）通报。及时将结果通报给各省、区、市人民政府、有关自然保护区行政主管部门和自然保护区管理机构。

（2）限期整改。对人类活动影响剧烈、违法违规问题严重的保护区要限期整改，并视整改结果发监察通知书、进行挂牌督办等。

（3）停补限批。对于通报和督办后整改不到位的自然保护区，拟扣减、暂停中央财政的资金补助，同时暂停涉及该自然保护区的建设项目的环评审批。

（4）区域环评限批。对于造成重大生态破坏，后果十分严重的，拟对保护区所在地的县域或地市级区域内的建设项目实施区域环评限批。

（5）信息公开。按照分期分类原则将监测结果向社会公布，并重点曝光一批整改不到位的自然保护区，引起各方面的重视。

（6）责任追究。对于违法审批、失职渎职和实施违法活动的相关单位和个人，严格追究责任。

3. 构建自然保护区长效监管体制

在总结经验的基础上，要构建自然保护区长效监管体制，以服务自然保护区的综合管理。

（1）完善自然保护区内的人类活动天地一体化监控系统，实现业务化、常态化监控。

（2）构建长期监测与重点监控相结合的工作机制，每五年开展一轮国家级自然保护区人类活动普查，每年选择人类活动剧烈、问题突出的自然保护区进行重点监控。

（3）强化国家级自然保护区专项执法检查和专项监督，并纳入环境监察年度考核。

（4）对申报新建的国家级自然保护区，在评审前首先进行人类活动遥感监测，并将监测结果提交评审委员会作为评审依据，以减少新建国家级自然保护区的人类活动。

（5）逐步推动地方级国家级自然保护区的人类活动遥感监测工作，提高保护区整体监管能力。

4. 进一步规范涉及自然保护区建设项目的生态准入

初步建立涉及国家级自然保护区建设项目的生态准入制度，对涉及自然保护区建设项目环境影响专题报告的编制、技术审查和审批制度进行规范化。同时，组织制定涉及国家级自然保护区建设项目的分类管理方法，明确规定禁止任何建设项目的国家级自然保护区，以及禁止进入其他国家级自然保护区的建设项目类型。对于可以避绕自然保护区的建设项目，一律禁止进入保护区。对因环境条件限制而无法避绕自然保护区的国家重大基础建设项目或当地社区的民生项目，严格限制在实验区内，并明确其占地范围、施工期限、施工方式和生态补偿措施，尽可能减少对自然保护区的人为干扰。

二、人类活动遥感监测问题与建议

（一）数据问题

本书的数据源主要以环境卫星 CCD、Landsat TM/ETM 影像结合部分 SPOT、ALOS 高分遥感影像为基础，其中，环境卫星 CCD、Landsat TM/ETM 影像的空间分辨率均为 30m，SPOT、ALOS 高分遥感影像的空间分辨率最高可达 2.5m。鉴于大部分人类活动遥感解译后的斑块面积较小，因此，使用高分遥感影像是监测人类活动的首选数据源。但在实际运作时，仍主要依托中分辨率的环境卫星 CCD、Landsat TM/ETM 影像数据源开展工作，其主要原因如下所述。

1. 高分遥感影像数据价格高

目前，在国内中分辨率的环境卫星 CCD、Landsat TM/ETM 影像数据均可以免费获取，但高分遥感影像数据的价格则普遍较高。其中，ALOS 数据的价格为每景 2550 元，SPOT5 数据的价格高达 1/8 景 14800 元。尽管大部分保护区面积小于 1 景高分遥感影像数据覆盖的面积，但由于自然保护区范围形状的不规则，所以单个保护区需要几景高分影像数据，不能简单按面积来计算。经初步估算，购买全国所有国家级自然保护区的高分遥感影像数据需要 3000 万元左右的经费。因此，鉴于经费不足，只能主要依托免费的中分辨率的环境卫星 CCD、Landsat TM/ETM 影像数据源开展工作，仅对部分重点区域采用高分遥感影像数据进行监测。

2. 高分遥感影像历史存档数据少

由于需要对 2000 年和 2010 年两期的人类活动状况分别进行遥感监测，因此，购买两期的高分遥感影像数据是需求之一。2010 年的高分遥感影像数据源相对比较丰富，但 2000 年高分遥感影像数据源在全球范围内仅有空间分辨率为 10m 的 SPOT4 数据，而且，大部分保护区的 SPOT4 数据在国内没有存档数据，需向国外地面站购买，每景的价格也比国内数据高。

（二）解译问题

本书主要通过目视解译遥感影像数据的方法，提取国家级自然保护区内的人类活动。由于大部分人类活动在遥感影像上没有统一的特征，因此为解译带来了很大的难度，需要开展大量的实地验证工作才能确保解译的精度。但国家级自然保护区大多位于远离城市的边远地区，给实地验证工作带来了较大困难。

另外，本书在开展过程中发现，保护区内并不是所有的人类活动均能通过遥感监测手段予以发现，例如，生态旅游活动、河流类型保护区的航运、湖泊类型保护区的网箱养殖、海洋类型保护区的航运及渔业捕捞等人类活动现象。遥感监测仅能发现农田以及各种开发建设项目等具有明显地物特征的人类活动。

（三）相关建议

针对人类活动遥感监测存在的问题，提出以下建议。

1. 加大经费投入购买高分遥感影像数据

高分遥感影像数据是发现和辨别保护区内人类活动的最佳数据基础，针对当前高分遥感影像数据价格较高的实际状况，建议相关部门加大对高分遥感影像数据的经费投入，尤其需要确保对主要保护对象栖息地的高分遥感影像数据覆盖。

2. 进一步加强开展实地验证工作

鉴于目前人类活动遥感解译特征的不统一性以及数据空间分辨率较低的现状，在以后的监测工作中需要进一步加强对自然保护区人类活动的实地验证工作。只有通过遥感监测手段的早发现，实地验证工作的后判定，才能有效遏制人类活动在自然保护区内的快速蔓延。

3. 突出人类活动遥感监测重点

针对部分区内人类活动无法运用遥感监测手段予以发现的情况，建议"自然保护区人类活动遥感监测"更名为"自然保护区开发建设项目遥感监测"，突出遥感监测在快速发现具有明显地物特征变化的人类活动方面的优势，从而正确定位遥感监测在自然保护区人类活动监管中的作用。

第四章　国家级自然保护区保护效果评价

自然保护区在保护我国自然资源和生态环境、维护国家生态安全等方面发挥着极为重要的作用。

当前，随着我国经济社会的快速发展，自然保护区面临的威胁逐渐增多，保护与开发矛盾日益突出，各类开发建设项目涉及自然保护区的现象越来越多，当地社区也逐渐蚕食保护区内土地，对保护区资源环境造成了极大破坏。如再不引起高度重视，将会直接影响我国自然保护区的健康发展。

一直以来，对自然保护区管护成效的评估主要集中在保护区管理的有效性方面，不少机构、学者开展了专门研究。1982 年巴厘世界公园大会期间，与会学者开始提出应加强保护区的有效管理，以实现保护区管理的目标。世界保护区委员会（WCPA）在 1997 年提出了保护区管理有效性的评价框架。在此基础上，世界银行/世界自然基金会在 2003 年发布了保护区管理有效性跟踪评估工具，设计了保护地区价值、保护目标、管理规划与行动、生态旅游、监测评估等在内的 30 项指标，通过分级赋值来评估保护地区的管理有效性。

我国于 1991 年在大连召开的全国自然保护区有效管理途径研讨会上，正式引入有效管理这一新理念。薛达元和郑允文（1994）较早地探讨并构建了我国自然保护区管理有效性的评价指标与评价标准。进入 21 世纪以来，关于自然保护区管理有效性评价的研究日益增多，并得到行政主管部门的重视。原国家环境保护总局于 2003 年发布了《国家级自然保护区管理工作评估赋分表》，国家林业局 2008 年出台了《自然保护区有效管理评价技术规范》。在实际应用中，不同学者分别针对湖南、海南、北京、浙江、广东等省市乃至全国范围内的自然保护区开展了管理有效性评价。

自然保护区管理有效性评价能在一定程度上反映保护区的保护状况，因为保护状况的好坏往往作为其评价指标之一，同时管理有效性中其他指标的实现对保护目标的达成具有推动和促进作用。但我们也应当认识到，即便是在经费充足、人员配备齐全、设施完善的情况下，一些保护区仍会出现生态状况退化的现象。同时，在保护区管理有效性评价中，跟保护效果相关的评价指标往往只是一些定性的表述，并没有具体的评价方法，其评定具有一定主观性。因此，有必要建立一套保护区保护效果定量评价方法。

现阶段，对于保护区保护效果的评价仍在探索过程中。在物种保护方面，不同学者针对宁夏沙坡头、湖北神农架、陕西牛背梁、黑龙江扎龙等单个国家级自然保护区物种的保护状况进行了调查评价。总体而言，对保护区进行物种保护效果评价需耗费大量的人力、物力以及时间，在大尺度范围内难以同时开展。然而，"3S" 技术的运用为从国家层面对自然保护区的保护效果进行评价提供了可能。郑姚闽和张海英等借助遥感（RS）和地理信息系统（GIS），在对 1978～2008 年 4 期遥感影像解译的基础上，从保护价值、湿地动态变化、增值扩繁、功能区调整等角度，首次对全国 93 个国家级湿地自然保护区 30 年来的保护效果进行了评估。虽然其评价方法和最终结果引发了学术界一些争论，但仍不失为这一工作做出了有益的探索。

保护区设立的目的是保护生物多样性，维护国家生态安全，而生态状况不清会给国家决策和保护区管理带来极大困扰。因此，尽管这项工作面临着种种困难，但仍需怀着敢于尝试的精神，付出更大的努力来进一步推进。

因此，本书拟在 2000～2010 年国家尺度生态环境变化分析的基础上，对 2011 年以前建立的 319 个国家级自然保护区开展生态环境变化调查与评估，分析自然保护区生态系统分布格局的变化情况、生态系统质量的变化趋势以及不同功能区的人类活动情况，综合评价 2000～2010 年我国国家级自然保护区的保护效果，以期为国家级自然保护区生态环境管理与决策、生态恢复与生态补偿政策的执行等提供技术支持。

第一节　全国国家级自然保护区保护效果评价方法

一、指标选取

全国国家级自然保护区保护效果评价主要选用生态系统格局变化、生态系统质量变化和人类活动变化三项指标。

（1）生态系统格局变化指标。主要基于 2000 年和 2010 年两期国家级自然保护区遥感土地覆盖分类的数据进行分析，根据 2000～2010 年国家级自然保护区各功能区生态系统类型转移变化情况，对生态系统格局变化做出定量评价。

（2）生态系统质量变化指标。生态系统质量选取了湿地和草地生态系统 NPP、森林和灌丛生态系统生物量两项指标，因生态系统质量变化指标年份差异较大，采用一元线性回归趋势线法对 2000～2010 年国家级自然保护区生态系统质量变化情况进行拟合，分析2000～2010 年生态质量的变化特征。

（3）人类活动变化指标。以遥感影像数据为基础，提取国家级自然保护区内的工矿用地、农田、道路等不同类型人类活动干扰分布数据，并与保护区功能分区相结合，建立国家级自然保护区人类活动遥感评价方法，对 2000 年和 2010 年国家级自然保护区人类活动干扰状况进行评价，得出其变化情况。

二、权重确定

采用专家咨询法确定各指标权重，对于各指标权重的确定主要基于以下考虑。

首先，生态系统格局相对较为稳定，除人工、半人工生态系统动态度相对较高外，其他生态系统格局变化相对缓慢，十年间生态系统格局的变化情况能在很大程度上反映自然保护区的保护效果。

其次，人类活动对保护区干扰较大，因此，其变化程度是反映保护区保护效果的重要指标。但人类干扰面积相对于保护区总面积而言比例较低，且生态系统格局变化中已经考虑了保护区建设用地情况。

再次，生态系统质量指标能在一定程度上反映生态系统的质量状况，但也存在着一些不确定因素，如不同年份的气温、降水的变化会对 NPP 产生影响。此外，自然生态系统转化为半人工生态系统也会导致生态系统质量指标提高，如湿地转化为农田、天然林转换为经济林等。

最后，最终确定自然保护区生态系统格局指标权重为 0.5，人类活动干扰指标权重为 0.3，生态系统质量指标权重为 0.2。

三、计算方法

保护效果指数的计算公式如下：

$$G = aX + bY + cZ$$

式中，G 为保护效果指数；a 为生态系统格局变化指标权重；X 为生态系统格局变化程度赋值；b 为生态系统质量变化指标权重；Y 为生态系统质量变化程度赋值；c 为人类活动变化指标权重；Z 为人类活动变化程度赋值。

四、指标赋值

保护效果评价各指标赋值见表 4.1。

表 4.1　保护效果评价各指标赋值

指标	变化程度分级				
X	明显退化	轻微退化	基本维持	轻微改善	明显改善
Y	退化	—	基本维持	—	改善
Z	明显增加	轻微增加	基本维持	—	—
赋值	−4	−2	0	2	4

五、评价结果分级

根据专家咨询意见，将国家级自然保护区保护效果定为五级：明显变好、略微变好、无明显变化、略微变差、明显变差。保护效果评价指数分级见表 4.2。

表 4.2　保护效果评价指数分级

评价指数	≤−2	−1～−2	−1～1	1～2	≥2
分级	明显变差	略微变差	无明显变化	略微变好	明显变好

第二节　国家级自然保护区保护效果分析

一、全国总体状况

通过对各指标变化程度分级进行赋值计算，对全国国家级自然保护区保护效果进行定量评价，将保护效果分为明显变好、略微变好、无明显变化、略微变差、明显变差五级。评价表明：18 个国家级自然保护区生态状况明显变好，占保护区总数的 5.64%；33 个国家级自然保护区生态状况略微变好，占保护区总数的 10.34%；232 个国家级自然保护区生态状况无明显变化，占保护区总数的 72.73%；22 个国家级自然保护区生态状况略微变差，占保护区总数的 6.90%；14 个国家级自然保护区生态状况明显变差，占保护区总数的 4.39%。变好与变差的自然保护区情况如下：

明显变好：八面山、大巴山、大田、丹江湿地、梵净山、花萼山、宽阔水、麻阳河、猫儿山、米仓山、七姊妹山、铜鼓岭、星斗山、药山、长江上游珍稀特有鱼类、八岔岛、太统-崆峒山、汉中朱鹮国家级自然保护区。

略微变好：哀牢山、白水江、赤水桫椤、大盘山、东方红湿地、防城金花茶、古田山、湖南舜皇山、画稿溪、吉林长白山、借母溪、九宫山、柳江盆地地质遗迹、陇县秦岭细鳞鲑、芦芽山、莽山、宁夏罗山、千家洞、桃红岭梅花鹿、五峰后河、炎陵桃源洞、阳明山、浙江九龙山、龙湾、山口红树林、雅长兰科植物、东寨港、岁海—则岔、河南黄河湿地、九段沙湿地、科尔沁、扎龙、漳江口红树林国家级自然保护区。

明显变差：双台河口、泗洪洪泽湖湿地、大布苏、古海岸与湿地、长江新螺段白鱀豚、白水河、盐城湿地珍禽、大丰麋鹿、达里诺尔、鄂尔多斯遗鸥、哈腾套海、辉河、灵武白芨滩、西鄂尔多斯国家级自然保护区。

略微变差：沙坡头、莫莫格、宁夏贺兰山、荣成大天鹅、深沪湾海底古森林遗迹、八仙山、红花尔基樟子松林、临安清凉峰、龙溪-虹口、攀枝花苏铁、新乡黄河湿地鸟类、长兴地质遗迹、城山头海滨地貌、丹东鸭绿江口滨海湿地、若尔盖湿地、三江、三亚珊瑚礁、厦门珍稀海洋物种、升金湖、向海、兴凯湖、珍宝岛湿地国家级自然保护区。

2000～2010 年，全国国家级自然保护区保护效果总体上呈现以下特点。

1. 生态功能基本稳定

近十年来，随着退耕还林还湿、天保工程以及自然保护区专项资金拨付等一系列措施的实施，我国自然保护工作取得显著成效。全国 319 个国家级自然保护区中，无明显变化及变好的保护区占总数的 88.71%，且变好和无明显变化的保护区数量占绝大多数，实现了国务院《关于落实科学发展观加强环境保护的决定》中提出的"自然保护区等的生态功能基本稳定"的目标。但同时，应清醒地认识到一些保护区生态状况存在变差的现象（图 4.1）。

2. 区域不平衡现象明显

从空间分布上看，变差的保护区多分布在东部沿海、内蒙古高原、东北平原一带，变好的保护区多分布在秦岭、大巴山、大娄山、南岭一带（图 4.2）。东部沿海、内蒙古高原、东北平原一带明显变差及略微变差的保护区达 26 个，占变差保护区总数的 72.22%；秦巴山区、大娄山、南岭一带变好的保护区数量为 21 个，占变好保护区总数的 41.18%。

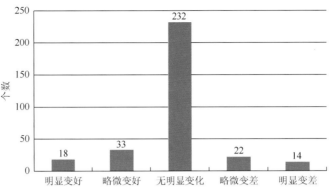

图 4.1　2000～2010 年国家级自然保护区保护效果分级统计

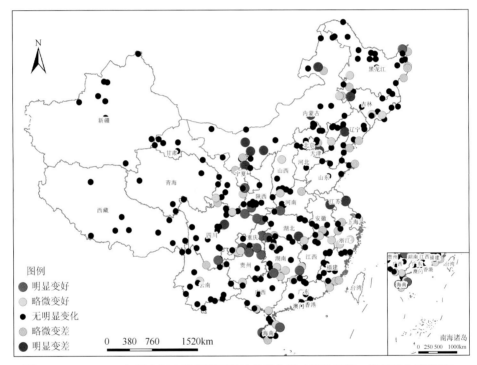

图 4.2　2000～2010 年国家级自然保护区保护效果分级（暂缺香港、澳门和台湾资料）

3. 保护区变差原因多样

东部沿海国家级自然保护区变差数量较多，主要是由于这些区域人口稠密，经济开发对自然保护区干扰较大，开发类型表现为居住地扩张、旅游、交通设施建设、水产养殖等；东北平原国家级自然保护区变差主要是由于该区域农田压力增大；内蒙古高原国家级自然保护区变差，主要是由于矿产资源开发、能源、交通设施建设。

二、各区域国家级自然保护区保护效果分析

中国幅员辽阔，自然禀赋与经济发展水平差异较大。以下对华北、东北、华东、华中、华南、西南、西北七个地区分别进行分析。

（一）华北地区

华北地区包括北京、天津、河北、山西、内蒙古，共 44 个国家级自然保护区。

根据保护效果计算结果分级，十年来，华北地区 44 个国家级自然保护区中，保护效果情况为：略微变好 3 个，无明显变化 33 个，略微变差 2 个，明显变差 6 个（图 4.3 和图 4.4）。

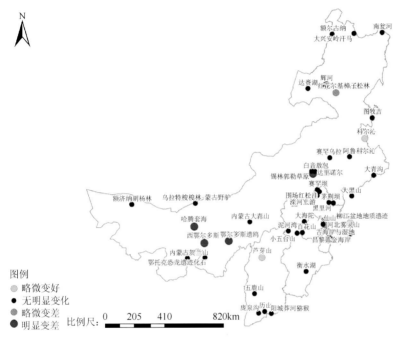

图 4.3　华北地区国家级自然保护区保护效果分级

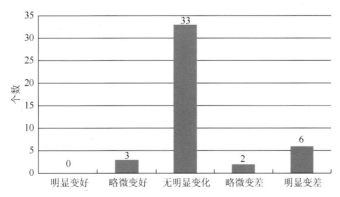

图 4.4　2000～2010 年华北地区国家级自然保护区保护效果统计

天津国家级自然保护区变差率最高。天津 3 个国家级自然保护区中，八仙山国家级自然保护区略微变差，古海岸与湿地国家级自然保护区明显变差，变差率为 66.67%。

内蒙古国家级自然保护区变差数量最多。内蒙古 23 个国家级自然保护区中，红花尔基樟子松林国家级自然保护区略微变差，哈腾套海、西鄂尔多斯、辉河、达里诺尔、鄂尔多斯遗鸥5个国家级自然保护区明显变差，变差率为26.09%，在华北地区居第二位。

山西国家级自然保护区变好率最高。山西5个国家级自然保护区中，芦芽山国家级自然保护区略微变好，变好率为20%（图4.5）。

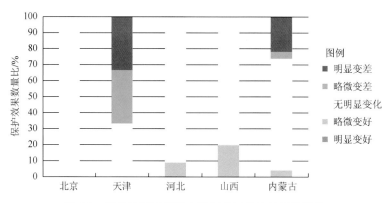

图4.5 华北地区国家级自然保护区保护效果数量比

（二）东北地区

东北地区包括吉林、黑龙江、辽宁三省，共48个国家级自然保护区。十年来，东北地区48个国家级自然保护区中，保护效果情况为：明显变好1个，略微变好4个，无明显变化34个，略微变差7个，明显变差2个（图4.6和图4.7）。

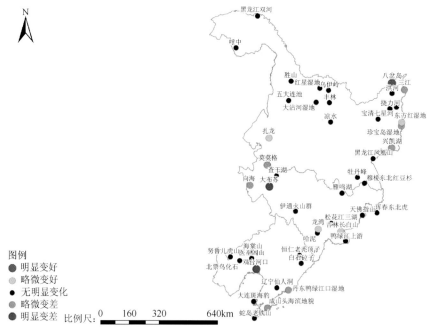

图4.6 东北地区国家级自然保护区保护效果分级

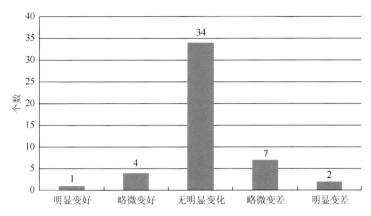

图4.7 2000～2010年东北地区国家级自然保护区保护效果统计

辽宁国家级自然保护区变差率最高。辽宁 12 个国家级自然保护区中，城山头海滨地貌和丹东鸭绿江口滨海湿地 2 个国家级自然保护区略微变差，双台河口国家级自然保护区明显变差，变差率为 25.0%。

吉林保护效果东西部差异明显。吉林在东北三省中，国家级自然保护区变好率最高，变好的 2 个保护区分别为龙湾和吉林长白山国家级自然保护区，均位于吉林东部；变差的大布苏、莫莫格、向海 3 个国家级自然保护区均位于吉林西部（图4.8）。

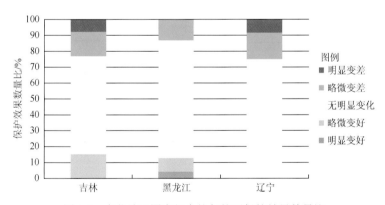

图4.8 东北地区国家级自然保护区保护效果数量比

（三）华东地区

华东地区包括上海、江苏、安徽、浙江、山东、福建和江西七个省份，共 47 个国家级自然保护区。十年来，华东地区 47 个国家级自然保护区中，保护效果情况为：略微变好 6 个，无明显变化 32 个，略微变差 6 个，明显变差 3 个（图4.9和图4.10）。

江苏国家级自然保护区变差明显。江苏大丰麋鹿、盐城湿地珍禽和泗洪洪泽湖湿地 3 个国家级自然保护区均明显变差，变差率为 100%。

浙江国家级自然保护区保护效果分异明显。浙江国家级自然保护区变差率（22.22%）和变好率（33.33%）均位居华东地区第二位，临安清凉峰、长兴地质遗迹 2 个国家级自然保护区略微变差，大盘山、古田山、浙江九龙山 3 个国家级自然保护区略微变好（图4.11）。

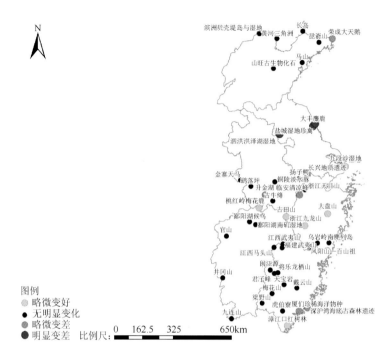

图4.9 华东地区国家级自然保护区保护效果分级

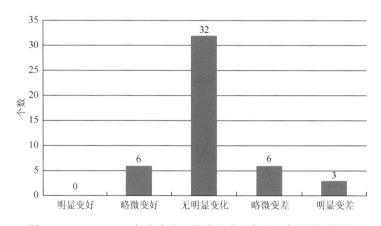

图4.10 2000～2010年华东地区国家级自然保护区保护效果统计

（四）华中地区

华中地区包括湖北、湖南、河南三省，共38个国家级自然保护区。

根据保护效果计算结果分级，十年来，华中地区38个国家级自然保护区中，保护效果情况为：明显变好4个，略微变好8个，无明显变化24个，略微变差1个，明显变差1个（图4.12和图4.13）。

华中地区国家级自然保护区变好较为明显。十年来，华中地区仅2个保护区变差，明显

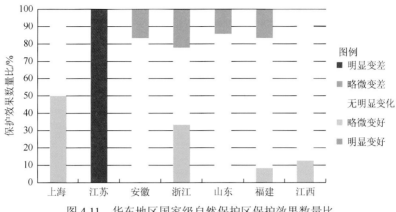

图 4.11　华东地区国家级自然保护区保护效果数量比

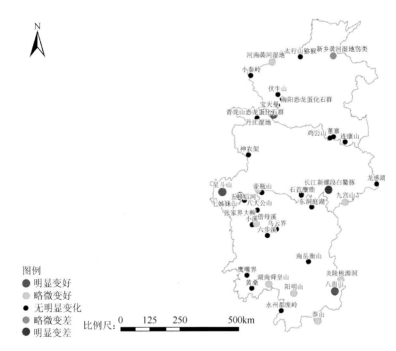

图 4.12　华中地区国家级自然保护区保护效果分级

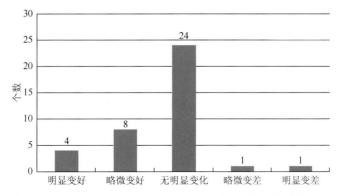

图 4.13　2000～2010 年华中地区国家级自然保护区保护效果统计

变差的为长江新螺段白鱀豚国家级自然保护区，略微变差的为新乡黄河湿地鸟类自然保护区。

湖北国家级自然保护区变好率达 40%。10 个国家级自然保护区中 2 个略微变好，分别为五峰后河、九宫山国家级自然保护区；2 个明显变好，分别为星斗山、七姊妹山国家级自然保护区。其次为湖南，变好率为 35.29%，5 个略微变好，分别为炎陵桃源洞、湖南舜皇山、莽山、阳明山、借母溪国家级自然保护区；1 个明显变好，为八面山国家级自然保护区（图 4.14）。

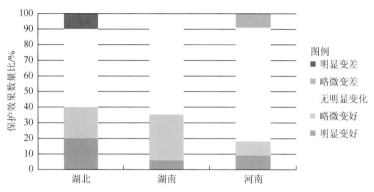

图 4.14　华中地区国家级自然保护区保护效果数量比

（五）华南地区

华南地区包括广东、广西、海南三省份，共 36 个国家级自然保护区。十年来，华南地区 36 个国家级自然保护区中，保护效果情况为：明显变好 3 个，略微变好 5 个，无明显变化 27 个，略微变差 1 个（图 4.15 和图 4.16）。

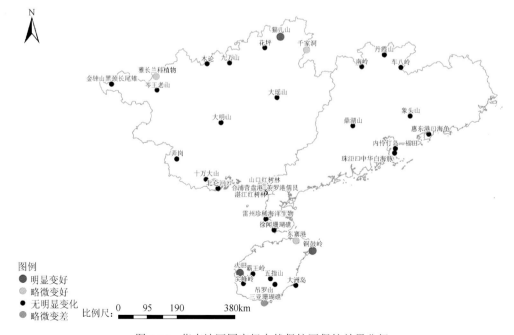

图 4.15　华南地区国家级自然保护区保护效果分级

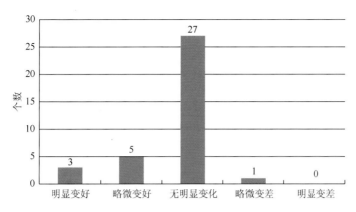

图 4.16　2000～2010 年华南地区国家级自然保护区保护效果统计

华南地区仅三亚珊瑚礁国家级自然保护区略微变差。各省份中，海南变好率最高，为 33.33%，9 个国家级自然保护区中 1 个略微变好，为东寨港国家级自然保护区；2 个明显变好，分别为铜鼓岭、大田国家级自然保护区。广西变好率为 31.25%，4 个略微变好，分别为山口红树林、雅长兰科植物、千家洞、防城金花茶国家级自然保护区；1 个明显变好，为猫儿山国家级自然保护区（图 4.17）。

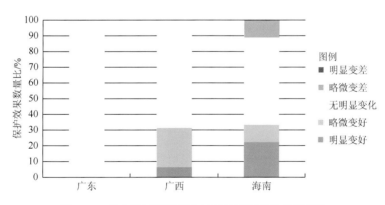

图 4.17　华南地区国家级自然保护区保护效果数量比

（六）西南地区

西南地区包括贵州、西藏、云南、重庆、四川五省份，共 59 个国家级自然保护区。十年来，西南地区 59 个国家级自然保护区中，保护效果情况为：明显变好 8 个，略微变好 3 个，无明显变化 44 个，略微变差 3 个，明显变差 1 个（图 4.18 和图 4.19）。

西南地区仅四川出现变差现象。四川 23 个国家级自然保护区中，3 个略微变差，分别为龙溪—虹口、攀枝花苏铁、若尔盖湿地国家级自然保护区；1 个明显变差，为白水河国家级自然保护区，变差率为 17.39%。

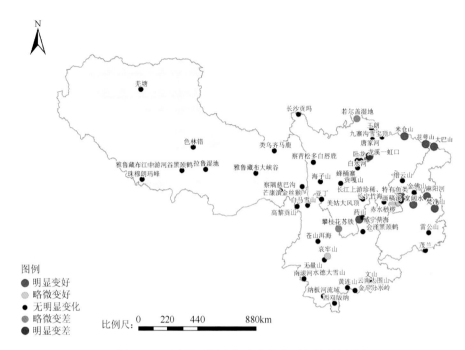

图 4.18　西南地区国家级自然保护区保护效果分级

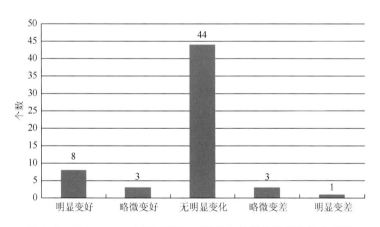

图 4.19　2000～2010 年西南地区国家级自然保护区保护效果统计

　　西南地区贵州变好率最高。8 个国家级自然保护区中，宽阔水、梵净山、麻阳河国家级自然保护区 3 个保护区明显变好，赤水桫椤国家级自然保护区略微变好，变好率达到 50%（图 4.20）。

（七）西北地区

　　西北地区包括甘肃、宁夏、青海、陕西、新疆五省份，共 47 个国家级自然保护区。

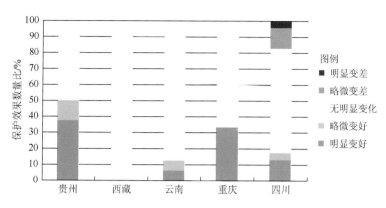

图 4.20 西南地区国家级自然保护区保护效果数量比

根据保护效果计算结果分级，十年来，西北地区 47 个国家级自然保护区中，保护效果情况为：明显变好 2 个，略微变好 4 个，无明显变化 38 个，略微变差 2 个，明显变差 1 个（图 4.21 和图 4.22）。

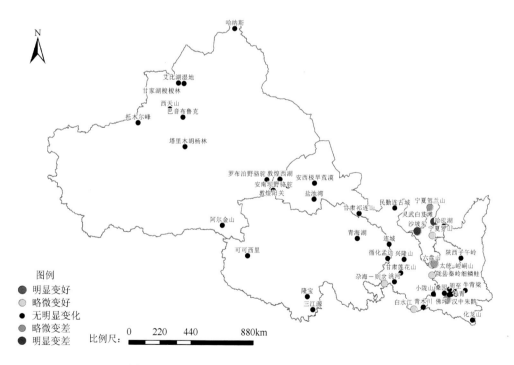

图 4.21 西北地区国家级自然保护区保护效果分级

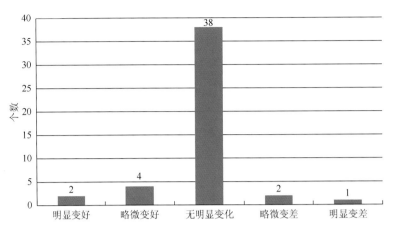

图 4.22　2000～2010 年西北地区国家级自然保护区保护效果统计

西北地区仅宁夏出现变差现象。6 个国家级自然保护区中，2 个略微变差，分别为宁夏贺兰山、沙坡头国家级自然保护区；1 个明显变差，为灵武白芨滩国家级自然保护区，变差率为 50%。

西北地区甘肃变好率最高。15 个国家级自然保护区中 2 个略微变好，分别为白水江、尕海—则岔国家级自然保护区；1 个明显变好，为太统—崆峒山国家级自然保护区，变好率为 20%（图 4.23）。

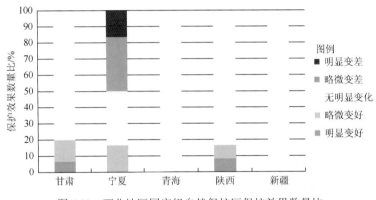

图 4.23　西北地区国家级自然保护区保护效果数量比

（八）各区国家级自然保护区保护效果比较

西北地区生态系统基本稳定。西北地区 80.85%的国家级自然保护区无明显变化；其次为华北地区和华南地区，无明显变化比例均为 75%；其他依次为西南地区、东北地区、华东地区、华中地区。

华北地区、东北地区、华东地区变差较为明显。华东地区国家级自然保护区变差率最高，达到 19.15%，以江苏最为明显，3 个国家级自然保护区均明显变差；其次为东北地区，变差率为 18.75%，各省份变差率相当；华北地区变差率为 18.18%，以内蒙古、天津两自治区（直辖市）变差较为明显。

华中地区、华南地区、西南地区变好较为明显。华中地区变好率为31.58%，以湖北、湖南两省较为显著，变好率分别为40%和35.29%；华南地区变好率为22.22%，其中海南、广西两省变好率分别为33.33%和31.25%；西南地区变好率为18.64%，以贵州最为明显，变好率为50%（图4.24）。

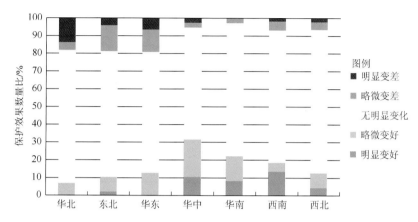

图4.24　七大区域国家级自然保护区保护效果数量比

全国31个省级行政区域中（不含港澳台，下同），天津、内蒙古、辽宁、吉林、江苏、安徽、福建、山东、宁夏9省份变差的保护区数量多于变好的保护区数量；河北、山西、上海、浙江、江西、河南、湖北、湖南、广西、海南、重庆、贵州、云南、陕西、甘肃15省份则相反，变好的保护区数量多于变差的保护区数量（图4.25）。

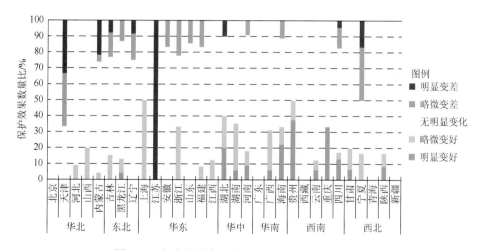

图4.25　各省份国家级自然保护区保护效果数量比

江苏、天津、宁夏三省份变差明显。江苏3个国家级自然保护区均明显变差；天津3个国家级自然保护区中，1个略微变差，1个明显变差，变差率为66.67%；宁夏6个国家级自然保护区中，1个明显变差，2个略微变差，变差率为50%。其余变差率达到20%以上的省级行政区域依次为内蒙古、辽宁、吉林和浙江。

贵州、上海、湖北三省份变好最为明显。贵州 8 个国家级自然保护区中，3 个明显变好，1 个略微变好，变好率达到 50%；上海 2 个国家级自然保护区中，1 个略微变好；湖北 10 个国家级自然保护区中，2 个明显变好，2 个略微变好，变好率为 40%。其余变好率达到 20% 以上的省份依次为湖南、浙江、广西、海南、重庆、山西和甘肃。

三、各类型国家级自然保护区保护效果分析

本书国家级自然保护区类型划分，以《自然保护区类型与级别划分原则》（GB/T 14529—1993）为基础，并根据实际情况将地质遗迹类型与古生物遗迹类型合并，将保护区分为 8 个类型进行分析。

（一）森林生态系统类型

十年来，森林生态系统类型 140 个国家级自然保护区中，保护效果情况为：明显变好 9 个，略微变好 12 个，无明显变化 113 个，略微变差 5 个，明显变差 1 个（图 4.26 和图 4.27）。明显变差的 1 个自然保护区为白水河国家级自然保护区，主要由于汶川大地震造成山体坍塌、滑坡、泥石流等致使大量植被丧失。略微变差的 5 个保护区分别为宁夏贺兰山、八仙山、红花尔基樟子松林、临安清凉峰、龙溪—虹口国家级自然保护区。

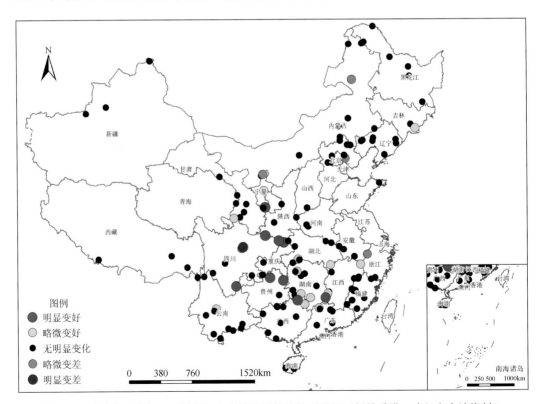

图 4.26　森林生态系统类型国家级自然保护区保护效果分级（暂缺香港、澳门和台湾资料）

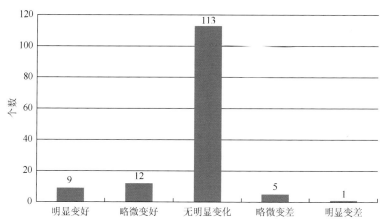

图 4.27 2000~2010 年森林生态系统类型国家级自然保护区保护效果统计

（二）草原与草甸生态系统类型

十年来，草原与草甸生态系统类型 3 个国家级自然保护区，保护效果情况均为无明显变化（图 4.28）。

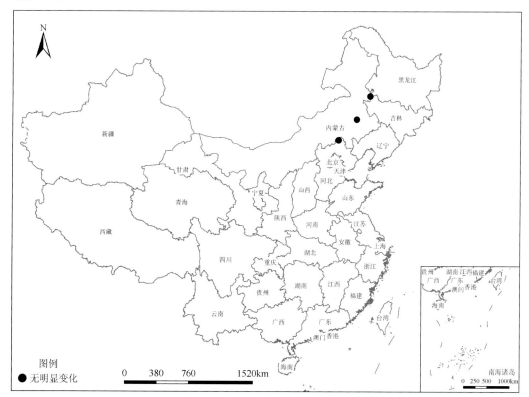

图 4.28 草原与草甸生态系统类型国家级自然保护区保护效果分级（暂缺香港、澳门和台湾资料）

由于被划分为草原与草甸生态系统类型的国家级自然保护区数量较少，无法真实反映全国国家级自然保护区内草原与草甸生态系统的保护情况，因此，本书另将以草原与草甸生态系统为主要保护对象的国家级自然保护区遴选出，以更好地反映该生态系统类型的保护情况。

全国国家级自然保护区中以草原与草甸生态系统为主要保护对象保护区的有16个（包括3个草原与草甸生态系统类型保护区），保护效果情况为：略微变好1个，无明显变化11个，略微变差1个，明显变差3个（图4.29）。明显变差的3个保护区分别为达里诺尔、辉河、西鄂尔多斯国家级自然保护区。

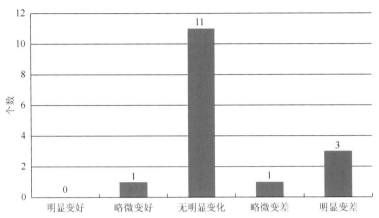

图4.29　2000～2010年以草原与草甸生态系统为主要类型的国家级自然保护区保护效果统计

（三）荒漠生态系统类型

十年来，荒漠生态系统类型12个国家级自然保护区中，保护效果情况为：无明显变化9个，略微变差1个，明显变差2个（图4.30和图4.31）。略微变差的为沙坡头国家级

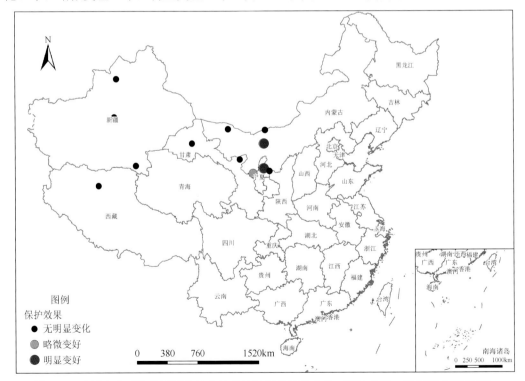

图4.30　荒漠生态系统类型国家级自然保护区保护效果分级（暂缺香港、澳门和台湾资料）

自然保护区，保护区内农田与建设用地增加。明显变差的 2 个保护区分别为灵武白芨滩、哈腾套海国家级自然保护区，灵武白芨滩国家级自然保护区内开展生态旅游项目，建设用地面积增加；哈腾套海国家级自然保护区内公路建设穿越了核心区。

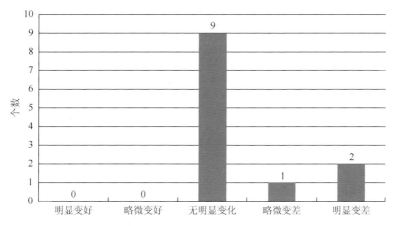

图 4.31　2000～2010 年荒漠生态系统类型国家级自然保护区保护效果统计

（四）内陆湿地和水域生态系统类型

十年来，内陆湿地和水域生态系统类型 34 个国家级自然保护区中，保护效果情况为：明显变好 2 个，略微变好 4 个，无明显变化 20 个，略微变差 6 个，明显变差 2 个（图 4.32

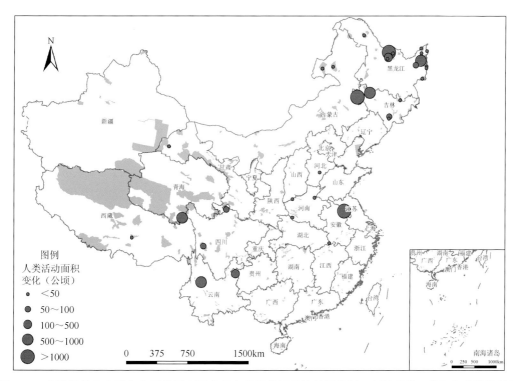

图 4.32　内陆湿地和水域生态系统类型国家级自然保护区保护效果分级（暂缺香港、澳门和台湾资料）

和图 4.33）。明显变差的为泗洪洪泽湖湿地、辉河国家级自然保护区，泗洪洪泽湖湿地国家级自然保护区农业开发、旅游设施建设强度较大；辉河国家级自然保护区内公路建设占用成片草地。

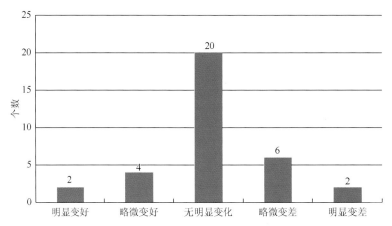

图 4.33　2000～2010 年内陆湿地和水域类型国家级自然保护区保护效果统计

（五）海洋和海岸生态系统类型

十年来，海洋和海岸生态系统类型 15 个国家级自然保护区中，保护效果情况为：明显变好 1 个，略微变好 3 个，无明显变化 9 个，略微变差 2 个（图 4.34 和图 4.35）。变差的保护区为丹东鸭绿江口滨海湿地国家级自然保护区和三亚珊瑚礁国家级自然保护区。丹

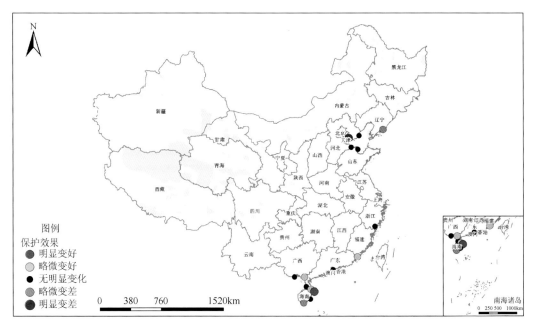

图 4.34　海洋和海岸生态系统类型国家级自然保护区保护效果分级（暂缺香港、澳门和台湾资料）

东鸭绿江口滨海湿地国家级自然保护区存在一定程度的农田开垦,同时核心区有大片海域围垦用于水产养殖;三亚珊瑚礁国家级自然保护区内发展了很多渔业新村,城镇扩展,基础设施增多,建设用地面积增加。

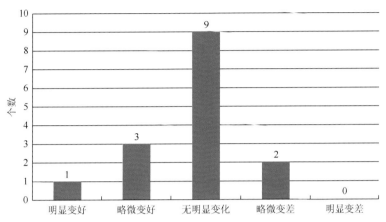

图 4.35　2000～2010 年海洋和海岸生态系统类型国家级自然保护区保护效果统计

（六）野生动物类型

十年来,野生动物类型 81 个国家级自然保护区中,保护效果情况为:明显变好 4 个,略微变好 7 个,无明显变化 60 个,略微变差 4 个,明显变差 6 个(图 4.36 和图 4.37)。

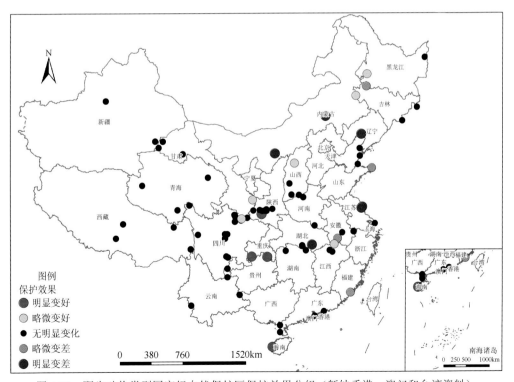

图 4.36　野生动物类型国家级自然保护区保护效果分级（暂缺香港、澳门和台湾资料）

其中，长江新螺段白鱀豚、双台河口2个国家级自然保护区变差最为明显。长江新螺段白鱀豚国家级自然保护区两岸城镇在近十年来向外扩张，人为活动干扰强度增加，湿地、农田用于居民区和道路建设；双台河口国家级自然保护区内油田开采、旅游开发导致建设用地面积增加，同时保护区核心区大片海域被围垦用于水产养殖。

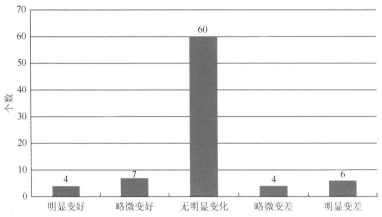

图4.37　2000～2010年野生动物类型国家级自然保护区保护效果统计

（七）野生植物类型

十年来，野生植物类型17个国家级自然保护区中，保护效果情况为：明显变好2个，略微变好6个，无明显变化7个，略微变差1个，明显变差1个（图4.38和图4.39）。明显

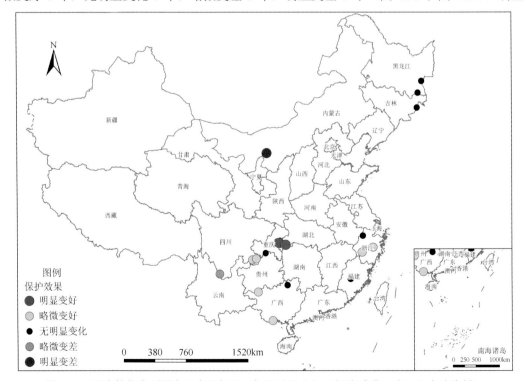

图4.38　野生植物类型国家级自然保护区保护效果分级（暂缺香港、澳门和台湾资料）

变差的为西鄂尔多斯国家级自然保护区，保护区内公路、工矿企业建设占用了大片草地；略微变差的为攀枝花苏铁国家级自然保护区，十年来，保护区内工矿企业建设用地明显增加。

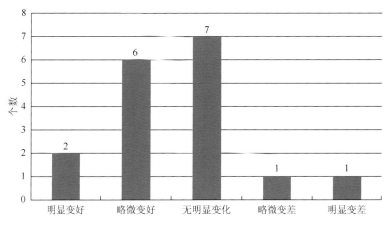

图4.39 2000~2010年野生植物类型国家级自然保护区保护效果统计

（八）自然遗迹类型

近十年来，自然遗迹类型17个国家级自然保护区中，保护效果情况为：略微变好1个，无明显变化11个，略微变差3个，明显变差2个（图4.40和图4.41）。明显变差的2个

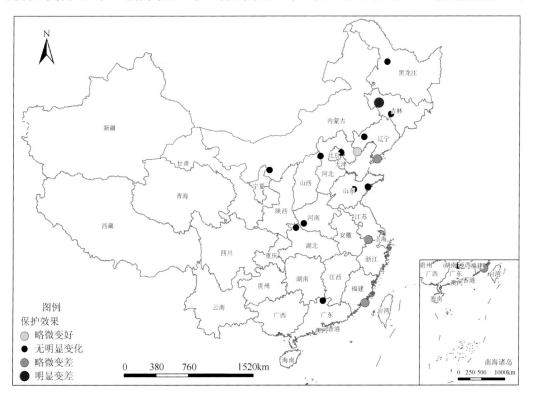

图4.40 自然遗迹类型国家级自然保护区保护效果分级（暂缺香港、澳门和台湾资料）

保护区分别为大布苏、古海岸与湿地国家级自然保护区，大布苏国家级自然保护区农业开发活动增加，人为干扰明显；古海岸与湿地国家级自然保护区旅游资源开发导致建设用地面积增加，同时大片湿地开垦为农田。

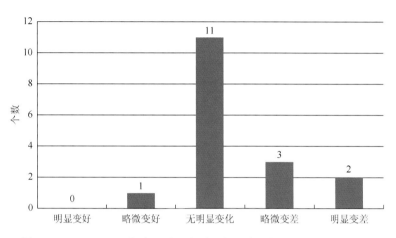

图4.41　2000～2010年自然遗迹类型国家级自然保护区保护效果统计

（九）各类型国家级自然保护区保护效果比较

自然遗迹类型变差率最高。该类型国家级自然保护区生态系统变差率为29.41%，相对于其他类型国家级自然保护区，该类型保护区保护对象具有一定特殊性，甚至有时出于保护的需要，会采取一定的人为措施，因而生态系统动态度相对较大。其次为荒漠生态系统类型国家级自然保护区，变差率为25.00%，以宁夏、内蒙古交界处黄河沿线较为明显。再次为内陆湿地与水域生态系统类型国家级自然保护区，变差率为23.53%，该类型保护区农业开发较为严重，同时也存在周边水资源用量增加，保护区内水资源不足的情况。

野生植物类型变好率最高。该类型国家级自然保护区变好率达47.06%，变好的国家级自然保护区均分布于我国南方，其中湖北恩施地区最为明显。其次为海洋海岸生态系统类型国家级自然保护区，变好率为26.67%，变好的保护区均位于南方沿海，以海南最为明显（图4.42）。

草原与草甸生态系统类型最为稳定，但存在问题。根据统计结果，草原与草甸生态系统类型国家级自然保护区均无明显变化，但由于该类型国家级自然保护区仅有3个，其结果并不能真实反映全国国家级自然保护区内草原与草甸生态系统的保护状况。根据对以草原与草甸生态系统为主要保护对象的国家级自然保护区进行分析，变差率达25%，与荒漠生态系统类型相当，仅次于自然遗迹类型。保护区内草原与草甸生态系统的退化应引起重视。

森林生态系统类型国家级自然保护区较为稳定。除草原与草甸生态系统类型之外，该类型国家级自然保护区生态系统变差率最低，无明显变化的比例最高，为80.71%。森林生态系统内部物种丰富、群落结构复杂，各成分之间相互依存制约，具有很高的自行调控能力,因此该类型国家级自然保护保护区相对于其他类型国家级自然保护区生态系统更为稳定。

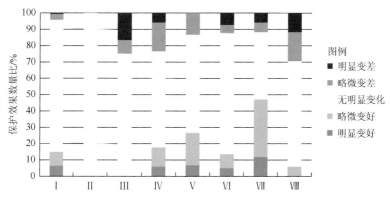

图 4.42　各类型国家级自然保护区保护效果数量比

Ⅰ:森林生态系统类型;Ⅱ:草原与草甸生态系统类型;Ⅲ:荒漠生态系统类型;Ⅳ:内陆湿地与水域生态系统类型;
Ⅴ:海洋海岸生态系统类型;Ⅵ:野生动物类型;Ⅶ:野生植物类型;Ⅷ:自然遗迹类型

四、各部门国家级自然保护区保护效果分析

我国的国家级自然保护区实行综合管理和分部门管理相结合的管理体制。环境保护部门负责保护区的综合管理,林业、农业、国土、海洋等部门在各自的范围内,主管有关的自然保护区。本书评价的 319 个国家级自然保护区分别归口林业、环保、农业、国土、海洋等部门管理,以下分别进行分析。

(一)环保部门

环保部门是我国自然保护区的综合管理部门,十年来,环保部门的 46 个国家级自然保护区,保护效果情况为:明显变好 3 个,略微变好 6 个,无明显变化 28 个,略微变差 4 个,明显变差 5 个(图 4.43 和图 4.44)。明显变差的 5 个自然保护区分别为泗洪洪泽湖湿地、盐城湿地珍禽、达里诺尔、辉河、西鄂尔多斯国家级自然保护区。

(二)林业部门

林业部门归口管理的自然保护区数量和面积均列各部门之首。十年来,林业部门的 237 个国家级自然保护区,保护效果情况为:明显变好 14 个,略微变好 24 个,无明显变化 179 个,略微变差 14 个,明显变差 6 个(图 4.45 和图 4.46)。明显变差的 6 个国家级自然保护区分别为双台河口、白水河、大丰麋鹿、鄂尔多斯遗鸥、哈腾套海、灵武白芨滩国家级自然保护区。

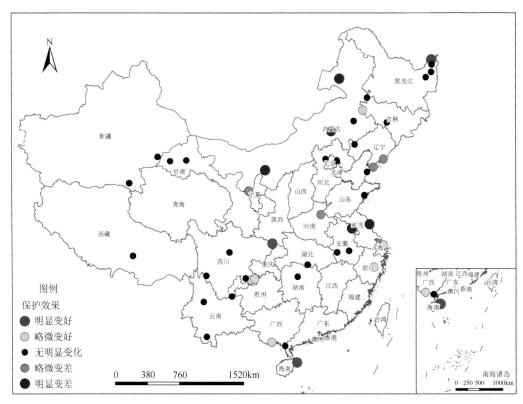

图 4.43　环保部门国家级自然保护区保护效果分级（暂缺香港、澳门和台湾资料）

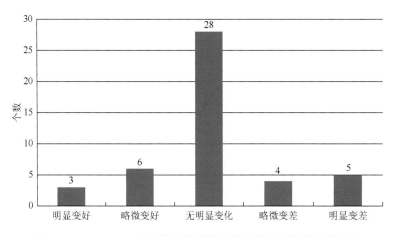

图 4.44　2000～2010 年环保部门国家级自然保护区保护效果统计

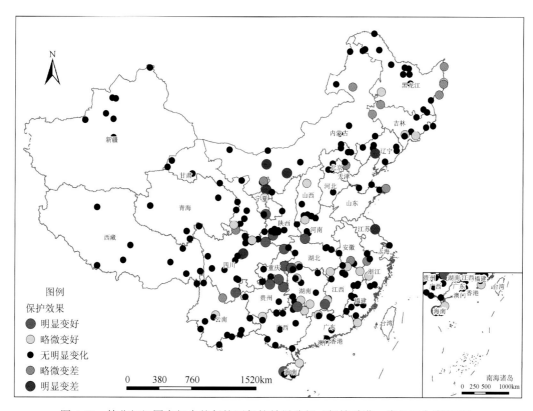

图 4.45　林业部门国家级自然保护区保护效果分级（暂缺香港、澳门和台湾资料）

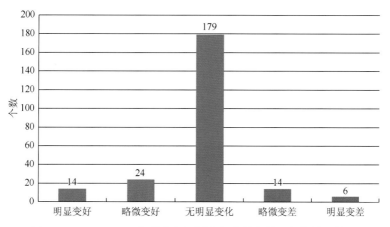

图 4.46　2000~2010 年林业部门国家级自然保护区保护效果统计

（三）农业部门

十年来，农业部门归口管理的 11 个国家级自然保护区，保护效果情况为：明显变好 1 个，略微变好 1 个，无明显变化 8 个，明显变差 1 个（图 4.47 和图 4.48）。明显变差的为长江新螺段白鳍豚国家级自然保护区。

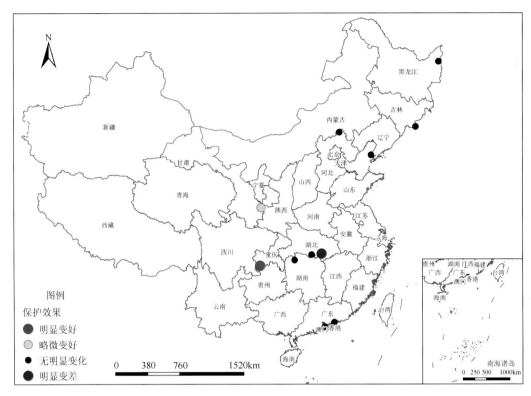

图 4.47　农业部门国家级自然保护区保护效果分级（暂缺香港、澳门和台湾资料）

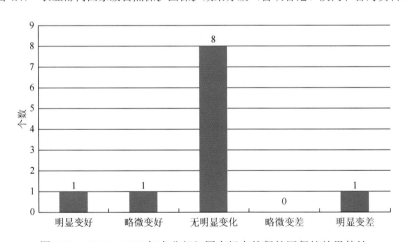

图 4.48　2000～2010 年农业部门国家级自然保护区保护效果统计

（四）海洋部门

十年来，海洋部门归口管理的 12 个国家级自然保护区，保护效果情况为：略微变好 1 个，无明显变化 7 个，略微变差 3 个，明显变差 1 个（图 4.49 和图 4.50）。明显变差的为古海岸与湿地国家级自然保护区，略微变差的 3 个保护区分别为深沪湾海底古森林遗迹、三亚珊瑚礁、厦门珍稀海洋物种国家级自然保护区。

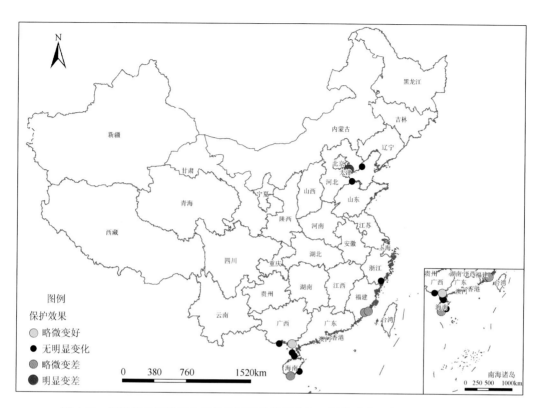

图 4.49　海洋部门国家级自然保护区保护效果分级（暂缺香港、澳门和台湾资料）

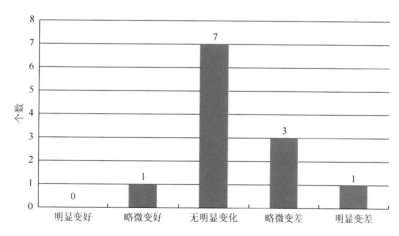

图 4.50　2000~2010 年海洋部门国家级自然保护区保护效果统计

（五）国土部门

十年来，国土部门归口管理的 11 个国家级自然保护区，保护效果情况为：略微变好 1 个，无明显变化 8 个，略微变差 1 个，明显变差 1 个（图 4.51 和图 4.52）。明显变差的为大布苏国家级自然保护区，略微变差的为长兴地质遗迹国家级自然保护区。

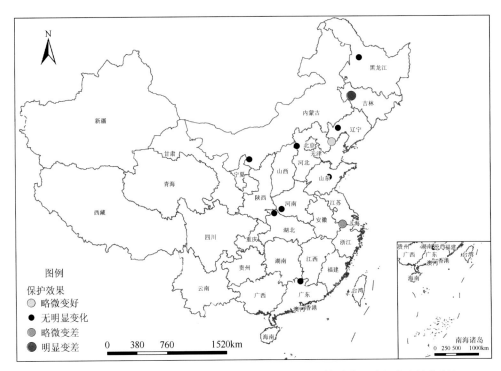

图 4.51　国土部门国家级自然保护区保护效果分级（暂缺香港、澳门和台湾资料）

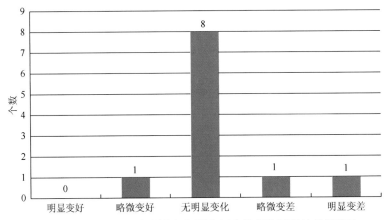

图 4.52　2000～2010 年国土部门国家级自然保护区保护效果统计

（六）其他部门

除上述部门外，水利部门和中国科学院分别管理 1 个国家级自然保护区。水利部门管理的是查干湖国家级自然保护区，中国科学院管理的是鼎湖山国家级自然保护区。该两处保护区近十年来均无明显变化。

（七）各部门国家级自然保护区保护效果比较

各部门管理的国家级自然保护区数量和面积相差悬殊。林业部门归口管理的国家级自然保护区达 237 个，面积 7446.75 万 hm²，数量和面积均列各部门之首。水利部门和中国科学院管理的国家级自然保护区均仅有 1 个，面积分别为 50684hm² 和 1133hm²。由于各部门管理的保护区数量和面积相差悬殊，因此保护效果统计结果并不能很好地反映各部门国家级自然保护区的管理水平。

海洋部门管理的国家级自然保护区变差率最高。海洋部门管理的国家级保护区变差率为 33.33%，主要由于沿海地区人口密集、经济发达、人为活动对保护区干扰较大。

环保部门管理的国家级自然保护区变好率最高。环保部门管理的国家级自然保护区变好率为 19.57%，但同时变差率也为 19.57%，变好与变差的保护区数量相当。变好的国家级自然保护区多分布在南方，变差的国家级自然保护区则多分布在北方，区域不平衡现象明显（图 4.53）。

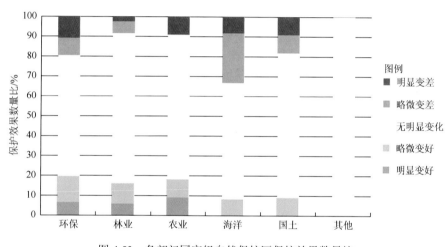

图 4.53　各部门国家级自然保护区保护效果数量比

五、不同规模国家级自然保护区保护效果分析

自然保护区面积的大小，很大程度上反映了能否有效地发挥保护区的功能。根据我国国家级自然保护区的面积大小，将其划分为小型（≤100hm²）、中小型（101～1000hm²）、中型（1001～10000hm²）、中大型（10001～10 万 hm²）、大型（10 万～100 万 hm²）、特大型（>100 万 hm²）6 个等级。目前我国国家级自然保护区涵盖除了小型以外的其他 5 种规模等级的保护区，以下对 319 个国家级自然保护区，按不同规模等级进行分析。

（一）中小型国家级自然保护区

319 个国家级自然保护区中，中小型保护区数量为 8 个，保护效果情况为：无明显变化 7 个，略微变差 1 个（图 4.54 和图 4.55）。略微变差的国家级自然保护区为长兴地质遗迹国家级自然保护区。

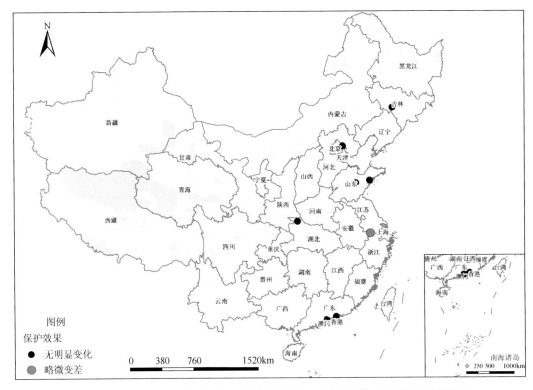

图 4.54　中小型国家级自然保护区保护效果分级（暂缺香港、澳门和台湾资料）

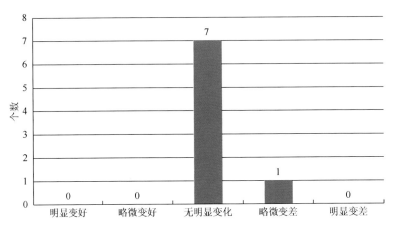

图 4.55　2000～2010 年中小型国家级自然保护区保护效果统计

（二）中型国家级自然保护区

319 个国家级自然保护区中，中型保护区为 42 个，保护效果情况为：明显变好 2 个，略微变好 9 个，无明显变化 24 个，略微变差 6 个，明显变差 1 个（图 4.56 和图 4.57）。明显变差的保护区为大丰麋鹿国家级自然保护区，略微变差的 6 个保护区分别为荣成大天鹅、深沪湾海底古森林遗迹、八仙山、攀枝花苏铁、城山头海滨地貌、三亚珊瑚礁国家级自然保护区。

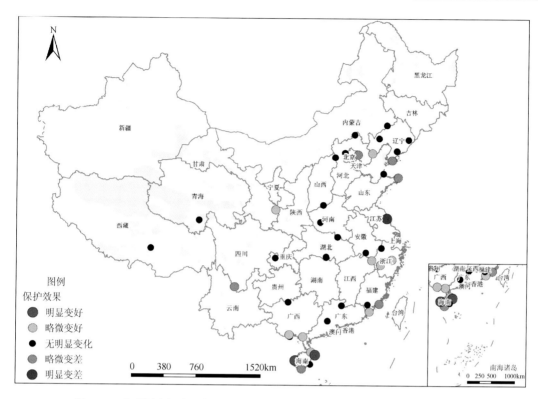

图 4.56　中型国家级自然保护区保护效果分级（暂缺香港、澳门和台湾资料）

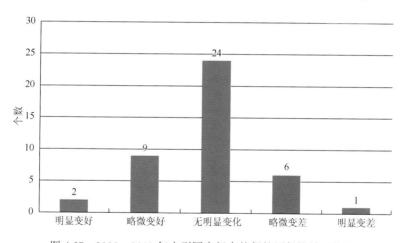

图 4.57　2000～2010 年中型国家级自然保护区保护效果统计

（三）中大型国家级自然保护区

319 个国家级自然保护区中，中大型保护区为 199 个，保护效果情况为：明显变好 15 个，略微变好 19 个，无明显变化 149 个，略微变差 8 个，明显变差 8 个（图 4.58 和图 4.59）。明显变差的 8 个保护区分别为泗洪洪泽湖湿地、双台河口、大布苏、长江新螺段白鱀豚、古海岸与湿地、白水河、鄂尔多斯遗鸥、灵武白芨滩国家级自然保护区。

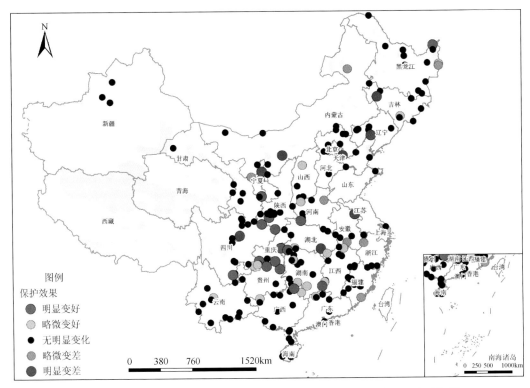

图 4.58　中大型国家级自然保护区保护效果分级（暂缺香港、澳门和台湾资料）

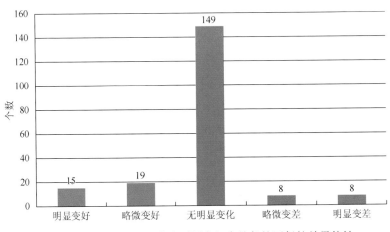

图 4.59　2000～2010 年中大型国家级自然保护区保护效果统计

（四）大型国家级自然保护区

　　319 个国家级自然保护区中，大型保护区为 62 个，保护效果情况为：明显变好 1 个，略微变好 5 个，无明显变化 44 个，略微变差 7 个，明显变差 5 个（图 4.60 和图 4.61）。明显变差的 5 个保护区分别为盐城湿地珍禽、达里诺尔、哈腾套海、辉河、西鄂尔多斯国家级自然保护区。

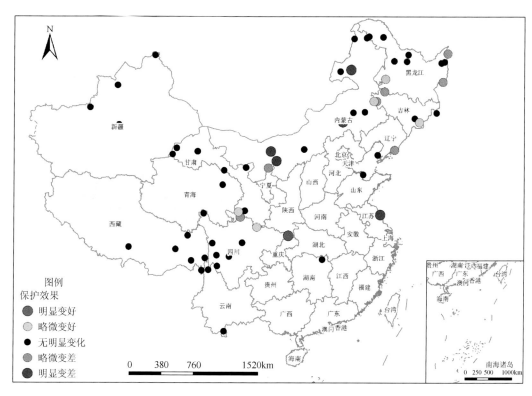

图 4.60　大型国家级自然保护区保护效果分级（暂缺香港、澳门和台湾资料）

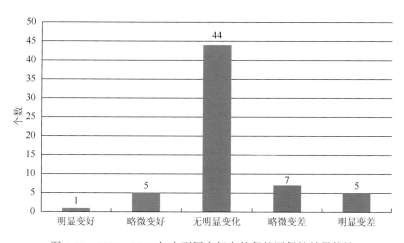

图 4.61　2000～2010 年大型国家级自然保护区保护效果统计

（五）特大型国家级自然保护区

319 个国家级自然保护区中，特大型保护区数量为 8 个，分别是盐池湾、色林错、珠穆朗玛峰、阿尔金山、可可西里、罗布泊野骆驼、三江源、羌塘国家级自然保护区，生态状况均无明显变化（图 4.62）。

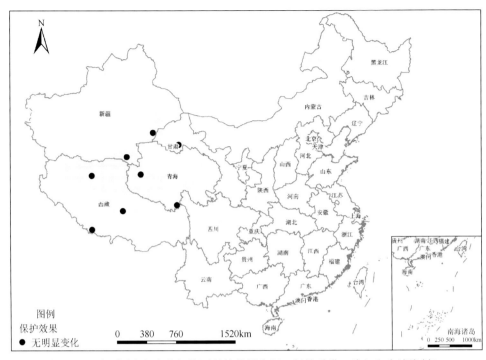

图 4.62　大型国家级自然保护区保护效果分级（暂缺香港、澳门和台湾资料）

（六）不同规模国家级自然保护区保护效果比较

5 个不同规模等级的国家级自然保护区中，中小型、中大型、大型国家级自然保护区变差的数量多于变好数量；中型国家级自然保护区变好的数量多于变差的数量（图 4.63）。

大型国家级自然保护区变差比例最高。大型国家级自然保护区变差率为 19.35%，变差的保护区除盐城湿地珍禽自然保护区外，其余 4 处均分布在内蒙古地区，且变差的保护区生态系统类型均以湿地、草原为主，易受人类活动干扰。其次为中型国家级自然保护区，变差率为 16.67%。

中型国家级自然保护区变好比例最高。中型国家级自然保护区变好率为 26.19%，主要集中在华南地区。其次为中大型国家级自然保护区，变好率为 17.09%。

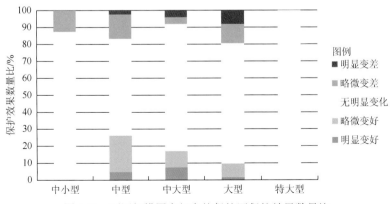

图 4.63　不同规模国家级自然保护区保护效果数量比

六、秦岭地区国家级自然保护区保护效果分析

秦岭横贯于中国中部，西起甘肃临潭县白石山，东至河南崤山、熊耳山和伏牛山地区，山脉呈东西走向，全长1600km，宽200~300km，海拔2000~3000m，主峰为太白山拔仙台，海拔3767m，其主体部分为秦岭山脉中段，位于陕西境内。秦岭是我国长江和黄河两大水系的分水岭，也是我国南北地理和气候的分界线。

秦岭山脉沟谷纵横，峰峦叠嶂，植被繁茂，地形复杂，为多种生物物种生存繁衍提供了得天独厚的自然条件，是保护我国生物多样性的关键地区之一。到目前为止，秦岭共发现维管植物230科、1089属、3748种，脊椎动物35目、112科、722种。

秦岭自然保护区群是秦岭山脉的典型代表和生物多样性的精华所在，截至2010年年底，秦岭主体段陕西境内已建立自然保护区28个，其中国家级自然保护区8个，省级自然保护区20个；涉及4种类型，其中森林生态系统类型3个，野生动物类型22个，地质遗迹类型2个，内陆湿地类型1个，保护区总面积达503501hm^2，约占陕西境内秦岭总面积的10%（表4.3）。

秦岭自然保护区以野生动物类型为主，主要是由于秦岭是我国动物地理古北界和东洋界的分界线，物种和栖息地类型十分丰富。秦岭地区分布的国家Ⅰ级重点保护野生动物有大熊猫、金丝猴、羚牛、林麝、云豹、豹、朱鹮、白肩雕、金雕、白鹳和黑鹳等，其中，羚牛、金丝猴、大熊猫、朱鹮被称为"秦岭四宝"，最为引人瞩目。

表4.3 秦岭主体段自然保护区统计

序号	名称	所在县市	总面积/hm^2	类型	级别
1	汉中朱鹮	洋县、城固县	37549	野生动物	国家级
2	略阳大鲵	略阳县	5600	野生动物	省级
3	天竺山	山阳县	1809	森林生态	省级
4	新开岭	商南县	14963	森林生态	省级
5	鹰嘴石	镇安县	11462	野生动物	省级
6	宁陕平河梁	宁陕县	15578	野生动物	省级
7	宝峰山	略阳县	29485	野生动物	省级
8	皇冠山	宁陕县	12372	野生动物	省级
9	长青	洋县	29906	野生动物	国家级
10	东秦岭地质剖面	柞水县、镇安县、周至县	25	地质遗迹	省级
11	留坝摩天岭	留坝县	8520	野生动物	省级
12	天华山	宁陕县	25485	野生动物	国家级
13	佛坪	佛坪县	29240	野生动物	国家级
14	佛坪观音山	佛坪县	13534	野生动物	省级
15	桑园	留坝县	13806	野生动物	国家级
16	牛尾河	太白县	13492	野生动物	省级

续表

序号	名称	所在县市	总面积/hm²	类型	级别
17	老县城	周至县	12611	野生动物	省级
18	周至	周至县	56393	野生动物	国家级
19	太白消水河	太白县	5343	野生动物	省级
20	黄柏塬	太白县	21865	野生动物	省级
21	牛背梁	柞水县、西安市长安区、宁陕县	16418	野生动物	国家级
22	太白山	太白县、眉县、周至县	56325	森林生态	国家级
23	周至黑河湿地	周至县	13126	内陆湿地	省级
24	紫柏山	凤县（留坝县）	17472	野生动物	省级
25	洛南大鲵	洛南县	5715	野生动物	省级
26	黑河珍稀水生	周至县	4619	野生动物	省级
27	华县大鲵珍稀水生	华县	8912	野生动物	省级
28	黄龙铺—石门地质剖面	洛南县	2000	地质遗迹	省级

注：太白消水河、紫柏山两处保护区于2012年晋升为国家级

（一）秦岭自然保护区建设情况

根据2000～2010年秦岭自然保护区统计结果，十年来，秦岭自然保护区建设表现出如下特点（图4.64）。

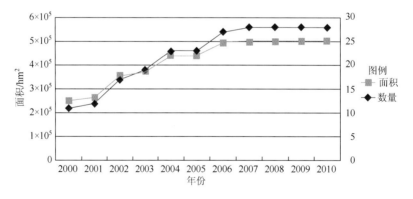

图4.64　2000～2010年秦岭自然保护区数量和面积统计

（1）保护区增加呈阶段性。十年来，秦岭自然保护区数量和面积增加明显，保护区数量由2000年的11个增加至28个，增长率为154.55%；面积由251525hm²增加至503501hm²，增长率100.18%。同时，秦岭保护区数量和面积增加表现出明显的阶段性，增长均集中在2007年之前，2007年之后保护区数量和面积维持不变，增长势头放缓。

（2）集群现象明显。秦岭西部自然保护区分布密集，长青、留坝摩天岭、天华山、佛

坪、佛坪观音山、桑园、牛尾河、老县城、周至、太白湑水河、黄柏塬和太白山等 12 个自然保护区已连成一片，面积达到 286520hm^2，占秦岭保护区总面积的 56.91%，形成秦岭自然保护区群的主体。

（3）东西分布不均。秦岭呈东西走向，主体在陕西境内，长约 400km，主要涉及太白、周至、佛坪、留坝等 27 个县级行政区域。目前，秦岭自然保护区多分布在太白、周至、佛坪、洋县、宁陕等县域，部分县（市）如商洛、丹凤、旬阳、山阳等县（市）尚无自然保护区分布。

（二）秦岭地区生态系统类型构成及转化情况分析

从 2000 年和 2010 年秦岭的生态系统类型构成来看（图 4.65、表 4.4），秦岭地区包括森林、灌丛、草地、湿地、农田、城镇和裸地 7 类生态系统，其中森林生态系统占比最高，其他生态系统类型依次为灌丛、农田、草地、城镇、裸地、湿地生态系统。

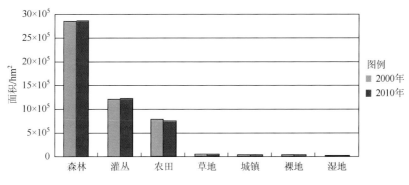

图 4.65　2000 年和 2010 年秦岭一级生态系统类型面积

秦岭生态系统类型占比最高的是森林生态系统，2000 年占 57.63%，2010 年占 57.86%，面积有所增加；森林生态系统以落叶阔叶林生态系统为主，落叶阔叶林生态系统 2000 年占 48.41%，2010 年占 48.63%。

灌丛生态系统为落叶阔叶灌木林生态系统，2000 年占 24.28%，2010 年占 24.64%，面积增加。

农田生态系统 2000 年占 15.63%，2010 年占 14.92%，面积有所减小；农田生态系统以旱地生态系统为主，旱地生态系统 2000 年占 15.33%，2010 年占 14.52%。

草地生态系统 2000 年占 0.87%，2010 年占 0.89%。

裸地生态系统 2000 年占保护区的 0.65%，2010 年占 0.62%；裸地生态系统以裸土生态系统为主，裸土生态系统 2000 年占 0.31%，2010 年占 0.27%。

城镇生态系统 2000 年占保护区的 0.56%，2010 年占 0.64%，增加较为明显。

湿地生态系统 2000 年占 0.39%，2010 年占 0.45%，面积有所增加；湿地生态系统以河流生态系统为主，河流生态系统 2000 年占 0.28%，2010 年占 0.32%。

表 4.4　秦岭不同年份一级和二级生态系统类型面积与比例

一级生态系统类型	二级生态系统类型	2000 年		2010 年	
		面积/hm²	比例/%	面积/hm²	比例/%
森林	常绿阔叶林	12369.22	0.25	12487.21	0.25
	落叶阔叶林	2387967.53	48.41	2398842.16	48.63
	常绿针叶林	15046.93	0.31	15061.15	0.31
	落叶针叶林	1356.57	0.03	1356.57	0.03
	针阔混交林	424280.14	8.60	424720.42	8.61
	乔木园地	1628.24	0.03	1628.24	0.03
	合计	2842648.63	57.63	2854095.75	57.86
灌丛	落叶阔叶灌木林	1197604.69	24.28	1215292.68	24.64
	合计	1197604.69	24.28	1215292.68	24.64
草地	草丛	42964.72	0.87	43995.82	0.89
	合计	42964.72	0.87	43995.82	0.89
湿地	草本沼泽	13.86	0.00	13.86	0.00
	水库/坑塘	5270.78	0.11	6181.99	0.13
	河流	14001.25	0.28	15801.89	0.32
	合计	19285.89	0.39	21997.74	0.45
农田	水田	15028.65	0.30	19522.35	0.40
	旱地	756039.95	15.33	716178.46	14.52
	合计	771068.6	15.63	735700.81	14.92
城镇	居住地	25057.29	0.51	28087.00	0.57
	工业用地	1272.96	0.03	1410.46	0.03
	交通用地	406.92	0.01	1608.84	0.03
	采矿场	412.02	0.01	499.05	0.01
	合计	27149.19	0.56	31605.35	0.64
裸地（湿润/半湿润）	稀疏林	7690.37	0.16	7690.37	0.16
	稀疏草地	1679.45	0.03	1744.70	0.04
	裸岩	7410.73	0.15	7378.42	0.15
	裸土	15226.76	0.31	13223.89	0.27
	合计	32007.31	0.65	30037.38	0.62
合计		4932729.03	100	4932725.53	100

　　2000～2010 年秦岭各生态系统类型转化总面积为 52177.47hm²，以草地、农田向森林转化、农田向灌丛转化最为明显。各生态系统类型中，森林生态系统净增加 11447.12hm²，增长率为 0.40%；灌丛生态系统净增加 17687.99hm²，增长率为 1.48%；草地生态系统净增加 1031.1hm²，增长率为 2.40%；湿地生态系统净增加 2711.85hm²，增长率为 14.06%；农田生态系统净减少 35367.79hm²，下降率为 4.59%；城镇生态系统净增加 4456.16hm²，增长率为 16.41%；裸地生态系统净减少 1969.93hm²，下降率为 6.15%（表 4.5、图 4.66 和图 4.67）。

表 4.5　秦岭一级生态系统类型及转化面积与比例

年份	类型	森林		灌丛		草地		湿地		农田		城镇		裸地	
		面积/hm²	比例/%	面积/hm²	比例/%	面积/hm²	比例/%	面积/hm²	比例/%	面积/hm²	比例/%	面积/hm²	比例/%	面积/hm²	比例/%
2000~2010 年	森林	2829817.99	99.98	0.00	0.00	0.00	0.00	182.54	0.01	0.00	0.00	0.00	0.00	0.00	0.00
	灌丛	0.00	0.00	1197164.86	99.96	0.00	0.00	195.39	0.02	149.58	0.01	61.11	0.01	0.00	0.00
	草地	12531.67	22.65	82.71	0.15	42679.33	77.13	26.82	0.05	11.7	0.02	0.00	0.00	0.00	0.00
	湿地	32.76	0.17	2.61	0.01	0.00	0.00	18991.4	98.47	70.55	0.37	18.09	0.09	170.48	0.88
	农田	11631.24	1.51	18015.53	2.34	1307.86	0.17	382.33	0.05	735087.08	95.33	4256.98	0.55	387.63	0.05
	城镇	0.00	0.00	0.00	0.00	0.00	0.00	0.00	0.00	0.00	0.00	27149.2	100	0.00	0.00
	裸地	75.69	0.24	3.96	0.01	0.00	0.00	2205.39	6.89	327.87	1.02	46.98	0.15	29331.14	91.69

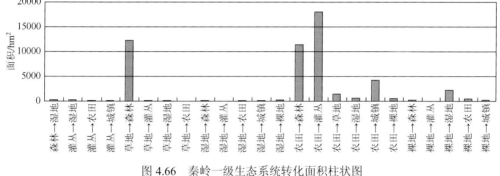

图 4.66　秦岭一级生态系统转化面积柱状图

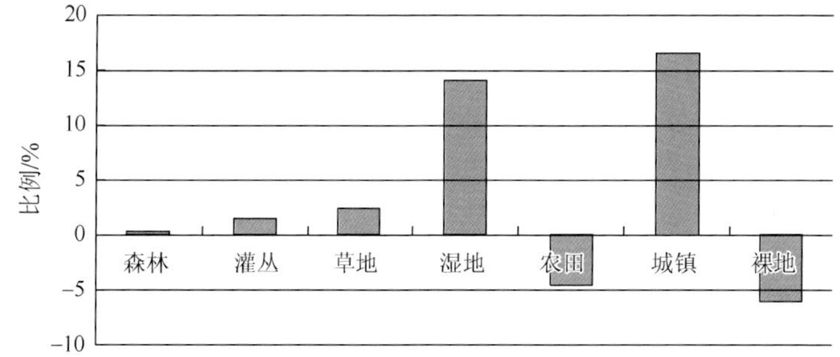

图 4.67　2000~2010 年秦岭各类型生态系统面积净增减情况

（三）秦岭国家级自然保护区生态系统类型构成及转化情况分析

从 2000 年和 2010 年秦岭地区 8 个国家级自然保护区的生态系统类型构成来看（表 4.6、图 4.68 和图 4.69），其同样包括森林、灌丛、草地、湿地、农田、城镇和裸地 7 类生态系统，其中，森林生态系统面积最大，其他生态系统类型依次为灌丛、农田、裸地、草地、城镇、湿地生态系统。核心区、缓冲区和实验区均是以森林生态系统为主。

秦岭山脉国家级自然保护区生态系统类型占比最高的是森林生态系统，2000 年占保护区面积的 70.74%，2010 年占保护区面积的 70.91%，面积有所增加。森林生态系统以落叶阔叶林生态系统为主。落叶阔叶林生态系统 2000 年占保护区面积的 45.10%，2010 年占保护区面积的 45.22%；森林生态系统 2000 年占核心区面积的 74.67%，2010 年占核心区面积的 74.84%；森林生态系统 2000 年占缓冲区面积的 75.61%，2010 年占缓冲区面积的 75.99%；森林生态系统 2000 年占实验区面积的 64.15%，2010 年占实验区面积的 64.19%。

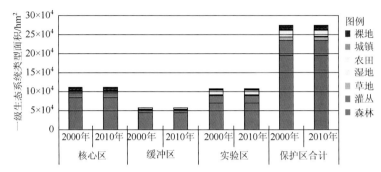

图 4.68　秦岭国家级自然保护区各功能区不同年份一级生态系统类型面积

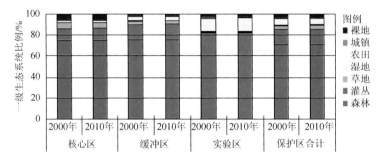

图 4.69　秦岭国家级自然保护区不同功能分区不同年份一级生态系统比例

灌丛生态系统为落叶阔叶灌木林生态系统，2000 年占保护区面积的 14.70%，2010 年占保护区面积的 14.74%；灌丛生态系统 2000 年占核心区面积的 11.64%，2010 年占核心区面积的 11.66%；灌丛生态系统 2000 年占缓冲区面积的 14.77%，2010 年占缓冲区面积的 14.84%；灌丛生态系统 2000 年占实验区面积的 17.81%，2010 年占实验区面积的 17.85%。

农田生态系统 2000 年占保护区面积的 6.34%，2010 年占保护区面积的 6.09%。农田生态系统以旱地生态系统为主。旱地生态系统 2000 年占保护区面积的 5.99%，2010 年占保护区面积的 4.74%；农田生态系统 2000 年占核心区面积的 1.49%，2010 年占核心区面积的 1.26%；农田生态系统 2000 年占缓冲区面积的 4.59%，2010 年占缓冲区面积的 4.14%；农田生态系统 2000 年占实验区面积的 12.24%，2010 年占实验区面积的 12.09%。

裸地生态系统 2000 年占保护区面积的 4.11%，2010 年占保护区面积的 4.04%。裸地生态系统以稀疏林生态系统为主，近十年来面积基本没有变化，占保护区面积的 1.78%；核心区和缓冲区近十年来裸地生态系统面积没有变化，比例分别为 6.39% 和 1.74%；实验区内裸地生态系统比例 2000 年为 3.01%，2010 年为 2.84%。

草地生态系统近十年来面积没有发生变化，占保护区面积的 3.28%；草地生态系统 2000 年占核心区面积的 5.82%，2010 年占核心区面积的 5.84%；草地生态系统近十年来占缓冲区的比例均为 3.14%；草地生态系统 2000 年占实验区面积的 0.73%，2010 年占实验区面积的 0.72%。

表 4.6　秦岭国家级自然保护区不同功能分区不同年份一级和二级生态系统类型面积与比例

一级生态系统类型	二级生态系统类型	核心区				缓冲区				实验区				保护区合计			
		2000年		2010年		2000年		2010年		2000年		2010年		2000年		2010年	
		面积/hm²	比例%	面积/hm²	比例%	面积/hm²	比例%	面积/hm²	比例%	面积/hm²	比例%	面积/hm²	比例%	面积/hm²	比例%	面积/hm²	比例%
森林	常绿阔叶林	0.00	0.00	0.00	0.00	0.00	0.00	0.00	0.00	13.19	0.01	13.19	0.01	13.19	0.00	13.19	0.00
	落叶阔叶林	53516.97	48.44	53669.37	48.57	27118.16	47.95	27264.61	48.20	43103.26	40.16	43142.26	40.20	123738.39	45.10	124076.24	45.22
	常绿针叶林	1652.83	1.50	1652.83	1.50	935.09	1.65	937.88	1.66	1734.49	1.62	1734.49	1.62	4322.41	1.58	4325.2	1.58
	落叶针叶林	24.23	0.02	24.23	0.02	69.62	0.12	69.62	0.12	0.00	0.00	0.00	0.00	93.85	0.03	93.85	0.03
	针阔混交林	27297.81	24.71	27351.69	24.75	14646.02	25.89	14712.43	26.01	23993.30	22.36	24002.88	22.36	65937.13	24.03	66067	24.08
	乔木园地	0.00	0.00	0.00	0.00	3.13	0.00	0.00	0.00	3.13	0.00	3.13	0.00	3.13	0.00	3.13	0.00
	合计	82491.84	74.67	82698.12	74.84	42768.89	75.61	42984.54	75.99	68847.37	64.15	68895.95	64.19	194108.10	70.74	194578.61	70.91
灌丛	落叶阔灌木林	12855.94	11.64	12882.66	11.66	8356.48	14.77	8392.98	14.84	19109.89	17.81	19160.62	17.85	40322.31	14.70	40436.26	14.74
	合计	12855.94	11.64	12882.66	11.66	8356.48	14.77	8392.98	14.84	19109.89	17.81	19160.62	17.85	40322.31	14.70	40436.26	14.74
草地	草丛	6430.64	5.82	6448.64	5.84	1777.84	3.14	1777.84	3.14	779.18	0.73	775.22	0.72	8987.66	3.28	9001.7	3.28
	合计	6430.64	5.82	6448.64	5.84	1777.84	3.14	1777.84	3.14	779.18	0.73	775.22	0.72	8987.66	3.28	9001.7	3.28
湿地	草本沼泽	0.00	0.00	0.00	0.00	0.00	0.00	0.00	0.00	0.00	0.00	0.00	0.00	0	0.00	0	0.00
	水库/坑塘	2.88	0.00	2.88	0.00	0.73	0.00	0.73	0.00	283.44	0.26	294.08	0.27	287.05	0.10	297.69	0.11
	河流	0.00	0.00	0.00	0.00	52.73	0.09	52.73	0.09	783.93	0.73	926.17	0.86	836.66	0.30	978.9	0.36
	合计	2.88	0.00	2.88	0.00	53.46	0.09	53.46	0.09	1067.37	0.99	1220.25	1.13	1123.71	0.40	1276.59	0.47

续表

一级生态系统类型	二级生态系统类型	核心区				缓冲区				实验区				保护区合计			
		2000 年		2010 年		2000 年		2010 年		2000 年		2010 年		2000 年		2010 年	
		面积/hm²	比例/%	面积/hm²	比例/%	面积/hm²	比例/%	面积/hm²	比例/%	面积/hm²	比例/%	面积/hm²	比例/%	面积/hm²	比例/%	面积/hm²	比例/%
农田	水田	0.00	0.00	0.00	0.00	0.00	0.00	2344.06	4.14	957.65	0.89	1361.96	1.27	957.65	0.35	3706.02	1.35
	旱地	1644.11	1.49	1393.10	1.26	2596.20	4.59	0.00	0.00	12182.41	11.35	11616.96	10.82	16422.72	5.99	13010.06	4.74
	合计	1644.11	1.49	1393.10	1.26	2596.20	4.59	2344.06	4.59	13140.06	12.24	12978.92	12.09	17380.37	6.34	16716.08	6.09
城镇	居住地	4.68	0.00	4.68	0.00	22.77	0.04	22.77	0.04	1100.46	1.03	1131.77	1.05	1127.91	0.41	1159.22	0.42
	工业用地	0.00	0.00	0.00	0.00	0.00	0.00	0.00	0.00	52.40	0.05	52.40	0.05	52.4	0.02	52.4	0.02
	交通用地	0.00	0.00	0.00	0.00	0.00	0.00	0.00	0.00	0.00	0.00	60.05	0.06	0	0.00	60.05	0.02
	合计	4.68	0.00	4.68	0.00	22.77	0.04	22.77	0.04	1152.86	1.08	1244.22	1.16	1180.31	0.43	1271.67	0.46
裸地（湿润/半湿润）	稀疏林	3073.58	2.78	3073.58	2.78	303.91	0.54	303.91	0.54	1512.22	1.41	1512.22	1.41	4889.71	1.78	4889.71	1.78
	稀疏草地	84.42	0.08	84.42	0.08	36.77	0.07	36.77	0.07	46.59	0.04	100.05	0.09	167.78	0.06	221.24	0.08
	裸岩	3738.34	3.38	3738.34	3.38	494.37	0.87	494.37	0.87	477.96	0.45	477.96	0.45	4710.67	1.72	4710.67	1.72
	裸土	164.42	0.15	164.42	0.15	149.42	0.26	149.42	0.26	1190.03	1.11	958.13	0.89	1503.87	0.55	1271.97	0.46
	合计	7060.76	6.39	7060.76	6.39	984.47	1.74	984.47	1.74	3226.80	3.01	3048.36	2.84	11272.03	4.11	11093.59	4.04
合计		110490.85	100.00	110490.84	100.00	56560.11	100.00	56560.12	100.00	107323.53	100.00	107323.54	100.00	274374.49	100.00	274374.50	100.00

城镇生态系统 2000 年占保护区面积的 0.43%，2010 年占保护区面积的 0.46%；近十年来秦岭国家级自然保护区核心区内基本无城镇生态系统分布；城镇生态系统占缓冲区面积比例维持在 0.04%；城镇生态系统 2000 年占实验区面积的 1.08%，2010 年占 1.16%。

湿地生态系统 2000 年占保护区面积的 0.40%，2010 年占保护区面积的 0.47%，面积有所增加。湿地生态系统以河流生态系统为主。河流生态系统 2000 年占保护区面积的 0.30%，2010 年占保护区面积的 0.36%；保护区内核心区基本无湿地分布；缓冲区湿地生态系统面积比例维持在 0.09%；湿地生态系统 2000 年占实验区面积的 0.99%，2010 年占 1.13%。

2000～2010 年秦岭国家级自然保护区各生态系统类型转化总面积为 1097.92hm²，其中核心区生态系统类型转化面积为 270.35hm²，占转化总面积的 24.62%；缓冲区 232.80hm²，占 21.20%；实验区 594.77hm²，占 54.17%（图 4.70）。

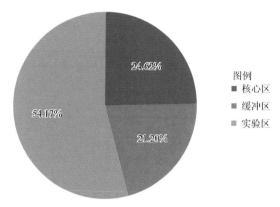

图 4.70　2000～2010 年秦岭国家级自然保护区各功能区生态系统转化面积比例

从 2000～2010 年秦岭国家级自然保护区各功能分区一级生态系统类型转化面积可以看出（表 4.7、表 4.8 和图 4.71），近十年来保护区生态系统类型转化以实验区为主，核心区、缓冲区转化比例相对较低，且核心区、缓冲区由半自然生态系统向自然生态系统转化，表明近十年来保护区核心区、缓冲区得到有效保护，生态系统不但没有明显人为干扰，且原本存在于核心区、缓冲区的农田逐渐恢复为森林、灌丛和草地。实验区以裸地生态系统向湿地生态系统转化为主，同时城镇生态系统面积有所增加。

表 4.7　秦岭国家级保护区一级生态系统类型及转化面积与比例

年份	类型	森林		灌丛		草地		湿地		农田		城镇		裸地	
		面积/hm²	比例/%	面积/hm²	比例/%	面积/hm²	比例/%	面积/hm²	比例/%	面积/hm²	比例/%	面积/hm²	比例/%	面积/hm²	比例/%
2000～2010 年	森林	194344.27	100	0	0.00	0	0.00	0	0.00	2.07	0.00	0	0.00	0	0.00
	灌丛	0	0.00	40492.81	100	0	0.00	0	0.00	0	0.00	0	0.00	0	0.00
	草地	0	0.00	0	0.00	9187.93	99.96	0	0.00	3.96	0.04	0	0.00	0	0.00
	湿地	20.7	1.84	0	0.00	0	0.00	999.28	88.93	8.53	0.76	0	0.00	95.21	8.47
	农田	451.88	2.60	113.94	0.66	18	0.10	17.19	0.10	16692.49	96.01	91.35	0.53	0.72	0.00
	城镇	0	0.00	0	0.00	0	0.00	0	0.00	0	0.00	1180.32	100	0	0.00
	裸地	0	0.00	0	0.00	0	0.00	260.13	2.29	14.24	0.13	0	0.00	11074.73	97.58

表 4.8　秦岭国家级自然保护区各功能分区一级生态系统类型转化面积

变更方式	核心区/hm²	缓冲区/hm²	实验区/hm²	总计/hm²
森林→农田	0	0	2.07	2.07
草地→农田	0	0	3.96	3.96
湿地→森林	0	0	20.7	20.7
湿地→农田	0	0	8.53	8.53
湿地→裸地	0	0	95.21	95.21
农田→森林	206.28	215.65	29.95	451.88
农田→灌丛	46.07	17.15	50.72	113.94
农田→草地	18	0	0	18
农田→湿地	0	0	17.19	17.19
农田→城镇	0	0	91.35	91.35
农田→裸地	0	0	0.72	0.72
裸地→湿地	0	0	260.13	260.13
裸地→农田	0	0	14.24	14.24

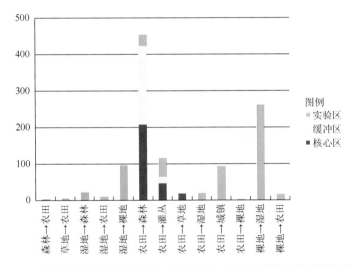

图 4.71　秦岭国家级自然保护区各功能分区一级生态系统转化面积柱状图

2000～2010 年，各生态系统类型中，森林生态系统净增加 470.51hm²，增长率为 0.24%；灌丛生态系统净增加 113.94hm²，增长率为 0.28%；草地生态系统净增加 14.04hm²，增长率为 0.16%；湿地生态系统净增加 152.88hm²，增长率为 13.60%；农田生态系统净减少 664.28hm²，下降率为 3.82%；城镇生态系统净增加 91.35hm²，增长率为 7.74%；裸地生态系统净减少 178.44hm²，下降率为 1.58%。

（四）秦岭国家级自然保护区与周边生态系统转化情况对比分析

从 2000 年和 2010 年秦岭 8 个国家级自然保护区与秦岭地区生态系统类型构成对比来看，秦岭国家级自然保护区生态系统构成具有如下特点（图 4.72～图 4.74）。

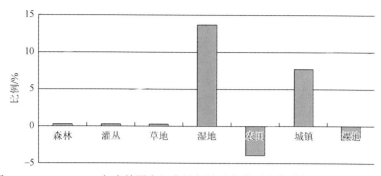

图 4.72　2000～2010 年秦岭国家级自然保护区各类型生态系统面积净增减情况

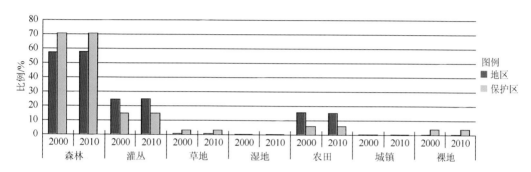

图 4.73　秦岭国家级自然保护区与秦岭地区不同年份各类型生态系统构成情况

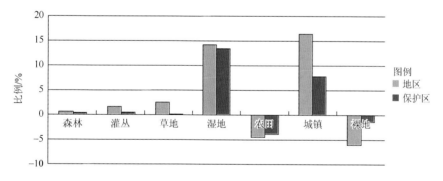

图 4.74　2000～2010 年秦岭地区与秦岭国家级自然保护区各类型生态系统面积净增减情况

1. 涵盖了该地区所有的自然生态系统类型

秦岭地区生态系统包括森林、灌丛、草地、湿地等 7 类一级生态系统类型以及常绿阔叶林、落叶阔叶林、落叶阔叶灌木林、草丛等 21 类二级生态系统类型；秦岭国家级自然保护区同样也包括 7 类一级生态系统类型，二级生态系统类型中除采矿场人工生态系统外，包含其他所有的二级生态系统类型。所有的自然生态系统类型在保护区内均有分布。

2. 自然生态系统类型所占比例较高

秦岭国家级自然保护区自然生态系统面积 255814hm²，占保护区总面积的 93%，而秦岭地区自然生态系统所占比例为 84%。其中，保护区内森林生态系统所占比例明显高于整个地区森林生态系统所占比例。草地、湿地生态系统所占比例均高于整个地区背景值。值得注意的是，国家级保护区内裸地生态系统比例高于地区背景值，主要由于太白山、天华山等国家级自然保护区海拔较高，尤其是太白山部分地段海拔在 3000m 以上，植被难以生长，大片裸岩呈带状分布。保护区内城镇、农田等人工、半人工生态系统比例明显低于整个地区背景值，且面积有所减少，从 6.76% 降至 6.55%。总体而言，秦岭山脉国家级自然保护区内自然生态系统比例明显高于整个地区背景值（图 4.73）。

3. 生态系统较为稳定

2000～2010 年秦岭地区生态系统动态度为 1.06%，8 个国家级自然保护区生态系统动态度为 0.40%，表明国家级自然保护区生态系统变化程度相对整个地区而言是轻微的。从转化类型来看，秦岭地区生态系统类型两两转化种类达 24 种，而保护区内生态系统类型转化仅为 12 种；从各生态系统净变化情况来看，秦岭国家级自然保护区各生态系统面积增减幅度均小于整个地区，表明与整个地区相比国家级自然保护区生态系统相对稳定。

4. 人类活动干扰相对较轻

2000～2010 年秦岭国家级自然保护区城镇生态系统面积增加 91.35hm^2，增长率为 7.74%。秦岭地区城镇生态系统面积增加 4456.16hm^2，增长率为 16.41%。近十年来秦岭国家级自然保护区城镇生态系统增长率低于整个地区增长率，主要体现在：国家级自然保护区城镇生态系统增长表现为居住地和交通用地面积增加，而工业用地维持不变；同时，城镇生态系统的增加仅限于国家级自然保护区实验区，核心区、缓冲区存在的少量居民点维持不变。这表明近十年来保护区得到有效保护，生态系统人为干扰较轻。

5. 自然保护区布局有待进一步优化

通过对秦岭地区自然保护区分布状况分析表明，沿秦岭主山脊线两侧区域以大熊猫、扭角羚等濒危动物为主要保护对象的长青、佛坪、周至和天华山等十余处自然保护区连成一片；汉中朱鹮、桑园、留坝摩天岭、宁陕平河梁等自然保护区与周边保护区距离较近，具有一定的连通性；紫柏山、略阳大鲵、牛背梁、新开岭呈零散分布状态（图 4.75）。由

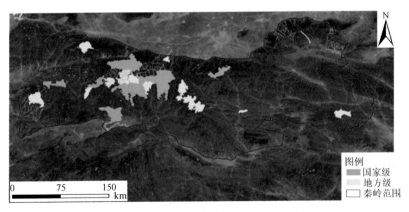

图 4.75　秦岭陕西段自然保护区分布示意图

此可见，部分自然保护区之间存在生态廊道缺乏、人类干扰较多、功能区划不协调等问题，建议在汉中朱鹮、桑园、留坝摩天岭、宁陕平河梁等自然保护区与周边保护区之间构建生态廊道，加强相邻自然保护区功能区划的协调和管理合作，同时，在科研和管理决策方面，今后需要深入开展国家级自然保护区布局合理性分析，提出布局优化方案等。

（五）秦岭国家级自然保护区保护效果分析

1. 秦岭国家级自然保护区生态系统格局变化情况

近十年来，秦岭 8 个国家级自然保护区中，生态系统格局变化情况为：明显改善 1 个，基本维持 7 个。明显改善的保护区为汉中朱鹮国家级自然保护区，该保护区过去十年间生态系统格局明显改善，核心区和缓冲区有大片农田转化为森林，此外，缓冲区有部分裸地转化为湿地，朱鹮生境恢复工作初见成效。

2. 秦岭国家级自然保护区生态系统质量变化情况

近十年来，秦岭 8 个国家级自然保护区中，生态系统质量均得到改善，其中周至、桑园 2 个国家级自然保护区生态系统质量改善的面积达到 60%以上，牛背梁、长青和汉中朱鹮 3 个国家级自然保护区生态系统质量改善面积为 50%～60%，其余 3 个国家级自然保护区生态系统质量改善的面积也均超过 40%。

3. 秦岭国家级自然保护区人类活动变化情况

近十年来，秦岭 8 个国家级自然保护区中，汉中朱鹮国家级自然保护区人类活动轻微增加，其余保护区人类活动无明显变化。汉中朱鹮国家级自然保护区人类活动轻微增加，主要是由于保护区实验区汉江两岸的城镇建设用地面积增加。

4. 秦岭国家级自然保护区保护效果

对近十年来秦岭 8 个国家级自然保护区生态系统格局、生态系统质量以及人类活动的变化情况进行综合评价，最终得出保护效果情况为：略微变好 1 个，无明显变化 7 个。略微变好的为汉中朱鹮国家级自然保护区，该保护区 2000～2010 年生态系统格局、质量均得到改善，人类活动虽略有增加，但限制在实验区内。其余保护区内生态系统格局、人类活动无明显变化，生态系统质量均在一定程度上得到改善，生态保护工作取得成效。

（六）小结

十年来，秦岭自然保护区数量和面积增加明显，截至 2010 年年底，共建有自然保护区 28 个，其中国家级自然保护区 8 个，涉及两大类型，包括森林、灌丛、草地、湿地、农田、城镇、裸地 7 类生态系统。各生态系统类型中，森林生态系统比例最高，其他生态系统类型依次为灌丛、农田、裸地、草地、城镇和湿地生态系统。与整个地区相比，十年来，秦岭国家级自然保护区生态系统结构稳定，人类活动干扰较轻，核心区、缓冲区生态系统得到恢复，有效地保护了该地区几乎所有的自然生态系统类型。2000～2010 年，秦岭地区 8 个国家级自然保护区保护状况为：1 个略微变好，7 个无明显变化，保护区的保护效果较好。

第三节　保护效果影响因素分析及对策建议

根据评价结果，明显变差的 14 个国家级自然保护区中均存在生态系统格局明显退化的问题，其中，白水河国家级自然保护区受汶川地震影响，山体滑坡，植被损毁严重，保护区森林面积由 24785.90hm² 下降至 19005.60hm²，减少 23.32%；鄂尔多斯遗鸥国家级自然保护区由于近年来持续干旱，湿地面积由 932.29hm² 下降至 232.46hm²，减少 75.07%。双台河口、古海岸与湿地、长江新螺段白鱀豚、盐城湿地珍禽、西鄂尔多斯、达里诺尔、辉河、哈腾套海、灵武白芨滩 9 个国家级自然保护区主要是由于建设用地扩张从而导致原有生态系统破坏，其中，哈腾套海、灵武白芨滩、达里诺尔、盐城湿地珍禽、西鄂尔多斯 5 个国家级自然保护区建设用地面积增长率超过 100%。泗洪洪泽湖湿地、大布苏、大丰麋鹿 3 个国家级自然保护区，农田开垦成为生态系统退化的主要原因，其中，大丰麋鹿国家级自然保护区耕地面积由 1077.82hm² 增加至 2276.57hm²，增加了 111.22%。

生态系统质量方面，14 个国家级自然保护区中双台河口国家级自然保护区生态系统质量退化面积占保护区总面积的 65.68%，白水河国家级自然保护区生态系统质量的退化面积占 60.71%，泗洪洪泽湖湿地国家级自然保护区占 57.43%。大丰麋鹿国家级自然保护区生态系统质量明显上升，主要是由于保护区内大片湿地转化为农田导致净初级生产力上升。其余国家级自然保护区生态系统质量基本维持在原有水平。

14 个国家级自然保护区中古海岸与湿地、大布苏、长江新螺段白鱀豚、大丰麋鹿 4 个国家级自然保护区人类干扰明显增强。双台河口、泗洪洪泽湖湿地、盐城湿地珍禽 3 个国家级自然保护区人类干扰有所增加，其余国家级自然保护区近十年来人类活动强度基本不变。

明显变好的 18 个国家级自然保护区，生态系统格局均明显改善。太统—崆峒山、八面山、大巴山、大田、梵净山、汉中朱鹮、花萼山、宽阔水、麻阳河、猫儿山、米仓山、七姊妹山、铜鼓岭、星斗山、药山 15 个国家级自然保护区均有大片农田转化为林地，其中铜鼓岭国家级自然保护区林地增长率达到 11.44%，宽阔水、大田、汉中朱鹮 3 个国家级自然保护区林地面积增长率达 2%以上。丹江湿地、八岔岛、长江上游珍稀特有鱼类国家级自然保护区的农田转化为湿地较为明显，其中丹江湿地和八岔岛两个国家级自然保护区湿地面积增长率均达 50%以上。生态系统质量方面，除八岔岛、太统—崆峒山 2 个国家级自然保护区基本维持外，其余保护区生态系统质量均得到改善。18 个国家级自然保护区中，除汉中朱鹮国家级自然保护区的人类干扰略有增加外，其余国家级自然保护区人类活动强度基本不变。

一、影响因素分析

为总结过去十年间自然保护事业中存在的经验与教训，更好地为自然保护区今后发展服务，特别对 14 个明显变差和 22 个略微变差的国家级自然保护区进行分析，将影响保护效果的原因进行统计，最终归纳为六大类因素（图4.76）。

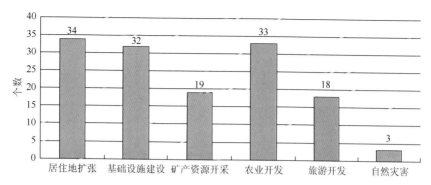

图 4.76　国家级自然保护区保护效果影响因素统计

包含同一个国家级自然保护区存在多种影响因素的情况

根据统计结果，影响国家级自然保护区保护效果的因素依次为：居住地扩张、农业开发、基础设施建设、旅游开发、矿产资源开采以及自然灾害。

1. 居住地扩张

不少国家级自然保护区周边甚至保护区内部有常住居民分布，随着城镇的扩张，保护区内居住用地增加，人工设施增多，从而导致保护区生态系统退化。在 36 个变差的国家级自然保护区中，34 个存在居住地扩张现象。

2. 农业开发

在 36 个变差的国家级自然保护区中，农业开发现象较为普遍。国家级自然保护区内农业开发的方式主要有农田开垦、水产养殖、放牧等。存在农业开发的 33 个国家级自然保护区中，32 个有农田开垦，15 个有水产养殖，2 个存在放牧。

不同生态系统类型的国家级自然保护区，人类活动侧重点有所不同，以湿地、草地为主要生态系统类型的国家级自然保护区，农田开垦规模比较明显；以海洋、湿地为主要生态系统类型的国家级自然保护区，水产养殖比较普遍；放牧则集中在以草地为主要生态系统类型的国家级自然保护区。

3. 基础设施建设

在 36 个变差的国家级自然保护区中，32 个存在基础设施建设。国家级自然保护区内基础设施建设的主要类型有公路铁路、水利水电、港口码头、机场等。32 个国家级自然保护区中，存在道路建设的有 30 个，水利水电 5 个，港口码头 7 个，机场 1 个。基础设施建设占用了保护区内大面积原生生态系统。

4. 旅游开发

随着生活水平的提高，国家级自然保护区的旅游发展迅速，旅游开发强度日益增加。36 个变差的国家级自然保护区中，18 个存在旅游开发情况。一些保护区为了开展旅游，在保护区内开山炸石，砍树毁林，导致生态系统退化。

5. 矿产资源开发

根据《中华人民共和国自然保护区条例》，矿产资源开发在保护区内是禁止的。但我国国家级自然保护区建设早期奉行的是抢救性政策，将一些证照齐全的采矿点也划入了保护区范围，同时一些保护区存在非法开采情况。

36 个变差的国家级自然保护区中，19 个存在矿产资源开发情况，资源开发的种类包括煤、石灰石、石英石、石油、盐、砂石和砖土等。矿产资源开发对保护区自然景观造成极大破坏。

6. 自然灾害

自然灾害也会给国家级自然保护区造成严重影响。四川龙溪—虹口、白水河 2 个国家级自然保护区，由于汶川地震影响，造成山体坍塌、滑坡、泥石流等地质灾害，大片森林植被损毁。

此外，鄂尔多斯遗鸥国家级自然保护区由于近年来持续干旱，保护区内天然湿地退化为盐碱地。若尔盖湿地国家级自然保护区受鼠害影响，草地沙化加快。

二、对策与建议

1. 引导社区产业转型

引导保护区居民改变传统的生产方式，实施退耕还林、还草、还湿；开发生态产品，发展生态型产业，并给予政策倾斜和技术扶持；安置部分社区居民参加资源管护，增加社区群众的经济收入；核心区和缓冲区尽可能实施生态移民，禁止新建、扩建居民点。同时，运用电视、网络等多种宣传媒介，举办专题讲座，赠阅相关资料的方式，在全社会广泛开展与自然保护有关的普法和科普教育活动，使其认识到自然保护的重要性，引导人们合理利用自然资源，参与自然保护。

2. 建立生态补偿制度

自然保护区的存在为周边地区提供了良好的环境服务和生态效益，但保护区内居民的经济活动方式却受到极大限制，应得到一定的补偿；基础设施建设占用大量自然资源与生境，使保护区保护压力加大，应提供补偿。

3. 构建"天地一体化"自然保护区遥感监测系统

充分发挥卫星遥感优势，构建自然保护区综合监管系统，形成多尺度、多时相、多要素的动态监测能力，定期开展全国自然保护区人类活动变化监测，以便及时掌握保护区生境及人类活动变化趋势。

4. 进一步加强执法监督检查

按照《国家级自然保护区监督检查办法》，定期开展自然保护区专项执法检查，对检查中发现的问题进行严厉查处，并根据问题的严重程度实施限期整改、挂牌督办、停补限批等一系列惩治措施，将自然保护区的保护效果纳入地方政府考核体系。

5. 严控建设项目准入

严格执行《中华人民共和国自然保护区条例》等法律法规，对保护区人类活动进行严格限制，制定涉及自然保护区建设项目的环境管理办法和生态准入强制性规定，提高建设项目准入门槛；严禁在核心区、缓冲区安排开发建设项目和开展旅游及其他生产经营性活动；加强对自然保护区生态旅游的环境管理，明确要求国家级自然保护区生态旅游必须编制生态旅游专项规划，并履行环评审批手续。

6. 关注气候变化，研究应对措施

近年来一系列遥感监测显示，我国植被净初级生产力、叶面积指数、生物量等指标呈明显增长趋势，自然保护区亦不例外。鉴于自然保护区生态系统具有典型性和代表性，应积极开展保护区生态系统质量长期监测工作，针对气候变化影响，提出科学的应对措施，确保生态安全。

三、问题与展望

（一）评价中存在的问题

1. 遥感解译问题

本书中国家级自然保护区生态系统采用全国生态系统遥感影像解译数据，该数据对一些小型自然保护区而言，空间分辨率较低，不能很好地反映保护区内一些细节状况。

本书遥感影像解译选取采样线、采样点建立解译标志库，采用决策树分析方法，通过人工与自动相结合的方式，对遥感影像进行分类。由于解译对象为全国生态系统，加上一些自然保护区交通不便，开展的实地调查较少，解译结果存在一定程度的误差。

2. 评价方法问题

本书国家级自然保护区保护效果评价主要依据保护区内生态系统格局、人类活动情况和生态系统质量三个指标。对生态系统类自然保护区而言，该方法较为合理；对野生生物类自然保护区而言，该方法可以在一定程度上反映其保护效果；对自然遗迹类型保护区而言，该方法不能很好地反映其保护效果。

（二）今后工作展望

1. 加强遥感解译准确性

针对中小型自然保护区以及一些关键物种集中分布区域，尽可能地获取高分辨率卫星影像，同时应在保护区内选择采样线、采样点以建立针对保护区的解译标志库，从而提高

保护区的遥感解译精度。

2. 进一步完善评价方法

本书保护效果评价是在遥感调查的基础上进行的，评价对象主要为保护区生态系统状况，在今后的工作中应增加保护区物种保护状况的评价。因此，除了遥感手段外还要更多地开展实地调查，摸清保护区的物种保护状况。同时，针对不同类型的自然保护区应建立相应的评价指标体系，以提高评价结果的准确性。

附表 1　国家级自然保护区生态系统格局变化分级表

序号	名称	省份	类型	格局变化
1	八面山	湖南	森林生态	明显改善
2	八岔岛	黑龙江	内陆湿地	明显改善
3	宽阔水	贵州	森林生态	明显改善
4	丹江湿地	河南	内陆湿地	明显改善
5	星斗山	湖北	野生植物	明显改善
6	大巴山	重庆	森林生态	明显改善
7	铜鼓岭	海南	海洋海岸	明显改善
8	梵净山	贵州	森林生态	明显改善
9	大田	海南	野生动物	明显改善
10	药山	云南	森林生态	明显改善
11	长江上游珍稀、特有鱼类	四川	野生动物	明显改善
12	麻阳河	贵州	野生动物	明显改善
13	猫儿山	广西	森林生态	明显改善
14	汉中朱鹮	陕西	野生动物	明显改善
15	花萼山	四川	森林生态	明显改善
16	太统-崆峒山	甘肃	森林生态	明显改善
17	米仓山	四川	森林生态	明显改善
18	七姊妹山	湖北	野生植物	明显改善
19	六盘山	宁夏	森林生态	轻微改善
20	炎陵桃源洞	湖南	森林生态	轻微改善
21	画稿溪	四川	野生植物	轻微改善
22	东寨港	海南	海洋海岸	轻微改善
23	哀牢山	云南	森林生态	轻微改善
24	莽山	湖南	森林生态	轻微改善
25	阳明山	湖南	森林生态	轻微改善
26	宁夏罗山	宁夏	森林生态	轻微改善
27	大盘山	浙江	野生植物	轻微改善
28	龙湾	吉林	内陆湿地	轻微改善
29	千家洞	广西	森林生态	轻微改善
30	芦芽山	山西	野生动物	轻微改善
31	防城金花茶	广西	野生植物	轻微改善
32	山口红树林	广西	海洋海岸	轻微改善

续表

序号	名称	省份	类型	格局变化
33	漳江口红树林	福建	海洋海岸	轻微改善
34	浙江九龙山	浙江	野生植物	轻微改善
35	古田山	浙江	野生动物	轻微改善
36	桃红岭梅花鹿	江西	野生动物	轻微改善
37	尕海—则岔	甘肃	森林生态	轻微改善
38	赤水桫椤	贵州	野生植物	轻微改善
39	雅长兰科植物	广西	野生植物	轻微改善
40	湖南舜皇山	湖南	森林生态	轻微改善
41	河南黄河湿地	河南	内陆湿地	轻微改善
42	九段沙湿地	上海	内陆湿地	轻微改善
43	陇县秦岭细鳞鲑	陕西	野生动物	轻微改善
44	吉林长白山	吉林	森林生态	轻微改善
45	五峰后河	湖北	森林生态	轻微改善
46	科尔沁	内蒙古	野生动物	轻微改善
47	柳江盆地地质遗迹	河北	地质遗迹	轻微改善
48	借母溪	湖南	森林生态	轻微改善
49	扎龙	黑龙江	野生动物	轻微改善
50	九宫山	湖北	森林生态	轻微改善
51	白水江	甘肃	野生动物	轻微改善
52	东方红湿地	黑龙江	内陆湿地	轻微改善
53	乌伊岭	黑龙江	内陆湿地	基本维持
54	雅鲁藏布大峡谷	西藏	森林生态	基本维持
55	将乐龙栖山	福建	森林生态	基本维持
56	浙江天目山	浙江	野生植物	基本维持
57	小陇山	甘肃	野生动物	基本维持
58	三江源	青海	内陆湿地	基本维持
59	象头山	广东	森林生态	基本维持
60	金佛山	重庆	野生植物	基本维持
61	习水中亚热带常绿阔叶林	贵州	森林生态	基本维持
62	黑龙江凤凰山	黑龙江	野生植物	基本维持
63	蓟县中、上元古界地层剖面	天津	地质遗迹	基本维持
64	天华山	陕西	野生动物	基本维持
65	可可西里	青海	野生动物	基本维持
66	花坪	广西	野生植物	基本维持
67	黑龙江双河	黑龙江	森林生态	基本维持

续表

序号	名称	省份	类型	格局变化
68	羌塘	西藏	荒漠生态	基本维持
69	南阳恐龙蛋化石群	河南	古生物遗迹	基本维持
70	青海湖	青海	野生动物	基本维持
71	崇明东滩鸟类	上海	野生动物	基本维持
72	哈纳斯	新疆	森林生态	基本维持
73	衡水湖	河北	内陆湿地	基本维持
74	滨州贝壳堤岛与湿地	山东	海洋海岸	基本维持
75	弄岗	广西	森林生态	基本维持
76	芒康滇金丝猴	西藏	野生动物	基本维持
77	雷公山	贵州	森林生态	基本维持
78	蛇岛老铁山	辽宁	野生动物	基本维持
79	色林错	西藏	野生动物	基本维持
80	佛坪	陕西	野生动物	基本维持
81	十万大山	广西	森林生态	基本维持
82	鹰嘴界	湖南	森林生态	基本维持
83	戴云山	福建	森林生态	基本维持
84	民勤连古城	甘肃	荒漠生态	基本维持
85	铜陵淡水豚	安徽	野生动物	基本维持
86	美姑大风顶	四川	野生动物	基本维持
87	额济纳胡杨林	内蒙古	荒漠生态	基本维持
88	托木尔峰	新疆	森林生态	基本维持
89	小秦岭	河南	森林生态	基本维持
90	甘肃莲花山	甘肃	森林生态	基本维持
91	化龙山	陕西	森林生态	基本维持
92	君子峰	福建	森林生态	基本维持
93	内伶仃岛—福田	广东	海洋海岸	基本维持
94	太白山	陕西	森林生态	基本维持
95	尖峰岭	海南	森林生态	基本维持
96	五指山	海南	森林生态	基本维持
97	西双版纳	云南	森林生态	基本维持
98	桑园	陕西	野生动物	基本维持
99	历山	山西	森林生态	基本维持
100	天宝岩	福建	野生植物	基本维持
101	长宁竹海	四川	森林生态	基本维持
102	八大公山	湖南	森林生态	基本维持

序号	名称	省份	类型	格局变化
103	五鹿山	山西	野生动物	基本维持
104	鹞落坪	安徽	森林生态	基本维持
105	百花山	北京	森林生态	基本维持
106	南瓮河	黑龙江	内陆湿地	基本维持
107	类乌齐马鹿	西藏	野生动物	基本维持
108	威宁草海	贵州	内陆湿地	基本维持
109	官山	江西	森林生态	基本维持
110	虎伯寮	福建	森林生态	基本维持
111	茂兰	贵州	森林生态	基本维持
112	长青	陕西	野生动物	基本维持
113	周至	陕西	野生动物	基本维持
114	伊通火山群	吉林	地质遗迹	基本维持
115	阿鲁科尔沁	内蒙古	草原草甸	基本维持
116	白石砬子	辽宁	森林生态	基本维持
117	南岭	广东	森林生态	基本维持
118	连城	甘肃	森林生态	基本维持
119	神农架	湖北	森林生态	基本维持
120	阳城莽河猕猴	山西	野生动物	基本维持
121	敦煌西湖	甘肃	野生动物	基本维持
122	陕西子午岭	陕西	森林生态	基本维持
123	安南坝野骆驼	甘肃	野生动物	基本维持
124	白马雪山	云南	森林生态	基本维持
125	宝天曼	河南	森林生态	基本维持
126	察青松多白唇鹿	四川	野生动物	基本维持
127	察隅慈巴沟	西藏	森林生态	基本维持
128	车八岭	广东	森林生态	基本维持
129	大海陀	河北	森林生态	基本维持
130	大青沟	内蒙古	森林生态	基本维持
131	大洲岛	海南	海洋海岸	基本维持
132	丹霞山	广东	地质遗迹	基本维持
133	吊罗山	海南	森林生态	基本维持
134	鼎湖山	广东	森林生态	基本维持
135	敦煌阳关	甘肃	内陆湿地	基本维持
136	伏牛山	河南	森林生态	基本维持
137	高黎贡山	云南	森林生态	基本维持

序号	名称	省份	类型	格局变化
138	合浦营盘港—英罗港儒艮	广西	野生动物	基本维持
139	河北雾灵山	河北	森林生态	基本维持
140	恒仁老秃顶子	辽宁	森林生态	基本维持
141	黄连山	云南	森林生态	基本维持
142	鸡公山	河南	森林生态	基本维持
143	江西马头山	江西	森林生态	基本维持
144	江西武夷山	江西	森林生态	基本维持
145	金钟山黑颈长尾雉	广西	森林生态	基本维持
146	九连山	江西	森林生态	基本维持
147	九万山	广西	森林生态	基本维持
148	九寨沟	四川	野生动物	基本维持
149	拉鲁湿地	西藏	内陆湿地	基本维持
150	连康山	河南	森林生态	基本维持
151	凉水	黑龙江	森林生态	基本维持
152	辽宁仙人洞	辽宁	森林生态	基本维持
153	龙感湖	湖北	内陆湿地	基本维持
154	滦河上游	河北	森林生态	基本维持
155	马边大风顶	四川	野生动物	基本维持
156	茅荆坝	河北	森林生态	基本维持
157	木论	广西	森林生态	基本维持
158	泥河湾	河北	地质遗迹	基本维持
159	牛背梁	陕西	野生动物	基本维持
160	青龙山恐龙蛋化石群	湖北	古生物遗迹	基本维持
161	青木川	陕西	野生动物	基本维持
162	塞罕坝	河北	森林生态	基本维持
163	山旺古生物化石	山东	古生物遗迹	基本维持
164	王朗	四川	野生动物	基本维持
165	围场红松洼	河北	草原草甸	基本维持
166	文山	云南	森林生态	基本维持
167	乌拉特梭梭林—蒙古野驴	内蒙古	荒漠生态	基本维持
168	无量山	云南	森林生态	基本维持
169	小金四姑娘山	四川	野生动物	基本维持
170	兴隆山	甘肃	森林生态	基本维持
171	鸭绿江上游	吉林	野生动物	基本维持
172	永德大雪山	云南	森林生态	基本维持

序号	名称	省份	类型	格局变化
173	长岛	山东	野生动物	基本维持
174	长江天鹅洲白鱀豚	湖北	野生动物	基本维持
175	长沙贡玛	四川	野生动物	基本维持
176	珠江口中华白海豚	广东	野生动物	基本维持
177	珠穆朗玛峰	西藏	森林生态	基本维持
178	小五台山	河北	森林生态	基本维持
179	小溪	湖南	森林生态	基本维持
180	闽江源	福建	森林生态	基本维持
181	鄱阳湖南矶湿地	江西	野生动物	基本维持
182	福建武夷山	福建	森林生态	基本维持
183	南岳衡山	湖南	森林生态	基本维持
184	亚丁	四川	森林生态	基本维持
185	大沽河湿地	黑龙江	内陆湿地	基本维持
186	黑里河	内蒙古	森林生态	基本维持
187	会泽黑颈鹤	云南	野生动物	基本维持
188	井冈山	江西	森林生态	基本维持
189	盐池湾	甘肃	野生动物	基本维持
190	董寨	河南	野生动物	基本维持
191	罗布泊野骆驼	新疆	野生动物	基本维持
192	循化孟达	青海	森林生态	基本维持
193	南麂列岛	浙江	海洋海岸	基本维持
194	壶瓶山	湖南	森林生态	基本维持
195	安西极旱荒漠	甘肃	荒漠生态	基本维持
196	北京松山	北京	森林生态	基本维持
197	太行山猕猴	河南	野生动物	基本维持
198	洮河	甘肃	森林生态	基本维持
199	巴音布鲁克	新疆	野生动物	基本维持
200	塔里木胡杨	新疆	荒漠生态	基本维持
201	甘肃祁连山	甘肃	森林生态	基本维持
202	海棠山	辽宁	森林生态	基本维持
203	天佛指山	吉林	野生植物	基本维持
204	庞泉沟	山西	野生动物	基本维持
205	雷州珍稀海洋生物	广东	野生动物	基本维持
206	古牛绛	安徽	森林生态	基本维持
207	黄桑	湖南	森林生态	基本维持

序号	名称	省份	类型	格局变化
208	梅花山	福建	森林生态	基本维持
209	五大连池	黑龙江	地质遗迹	基本维持
210	牡丹峰	黑龙江	森林生态	基本维持
211	努鲁儿虎山	辽宁	森林生态	基本维持
212	鄂托克恐龙遗迹化石	内蒙古	古生物遗迹	基本维持
213	贡嘎山	四川	森林生态	基本维持
214	珲春东北虎	吉林	野生动物	基本维持
215	鄱阳湖候鸟	江西	野生动物	基本维持
216	阿尔金山	新疆	荒漠生态	基本维持
217	霸王岭	海南	野生动物	基本维持
218	昆嵛山	山东	森林生态	基本维持
219	内蒙古贺兰山	内蒙古	森林生态	基本维持
220	雁鸣湖	吉林	内陆湿地	基本维持
221	雪宝顶	四川	野生动物	基本维持
222	蜂桶寨	四川	野生动物	基本维持
223	金平分水岭	云南	森林生态	基本维持
224	石首麋鹿	湖北	野生动物	基本维持
225	西天山	新疆	森林生态	基本维持
226	医巫闾山	辽宁	森林生态	基本维持
227	赛罕乌拉	内蒙古	森林生态	基本维持
228	呼中	黑龙江	森林生态	基本维持
229	宝清七星河	黑龙江	内陆湿地	基本维持
230	云南大围山	云南	森林生态	基本维持
231	哈巴湖	宁夏	荒漠生态	基本维持
232	八仙山	天津	森林生态	基本维持
233	徐闻珊瑚礁	广东	海洋海岸	基本维持
234	海子山	四川	内陆湿地	基本维持
235	纳板河流域	云南	森林生态	基本维持
236	甘家湖梭梭林	新疆	荒漠生态	基本维持
237	大山包黑颈鹤	云南	野生动物	基本维持
238	哈泥	吉林	内陆湿地	基本维持
239	苍山洱海	云南	内陆湿地	基本维持
240	岑王老山	广西	森林生态	基本维持
241	马山	山东	地质遗迹	基本维持
242	洪河	黑龙江	内陆湿地	基本维持

续表

序号	名称	省份	类型	格局变化
243	穆棱东北红豆杉	黑龙江	野生植物	基本维持
244	凤阳山—百山祖	浙江	森林生态	基本维持
245	东洞庭湖	湖南	野生动物	基本维持
246	惠东港口海龟	广东	野生动物	基本维持
247	艾比湖湿地	新疆	内陆湿地	基本维持
248	达赉湖	内蒙古	内陆湿地	基本维持
249	大兴安岭汗马	内蒙古	森林生态	基本维持
250	南滚河	云南	野生动物	基本维持
251	唐家河	四川	野生动物	基本维持
252	锡林郭勒草原	内蒙古	草原草甸	基本维持
253	北仑河口	广西	海洋海岸	基本维持
254	大连斑海豹	辽宁	野生动物	基本维持
255	红星湿地	黑龙江	内陆湿地	基本维持
256	缙云山	重庆	森林生态	基本维持
257	隆宝	青海	野生动物	基本维持
258	查干湖	吉林	内陆湿地	基本维持
259	六步溪	湖南	森林生态	基本维持
260	图牧吉	内蒙古	野生动物	基本维持
261	昌黎黄金海岸	河北	海洋海岸	基本维持
262	梁野山	福建	森林生态	基本维持
263	雅鲁藏布江中游河谷黑颈鹤	西藏	野生动物	基本维持
264	湛江红树林	广东	海洋海岸	基本维持
265	挠力河	黑龙江	内陆湿地	基本维持
266	乌岩岭	浙江	森林生态	基本维持
267	白音敖包	内蒙古	森林生态	基本维持
268	大黑山	内蒙古	森林生态	基本维持
269	黄河三角洲	山东	海洋海岸	基本维持
270	金寨天马	安徽	森林生态	基本维持
271	丰林	黑龙江	森林生态	基本维持
272	北票鸟化石	辽宁	古生物遗迹	轻微退化
273	永州都庞岭	湖南	森林生态	轻微退化
274	成山头海滨地貌	辽宁	地质遗迹	轻微退化
275	深沪湾海底古森林遗迹	福建	古生物遗迹	轻微退化
276	三亚珊瑚礁	海南	海洋海岸	轻微退化
277	若尔盖湿地	四川	内陆湿地	轻微退化

序号	名称	省份	类型	格局变化
278	张家界大鲵	湖南	野生动物	轻微退化
279	大瑶山	广西	森林生态	轻微退化
280	莫莫格	吉林	野生动物	轻微退化
281	卧龙	四川	野生动物	轻微退化
282	额尔古纳	内蒙古	森林生态	轻微退化
283	乌云界	湖南	森林生态	轻微退化
284	三江	黑龙江	内陆湿地	轻微退化
285	内蒙古大青山	内蒙古	森林生态	轻微退化
286	兴凯湖	黑龙江	内陆湿地	轻微退化
287	升金湖	安徽	野生动物	轻微退化
288	珍宝岛湿地	黑龙江	内陆湿地	轻微退化
289	饶河东北黑蜂	黑龙江	野生动物	轻微退化
290	胜山	黑龙江	森林生态	轻微退化
291	向海	吉林	内陆湿地	轻微退化
292	大明山	广西	森林生态	轻微退化
293	扬子鳄	安徽	野生动物	轻微退化
294	丹东鸭绿江口湿地	辽宁	海洋海岸	轻微退化
295	荣成大天鹅	山东	野生动物	轻微退化
296	厦门珍稀海洋物种	福建	野生动物	轻微退化
297	松花江三湖	吉林	森林生态	轻微退化
298	宁夏贺兰山	宁夏	森林生态	轻微退化
299	攀枝花苏铁	四川	野生植物	明显退化
300	大丰麋鹿	江苏	野生动物	明显退化
301	鄂尔多斯遗鸥	内蒙古	野生动物	明显退化
302	长兴地质遗迹	浙江	地质遗迹	明显退化
303	长江新螺段白鱀豚	湖北	野生动物	明显退化
304	达里诺尔	内蒙古	野生动物	明显退化
305	泗洪洪泽湖湿地	江苏	内陆湿地	明显退化
306	辉河	内蒙古	内陆湿地	明显退化
307	沙坡头	宁夏	荒漠生态	明显退化
308	龙溪—虹口	四川	森林生态	明显退化
309	新乡黄河湿地鸟类	河南	内陆湿地	明显退化
310	白水河	四川	森林生态	明显退化
311	红花尔基樟子松林	内蒙古	森林生态	明显退化
312	大布苏	吉林	地质遗迹	明显退化

续表

序号	名称	省份	类型	格局变化
313	古海岸与湿地	天津	古生物遗迹	明显退化
314	西鄂尔多斯	内蒙古	野生植物	明显退化
315	哈腾套海	内蒙古	荒漠生态	明显退化
316	盐城湿地珍禽	江苏	野生动物	明显退化
317	临安清凉峰	浙江	森林生态	明显退化
318	灵武白芨滩	宁夏	荒漠生态	明显退化
319	双台河口	辽宁	野生动物	明显退化

附表2 国家级自然保护区生态系统质量变化分级表

序号	名称	省份	类型	质量变化
1	雅鲁藏布大峡谷	西藏	森林生态	改善
2	饶河东北黑蜂	黑龙江	野生动物	改善
3	内蒙古大青山	内蒙古	森林生态	改善
4	芒康滇金丝猴	西藏	野生动物	改善
5	高黎贡山	云南	森林生态	改善
6	白马雪山	云南	森林生态	改善
7	西双版纳	云南	森林生态	改善
8	南瓮河	黑龙江	内陆湿地	改善
9	卧龙	四川	野生动物	改善
10	吉林长白山	吉林	森林生态	改善
11	白水江	甘肃	野生动物	改善
12	呼中	黑龙江	森林生态	改善
13	亚丁	四川	森林生态	改善
14	东洞庭湖	湖南	野生动物	改善
15	大沾河湿地	黑龙江	内陆湿地	改善
16	松花江三湖	吉林	森林生态	改善
17	大巴山	重庆	森林生态	改善
18	额尔古纳	内蒙古	森林生态	改善
19	大兴安岭汗马	内蒙古	森林生态	改善
20	红星湿地	黑龙江	内陆湿地	改善
21	珲春东北虎	吉林	野生动物	改善
22	苍山洱海	云南	内陆湿地	改善
23	察隅慈巴沟	西藏	森林生态	改善
24	黑龙江双河	黑龙江	森林生态	改善
25	天佛指山	吉林	野生植物	改善
26	神农架	湖北	森林生态	改善
27	雪宝顶	四川	野生动物	改善
28	壶瓶山	湖南	森林生态	改善
29	伏牛山	河南	森林生态	改善
30	星斗山	湖北	野生植物	改善
31	六盘山	宁夏	森林生态	改善
32	胜山	黑龙江	森林生态	改善

序号	名称	省份	类型	质量变化
33	十万大山	广西	森林生态	改善
34	南岭	广东	森林生态	改善
35	云南大围山	云南	森林生态	改善
36	习水中亚热带常绿阔叶林	贵州	森林生态	改善
37	黄连山	云南	森林生态	改善
38	太白山	陕西	森林生态	改善
39	周至	陕西	野生动物	改善
40	南滚河	云南	野生动物	改善
41	福建武夷山	福建	森林生态	改善
42	大黑山	内蒙古	森林生态	改善
43	美姑大风顶	四川	野生动物	改善
44	雷公山	贵州	森林生态	改善
45	滦河上游	河北	森林生态	改善
46	南阳恐龙蛋化石群	河南	古生物遗迹	改善
47	穆棱东北红豆杉	黑龙江	野生植物	改善
48	金平分水岭	云南	森林生态	改善
49	梵净山	贵州	森林生态	改善
50	八大公山	湖南	森林生态	改善
51	蜂桶寨	四川	野生动物	改善
52	丹江湿地	河南	内陆湿地	改善
53	乌伊岭	黑龙江	内陆湿地	改善
54	陕西子午岭	陕西	森林生态	改善
55	五峰后河	湖北	森林生态	改善
56	唐家河	四川	野生动物	改善
57	茅荆坝	河北	森林生态	改善
58	金佛山	重庆	野生植物	改善
59	七姊妹山	湖北	野生植物	改善
60	董寨	河南	野生动物	改善
61	花萼山	四川	森林生态	改善
62	乌云界	湖南	森林生态	改善
63	无量山	云南	森林生态	改善
64	鄱阳湖南矶湿地	江西	野生动物	改善
65	小陇山	甘肃	野生动物	改善
66	雁鸣湖	吉林	内陆湿地	改善
67	霸王岭	海南	野生动物	改善

序号	名称	省份	类型	质量变化
68	宁夏罗山	宁夏	森林生态	改善
69	长青	陕西	野生动物	改善
70	佛坪	陕西	野生动物	改善
71	龙溪—虹口	四川	森林生态	改善
72	化龙山	陕西	森林生态	改善
73	麻阳河	贵州	野生动物	改善
74	天华山	陕西	野生动物	改善
75	九万山	广西	森林生态	改善
76	金寨天马	安徽	森林生态	改善
77	黑龙江凤凰山	黑龙江	野生植物	改善
78	文山	云南	森林生态	改善
79	小五台山	河北	森林生态	改善
80	大瑶山	广西	森林生态	改善
81	尖峰岭	海南	森林生态	改善
82	小溪	湖南	森林生态	改善
83	宽阔水	贵州	森林生态	改善
84	纳板河流域	云南	森林生态	改善
85	哈泥	吉林	内陆湿地	改善
86	汉中朱鹮	陕西	野生动物	改善
87	画稿溪	四川	野生植物	改善
88	梅花山	福建	森林生态	改善
89	黑里河	内蒙古	森林生态	改善
90	丹霞山	广东	地质遗迹	改善
91	炎陵桃源洞	湖南	森林生态	改善
92	百花山	北京	森林生态	改善
93	米仓山	四川	森林生态	改善
94	雅长兰科植物	广西	野生植物	改善
95	井冈山	江西	森林生态	改善
96	芦芽山	山西	野生动物	改善
97	红花尔基樟子松林	内蒙古	森林生态	改善
98	永州都庞岭	湖南	森林生态	改善
99	药山	云南	森林生态	改善
100	丰林	黑龙江	森林生态	改善
101	君子峰	福建	森林生态	改善
102	乌岩岭	浙江	森林生态	改善

续表

序号	名称	省份	类型	质量变化
103	茂兰	贵州	森林生态	改善
104	五鹿山	山西	野生动物	改善
105	塞罕坝	河北	森林生态	改善
106	吊罗山	海南	森林生态	改善
107	湖南舜皇山	湖南	森林生态	改善
108	岑王老山	广西	森林生态	改善
109	莽山	湖南	森林生态	改善
110	围场红松洼	河北	草原草甸	改善
111	大明山	广西	森林生态	改善
112	永德大雪山	云南	森林生态	改善
113	金钟山黑颈长尾雉	广西	野生动物	改善
114	牛背梁	陕西	野生动物	改善
115	黄桑	湖南	森林生态	改善
116	九宫山	湖北	森林生态	改善
117	临安清凉峰	浙江	森林生态	改善
118	猫儿山	广西	森林生态	改善
119	牡丹峰	黑龙江	森林生态	改善
120	哀牢山	云南	森林生态	改善
121	梁野山	福建	森林生态	改善
122	木论	广西	森林生态	改善
123	长江上游珍稀、特有鱼类	四川	野生动物	改善
124	将乐龙栖山	福建	森林生态	改善
125	东方红湿地	黑龙江	内陆湿地	改善
126	庞泉沟	山西	野生动物	改善
127	江西武夷山	江西	森林生态	改善
128	南岳衡山	湖南	森林生态	改善
129	恒仁老秃顶子	辽宁	森林生态	改善
130	鹰嘴界	湖南	森林生态	改善
131	江西马头山	江西	森林生态	改善
132	桑园	陕西	野生动物	改善
133	戴云山	福建	森林生态	改善
134	龙湾	吉林	内陆湿地	改善
135	龙感湖	湖北	内陆湿地	改善
136	五指山	海南	森林生态	改善
137	桃红岭梅花鹿	江西	野生动物	改善

续表

序号	名称	省份	类型	质量变化
138	闽江源	福建	森林生态	改善
139	六步溪	湖南	森林生态	改善
140	长宁竹海	四川	森林生态	改善
141	九连山	江西	森林生态	改善
142	千家洞	广西	森林生态	改善
143	昆嵛山	山东	森林生态	改善
144	赤水桫椤	贵州	野生植物	改善
145	借母溪	湖南	森林生态	改善
146	历山	山西	森林生态	改善
147	沙坡头	宁夏	荒漠生态	改善
148	凉水	黑龙江	森林生态	改善
149	八面山	湖南	森林生态	改善
150	医巫闾山	辽宁	森林生态	改善
151	阳明山	湖南	森林生态	改善
152	连康山	河南	森林生态	改善
153	鹞落坪	安徽	森林生态	改善
154	官山	江西	森林生态	改善
155	扬子鳄	安徽	野生动物	改善
156	努鲁儿虎山	辽宁	森林生态	改善
157	天宝岩	福建	野生植物	改善
158	鸭绿江上游	吉林	野生动物	改善
159	弄岗	广西	森林生态	改善
160	象头山	广东	森林生态	改善
161	大海陀	河北	森林生态	改善
162	花坪	广西	野生植物	改善
163	凤阳山—百山祖	浙江	森林生态	改善
164	海棠山	辽宁	森林生态	改善
165	古田山	浙江	森林生态	改善
166	防城金花茶	广西	野生植物	改善
167	青木川	陕西	野生动物	改善
168	虎伯寮	福建	森林生态	改善
169	会泽黑颈鹤	云南	野生动物	改善
170	大青沟	内蒙古	森林生态	改善
171	白石砬子	辽宁	森林生态	改善
172	车八岭	广东	森林生态	改善

续表

序号	名称	省份	类型	质量变化
173	古牛绛	安徽	森林生态	改善
174	宝天曼	河南	森林生态	改善
175	缙云山	重庆	森林生态	改善
176	蛇岛老铁山	辽宁	野生动物	改善
177	浙江九龙山	浙江	野生植物	改善
178	新乡黄河湿地鸟类	河南	内陆湿地	改善
179	浙江天目山	浙江	野生植物	改善
180	大盘山	浙江	野生植物	改善
181	北京松山	北京	森林生态	改善
182	辽宁仙人洞	辽宁	森林生态	改善
183	北票鸟化石	辽宁	古生物遗迹	改善
184	崇明东滩鸟类	上海	野生动物	改善
185	鸡公山	河南	森林生态	改善
186	山口红树林	广西	海洋海岸	改善
187	大丰麋鹿	江苏	野生动物	改善
188	北仑河口	广西	海洋海岸	改善
189	大田	海南	野生动物	改善
190	攀枝花苏铁	四川	野生植物	改善
191	鼎湖山	广东	森林生态	改善
192	长岛	山东	野生动物	改善
193	蓟县中、上元古界地层剖面	天津	地质遗迹	改善
194	铜鼓岭	海南	海洋海岸	改善
195	内伶仃岛—福田	广东	海洋海岸	改善
196	柳江盆地地质遗迹	河北	地质遗迹	改善
197	大洲岛	海南	海洋海岸	改善
198	张家界大鲵	湖南	野生动物	改善
199	马山	山东	地质遗迹	改善
200	长兴地质遗迹	浙江	地质遗迹	改善
201	陇县秦岭细鳞鲑	陕西	野生动物	改善
202	三江源	青海	内陆湿地	基本维持
203	可可西里	青海	野生动物	基本维持
204	罗布泊野骆驼	新疆	野生动物	基本维持
205	阿尔金山	新疆	荒漠生态	基本维持
206	珠穆朗玛峰	西藏	森林生态	基本维持
207	甘肃祁连山	甘肃	森林生态	基本维持

续表

序号	名称	省份	类型	质量变化
208	色林错	西藏	野生动物	基本维持
209	盐池湾	甘肃	野生动物	基本维持
210	达赉湖	内蒙古	内陆湿地	基本维持
211	安西极旱荒漠	甘肃	荒漠生态	基本维持
212	敦煌西湖	甘肃	野生动物	基本维持
213	长沙贡玛	四川	野生动物	基本维持
214	锡林郭勒草原	内蒙古	草原草甸	基本维持
215	辉河	内蒙古	内陆湿地	基本维持
216	青海湖	青海	野生动物	基本维持
217	雅鲁藏布江中游河谷黑颈鹤	西藏	野生动物	基本维持
218	西鄂尔多斯	内蒙古	野生植物	基本维持
219	海子山	四川	内陆湿地	基本维持
220	安南坝野骆驼	甘肃	野生动物	基本维持
221	贡嘎山	四川	森林生态	基本维持
222	民勤连古城	甘肃	荒漠生态	基本维持
223	塔里木胡杨	新疆	荒漠生态	基本维持
224	艾比湖湿地	新疆	内陆湿地	基本维持
225	洮河	甘肃	森林生态	基本维持
226	扎龙	黑龙江	野生动物	基本维持
227	尕海—则岔	甘肃	森林生态	基本维持
228	托木尔峰	新疆	森林生态	基本维持
229	哈纳斯	新疆	森林生态	基本维持
230	兴凯湖	黑龙江	内陆湿地	基本维持
231	宁夏贺兰山	宁夏	森林生态	基本维持
232	若尔盖湿地	四川	内陆湿地	基本维持
233	乌拉特梭梭林—蒙古野驴	内蒙古	荒漠生态	基本维持
234	察青松多白唇鹿	四川	野生动物	基本维持
235	巴音布鲁克	新疆	野生动物	基本维持
236	盐城湿地珍禽	江苏	野生动物	基本维持
237	阿鲁科尔沁	内蒙古	草原草甸	基本维持
238	类乌齐马鹿	西藏	野生动物	基本维持
239	挠力河	黑龙江	内陆湿地	基本维持
240	达里诺尔	内蒙古	野生动物	基本维持
241	哈腾套海	内蒙古	荒漠生态	基本维持
242	科尔沁	内蒙古	野生动物	基本维持

续表

序号	名称	省份	类型	质量变化
243	莫莫格	吉林	野生动物	基本维持
244	黄河三角洲	山东	海洋海岸	基本维持
245	敦煌阳关	甘肃	内陆湿地	基本维持
246	灵武白芨滩	宁夏	荒漠生态	基本维持
247	哈巴湖	宁夏	荒漠生态	基本维持
248	三江	黑龙江	内陆湿地	基本维持
249	向海	吉林	内陆湿地	基本维持
250	九寨沟	四川	野生动物	基本维持
251	内蒙古贺兰山	内蒙古	森林生态	基本维持
252	太行山猕猴	河南	野生动物	基本维持
253	小金四姑娘山	四川	野生动物	基本维持
254	图牧吉	内蒙古	草原草甸	基本维持
255	鄂托克恐龙遗迹化石	内蒙古	古生物遗迹	基本维持
256	连城	甘肃	森林生态	基本维持
257	查干湖	吉林	内陆湿地	基本维持
258	甘家湖梭梭林	新疆	荒漠生态	基本维持
259	马边大风顶	四川	野生动物	基本维持
260	王朗	四川	野生动物	基本维持
261	五大连池	黑龙江	地质遗迹	基本维持
262	兴隆山	甘肃	森林生态	基本维持
263	滨州贝壳堤岛与湿地	山东	海洋海岸	基本维持
264	额济纳胡杨林	内蒙古	荒漠生态	基本维持
265	鄱阳湖候鸟	江西	野生动物	基本维持
266	珍宝岛湿地	黑龙江	内陆湿地	基本维持
267	洪河	黑龙江	内陆湿地	基本维持
268	河南黄河湿地	河南	内陆湿地	基本维持
269	升金湖	安徽	野生动物	基本维持
270	长江新螺段白鱀豚	湖北	野生动物	基本维持
271	循化孟达	青海	森林生态	基本维持
272	八岔岛	黑龙江	内陆湿地	基本维持
273	宝清七星河	黑龙江	内陆湿地	基本维持
274	丹东鸭绿江口湿地	辽宁	海洋海岸	基本维持
275	小秦岭	河南	森林生态	基本维持
276	太统-崆峒山	甘肃	森林生态	基本维持
277	铜陵淡水豚	安徽	野生动物	基本维持

续表

序号	名称	省份	类型	质量变化
278	白音敖包	内蒙古	森林生态	基本维持
279	河北雾灵山	河北	森林生态	基本维持
280	大山包黑颈鹤	云南	野生动物	基本维持
281	隆宝	青海	野生动物	基本维持
282	鄂尔多斯遗鸥	内蒙古	野生动物	基本维持
283	甘肃莲花山	甘肃	森林生态	基本维持
284	古海岸与湿地	天津	古生物遗迹	基本维持
285	大布苏	吉林	地质遗迹	基本维持
286	威宁草海	贵州	内陆湿地	基本维持
287	昌黎黄金海岸	河北	海洋海岸	基本维持
288	阳城莽河猕猴	山西	野生动物	基本维持
289	湛江红树林	广东	海洋海岸	基本维持
290	衡水湖	河北	内陆湿地	基本维持
291	八仙山	天津	森林生态	基本维持
292	大连斑海豹	辽宁	野生动物	基本维持
293	九段沙湿地	上海	内陆湿地	基本维持
294	厦门珍稀海洋物种	福建	野生动物	基本维持
295	东寨港	海南	海洋海岸	基本维持
296	漳江口红树林	福建	海洋海岸	基本维持
297	拉鲁湿地	西藏	内陆湿地	基本维持
298	南麂列岛	浙江	海洋海岸	基本维持
299	三亚珊瑚礁	海南	海洋海岸	基本维持
300	荣成大天鹅	山东	野生动物	基本维持
301	长江天鹅洲白鱀豚	湖北	野生动物	基本维持
302	徐闻珊瑚礁	广东	海洋海岸	基本维持
303	石首麋鹿	湖北	野生动物	基本维持
304	泥河湾	河北	地质遗迹	基本维持
305	深沪湾海底古森林遗迹	福建	古生物遗迹	基本维持
306	成山头海滨地貌	辽宁	地质遗迹	基本维持
307	雷州珍稀海洋生物	广东	野生动物	基本维持
308	合浦营盘港—英罗港儒艮	广西	野生动物	基本维持
309	惠东港口海龟	广东	野生动物	基本维持
310	山旺古生物化石	山东	古生物遗迹	基本维持
311	青龙山恐龙蛋化石群	湖北	古生物遗迹	基本维持
312	珠江口中华白海豚	广东	野生动物	基本维持

续表

序号	名称	省份	类型	质量变化
313	西天山	新疆	森林生态	基本维持
314	羌塘	西藏	荒漠生态	退化
315	赛罕乌拉	内蒙古	森林生态	退化
316	双台河口	辽宁	野生动物	退化
317	泗洪洪泽湖湿地	江苏	内陆湿地	退化
318	白水河	四川	森林生态	退化
319	伊通火山群	吉林	地质遗迹	退化

附表3 国家级自然保护区人类活动变化分级表

序号	名称	省份	类型	人类活动
1	宽阔水	贵州	森林生态	基本维持
2	丹东鸭绿江口湿地	辽宁	海洋海岸	基本维持
3	扬子鳄	安徽	野生动物	基本维持
4	升金湖	安徽	野生动物	基本维持
5	内伶仃岛—福田	广东	海洋海岸	基本维持
6	丹江湿地	河南	内陆湿地	基本维持
7	拉鲁湿地	西藏	内陆湿地	基本维持
8	长江上游珍稀、特有鱼类	四川	野生动物	基本维持
9	八岔岛	黑龙江	内陆湿地	基本维持
10	新乡黄河湿地鸟类	河南	内陆湿地	基本维持
11	铜陵淡水豚	安徽	野生动物	基本维持
12	柳江盆地地质遗迹	河北	地质遗迹	基本维持
13	马山	山东	地质遗迹	基本维持
14	五峰后河	湖北	森林生态	基本维持
15	三亚珊瑚礁	海南	海洋海岸	基本维持
16	鄂尔多斯遗鸥	内蒙古	野生动物	基本维持
17	太统-崆峒山	甘肃	森林生态	基本维持
18	阳明山	湖南	森林生态	基本维持
19	桃红岭梅花鹿	江西	野生动物	基本维持
20	石首麋鹿	湖北	野生动物	基本维持
21	云南大围山	云南	森林生态	基本维持
22	宁夏罗山	宁夏	森林生态	基本维持
23	塞罕坝	河北	森林生态	基本维持
24	芦芽山	山西	野生动物	基本维持
25	虎伯寮	福建	森林生态	基本维持
26	借母溪	湖南	森林生态	基本维持
27	惠东港口海龟	广东	野生动物	基本维持
28	莽山	湖南	森林生态	基本维持
29	衡水湖	河北	内陆湿地	基本维持
30	伊通火山群	吉林	地质遗迹	基本维持
31	乌岩岭	浙江	森林生态	基本维持
32	金寨天马	安徽	森林生态	基本维持

序号	名称	省份	类型	人类活动
33	鹞落坪	安徽	森林生态	基本维持
34	内蒙古大青山	内蒙古	森林生态	基本维持
35	甘肃莲花山	甘肃	森林生态	基本维持
36	东方红湿地	黑龙江	内陆湿地	基本维持
37	长岛	山东	野生动物	基本维持
38	大田	海南	野生动物	基本维持
39	厦门珍稀海洋物种	福建	野生动物	基本维持
40	洪河	黑龙江	内陆湿地	基本维持
41	庞泉沟	山西	野生动物	基本维持
42	画稿溪	四川	野生植物	基本维持
43	黑龙江凤凰山	黑龙江	野生植物	基本维持
44	八面山	湖南	森林生态	基本维持
45	药山	云南	森林生态	基本维持
46	珍宝岛湿地	黑龙江	内陆湿地	基本维持
47	铜鼓岭	海南	海洋海岸	基本维持
48	医巫闾山	辽宁	森林生态	基本维持
49	鸭绿江上游	吉林	野生动物	基本维持
50	五鹿山	山西	野生动物	基本维持
51	河南黄河湿地	河南	内陆湿地	基本维持
52	青龙山恐龙蛋化石群	湖北	古生物遗迹	基本维持
53	茂兰	贵州	森林生态	基本维持
54	大盘山	浙江	野生植物	基本维持
55	麻阳河	贵州	野生动物	基本维持
56	三江	黑龙江	内陆湿地	基本维持
57	长江天鹅洲白鱀豚	湖北	野生动物	基本维持
58	大巴山	重庆	森林生态	基本维持
59	恒仁老秃顶子	辽宁	森林生态	基本维持
60	古田山	浙江	野生动物	基本维持
61	炎陵桃源洞	湖南	森林生态	基本维持
62	南瓮河	黑龙江	内陆湿地	基本维持
63	南阳恐龙蛋化石群	河南	古生物遗迹	基本维持
64	象头山	广东	森林生态	基本维持
65	花萼山	四川	森林生态	基本维持
66	科尔沁	内蒙古	野生动物	基本维持
67	梵净山	贵州	森林生态	基本维持

续表

序号	名称	省份	类型	人类活动
68	历山	山西	森林生态	基本维持
69	扎龙	黑龙江	野生动物	基本维持
70	金佛山	重庆	野生植物	基本维持
71	星斗山	湖北	野生植物	基本维持
72	东洞庭湖	湖南	野生动物	基本维持
73	徐闻珊瑚礁	广东	海洋海岸	基本维持
74	浙江九龙山	浙江	野生植物	基本维持
75	长兴地质遗迹	浙江	地质遗迹	基本维持
76	民勤连古城	甘肃	荒漠生态	基本维持
77	九连山	江西	森林生态	基本维持
78	花坪	广西	野生植物	基本维持
79	五大连池	黑龙江	地质遗迹	基本维持
80	乌拉特梭梭林—蒙古野驴	内蒙古	荒漠生态	基本维持
81	大黑山	内蒙古	森林生态	基本维持
82	七姊妹山	湖北	野生植物	基本维持
83	雁鸣湖	吉林	内陆湿地	基本维持
84	缙云山	重庆	森林生态	基本维持
85	井冈山	江西	森林生态	基本维持
86	米仓山	四川	森林生态	基本维持
87	南岳衡山	湖南	森林生态	基本维持
88	九宫山	湖北	森林生态	基本维持
89	六步溪	湖南	森林生态	基本维持
90	乌伊岭	黑龙江	内陆湿地	基本维持
91	威宁草海	贵州	内陆湿地	基本维持
92	赤水桫椤	贵州	野生植物	基本维持
93	漳江口红树林	福建	海洋海岸	基本维持
94	湛江红树林	广东	海洋海岸	基本维持
95	白水江	甘肃	野生动物	基本维持
96	敦煌西湖	甘肃	野生动物	基本维持
97	挠力河	黑龙江	内陆湿地	基本维持
98	饶河东北黑蜂	黑龙江	野生动物	基本维持
99	哀牢山	云南	森林生态	基本维持
100	车八岭	广东	森林生态	基本维持
101	鄱阳湖南矶湿地	江西	野生动物	基本维持
102	凤阳山—百山祖	浙江	森林生态	基本维持

序号	名称	省份	类型	人类活动
103	尕海—则岔	甘肃	森林生态	基本维持
104	大连斑海豹	辽宁	野生动物	基本维持
105	雷州珍稀海洋生物	广东	野生动物	基本维持
106	松花江三湖	吉林	森林生态	基本维持
107	辉河	内蒙古	内陆湿地	基本维持
108	芒康滇金丝猴	西藏	野生动物	基本维持
109	鹰嘴界	湖南	森林生态	基本维持
110	高黎贡山	云南	森林生态	基本维持
111	黑里河	内蒙古	森林生态	基本维持
112	神农架	湖北	森林生态	基本维持
113	王朗	四川	野生动物	基本维持
114	小陇山	甘肃	野生动物	基本维持
115	湖南舜皇山	湖南	森林生态	基本维持
116	赛罕乌拉	内蒙古	森林生态	基本维持
117	辽宁仙人洞	辽宁	森林生态	基本维持
118	达赉湖	内蒙古	内陆湿地	基本维持
119	张家界大鲵	湖南	野生动物	基本维持
120	滨州贝壳堤岛与湿地	山东	海洋海岸	基本维持
121	阿鲁科尔沁	内蒙古	草原草甸	基本维持
122	永州都庞岭	湖南	森林生态	基本维持
123	昌黎黄金海岸	河北	海洋海岸	基本维持
124	珠穆朗玛峰	西藏	森林生态	基本维持
125	贡嘎山	四川	森林生态	基本维持
126	大青沟	内蒙古	森林生态	基本维持
127	鸡公山	河南	森林生态	基本维持
128	内蒙古贺兰山	内蒙古	森林生态	基本维持
129	太白山	陕西	森林生态	基本维持
130	白石砬子	辽宁	森林生态	基本维持
131	大洲岛	海南	海洋海岸	基本维持
132	敦煌阳关	甘肃	内陆湿地	基本维持
133	桑园	陕西	野生动物	基本维持
134	艾比湖湿地	新疆	内陆湿地	基本维持
135	大兴安岭汗马	内蒙古	森林生态	基本维持
136	罗布泊野骆驼	新疆	野生动物	基本维持
137	珠江口中华白海豚	广东	野生动物	基本维持

续表

序号	名称	省份	类型	人类活动
138	察隅慈巴沟	西藏	森林生态	基本维持
139	山旺古生物化石	山东	古生物遗迹	基本维持
140	大沽河湿地	黑龙江	内陆湿地	基本维持
141	达里诺尔	内蒙古	野生动物	基本维持
142	盐池湾	甘肃	野生动物	基本维持
143	隆宝	青海	野生动物	基本维持
144	哈纳斯	新疆	森林生态	基本维持
145	龙感湖	湖北	内陆湿地	基本维持
146	兴凯湖	黑龙江	内陆湿地	基本维持
147	亚丁	四川	森林生态	基本维持
148	阿尔金山	新疆	荒漠生态	基本维持
149	雪宝顶	四川	野生动物	基本维持
150	可可西里	青海	野生动物	基本维持
151	三江源	青海	内陆湿地	基本维持
152	红花尔基樟子松林	内蒙古	森林生态	基本维持
153	小溪	湖南	森林生态	基本维持
154	永德大雪山	云南	森林生态	基本维持
155	黑龙江双河	黑龙江	森林生态	基本维持
156	伏牛山	河南	森林生态	基本维持
157	小秦岭	河南	森林生态	基本维持
158	呼中	黑龙江	森林生态	基本维持
159	羌塘	西藏	荒漠生态	基本维持
160	类乌齐马鹿	西藏	野生动物	基本维持
161	连康山	河南	森林生态	基本维持
162	鄱阳湖候鸟	江西	野生动物	基本维持
163	天华山	陕西	野生动物	基本维持
164	北票鸟化石	辽宁	古生物遗迹	基本维持
165	甘家湖梭梭林	新疆	荒漠生态	基本维持
166	大海陀	河北	森林生态	基本维持
167	若尔盖湿地	四川	内陆湿地	基本维持
168	官山	江西	森林生态	基本维持
169	色林错	西藏	野生动物	基本维持
170	滦河上游	河北	森林生态	基本维持
171	无量山	云南	森林生态	基本维持
172	福建武夷山	福建	森林生态	基本维持

序号	名称	省份	类型	人类活动
173	八大公山	湖南	森林生态	基本维持
174	化龙山	陕西	森林生态	基本维持
175	洮河	甘肃	森林生态	基本维持
176	九段沙湿地	上海	内陆湿地	基本维持
177	小金四姑娘山	四川	野生动物	基本维持
178	黄桑	湖南	森林生态	基本维持
179	雅鲁藏布大峡谷	西藏	森林生态	基本维持
180	壶瓶山	湖南	森林生态	基本维持
181	丰林	黑龙江	森林生态	基本维持
182	五指山	海南	森林生态	基本维持
183	安南坝野骆驼	甘肃	野生动物	基本维持
184	凉水	黑龙江	森林生态	基本维持
185	佛坪	陕西	野生动物	基本维持
186	托木尔峰	新疆	森林生态	基本维持
187	金平分水岭	云南	森林生态	基本维持
188	天佛指山	吉林	野生植物	基本维持
189	卧龙	四川	野生动物	基本维持
190	习水中亚热带常绿阔叶林	贵州	森林生态	基本维持
191	雅鲁藏布江中游河谷黑颈鹤	西藏	野生动物	基本维持
192	小五台山	河北	森林生态	基本维持
193	阳城莽河猕猴	山西	野生动物	基本维持
194	文山	云南	森林生态	基本维持
195	将乐龙栖山	福建	森林生态	基本维持
196	海子山	四川	内陆湿地	基本维持
197	北京松山	北京	森林生态	基本维持
198	太行山猕猴	河南	野生动物	基本维持
199	陕西子午岭	陕西	森林生态	基本维持
200	胜山	黑龙江	森林生态	基本维持
201	南岭	广东	森林生态	基本维持
202	哈泥	吉林	内陆湿地	基本维持
203	陇县秦岭细鳞鲑	陕西	野生动物	基本维持
204	额尔古纳	内蒙古	森林生态	基本维持
205	安西极旱荒漠	甘肃	荒漠生态	基本维持
206	合浦营盘港—英罗港儒艮	广西	野生动物	基本维持
207	图牧吉	内蒙古	野生动物	基本维持

续表

序号	名称	省份	类型	人类活动
208	周至	陕西	野生动物	基本维持
209	大明山	广西	森林生态	基本维持
210	巴音布鲁克	新疆	野生动物	基本维持
211	察青松多白唇鹿	四川	野生动物	基本维持
212	古牛绛	安徽	森林生态	基本维持
213	猫儿山	广西	森林生态	基本维持
214	马边大风顶	四川	野生动物	基本维持
215	海棠山	辽宁	森林生态	基本维持
216	牛背梁	陕西	野生动物	基本维持
217	西天山	新疆	森林生态	基本维持
218	唐家河	四川	野生动物	基本维持
219	龙溪—虹口	四川	森林生态	基本维持
220	吉林长白山	吉林	森林生态	基本维持
221	西鄂尔多斯	内蒙古	野生植物	基本维持
222	穆棱东北红豆杉	黑龙江	野生植物	基本维持
223	成山头海滨地貌	辽宁	地质遗迹	基本维持
224	霸王岭	海南	野生动物	基本维持
225	岑王老山	广西	森林生态	基本维持
226	长青	陕西	野生动物	基本维持
227	千家洞	广西	森林生态	基本维持
228	围场红松洼	河北	草原草甸	基本维持
229	九万山	广西	森林生态	基本维持
230	黄连山	云南	森林生态	基本维持
231	美姑大风顶	四川	野生动物	基本维持
232	苍山洱海	云南	内陆湿地	基本维持
233	吊罗山	海南	森林生态	基本维持
234	雷公山	贵州	森林生态	基本维持
235	白马雪山	云南	森林生态	基本维持
236	天宝岩	福建	野生植物	基本维持
237	江西武夷山	江西	森林生态	基本维持
238	大瑶山	广西	森林生态	基本维持
239	尖峰岭	海南	森林生态	基本维持
240	白水河	四川	森林生态	基本维持
241	昆嵛山	山东	森林生态	基本维持
242	梁野山	福建	森林生态	基本维持

序号	名称	省份	类型	人类活动
243	宝清七星河	黑龙江	内陆湿地	基本维持
244	锡林郭勒草原	内蒙古	草原草甸	基本维持
245	兴隆山	甘肃	森林生态	基本维持
246	丹霞山	广东	地质遗迹	基本维持
247	十万大山	广西	森林生态	基本维持
248	蜂桶寨	四川	野生动物	基本维持
249	梅花山	福建	森林生态	基本维持
250	江西马头山	江西	森林生态	基本维持
251	灵武白芨滩	宁夏	荒漠生态	基本维持
252	连城	甘肃	森林生态	基本维持
253	君子峰	福建	森林生态	基本维持
254	弄岗	广西	森林生态	基本维持
255	乌云界	湖南	森林生态	基本维持
256	戴云山	福建	森林生态	基本维持
257	长沙贡玛	四川	野生动物	基本维持
258	茅荆坝	河北	森林生态	基本维持
259	甘肃祁连山	甘肃	森林生态	基本维持
260	鄂托克恐龙遗迹化石	内蒙古	古生物遗迹	基本维持
261	白音敖包	内蒙古	森林生态	基本维持
262	查干湖	吉林	内陆湿地	基本维持
263	九寨沟	四川	野生动物	基本维持
264	向海	吉林	内陆湿地	基本维持
265	百花山	北京	森林生态	基本维持
266	蛇岛老铁山	辽宁	野生动物	基本维持
267	哈腾套海	内蒙古	荒漠生态	基本维持
268	闽江源	福建	森林生态	基本维持
269	纳板河流域	云南	森林生态	基本维持
270	浙江天目山	浙江	野生植物	基本维持
271	泥河湾	河北	地质遗迹	基本维持
272	牡丹峰	黑龙江	森林生态	基本维持
273	南麂列岛	浙江	海洋海岸	基本维持
274	崇明东滩鸟类	上海	野生动物	基本维持
275	珲春东北虎	吉林	野生动物	基本维持
276	西双版纳	云南	森林生态	基本维持
277	东寨港	海南	海洋海岸	基本维持

续表

序号	名称	省份	类型	人类活动
278	循化孟达	青海	森林生态	基本维持
279	攀枝花苏铁	四川	野生植物	基本维持
280	防城金花茶	广西	野生植物	基本维持
281	临安清凉峰	浙江	森林生态	基本维持
282	木论	广西	森林生态	轻微增加
283	长宁竹海	四川	森林生态	轻微增加
284	雅长兰科植物	广西	野生植物	轻微增加
285	董寨	河南	野生动物	轻微增加
286	红星湿地	黑龙江	内陆湿地	轻微增加
287	深沪湾海底古森林遗迹	福建	古生物遗迹	轻微增加
288	南滚河	云南	野生动物	轻微增加
289	大山包黑颈鹤	云南	野生动物	轻微增加
290	沙坡头	宁夏	荒漠生态	轻微增加
291	青海湖	青海	野生动物	轻微增加
292	山口红树林	广西	海洋海岸	轻微增加
293	河北雾灵山	河北	森林生态	轻微增加
294	青木川	陕西	野生动物	轻微增加
295	黄河三角洲	山东	海洋海岸	轻微增加
296	莫莫格	吉林	野生动物	轻微增加
297	汉中朱鹮	陕西	野生动物	轻微增加
298	宁夏贺兰山	宁夏	森林生态	轻微增加
299	荣成大天鹅	山东	野生动物	轻微增加
300	哈巴湖	宁夏	荒漠生态	轻微增加
301	额济纳胡杨林	内蒙古	荒漠生态	轻微增加
302	塔里木胡杨	新疆	荒漠生态	轻微增加
303	龙湾	吉林	内陆湿地	轻微增加
304	努鲁儿虎山	辽宁	森林生态	轻微增加
305	双台河口	辽宁	野生动物	轻微增加
306	会泽黑颈鹤	云南	野生动物	轻微增加
307	鼎湖山	广东	森林生态	轻微增加
308	泗洪洪泽湖湿地	江苏	内陆湿地	轻微增加
309	盐城湿地珍禽	江苏	野生动物	轻微增加
310	蓟县中、上元古界地层剖面	天津	地质遗迹	轻微增加
311	宝天曼	河南	森林生态	明显增加
312	古海岸与湿地	天津	古生物遗迹	明显增加

续表

序号	名称	省份	类型	人类活动
313	大布苏	吉林	地质遗迹	明显增加
314	金钟山黑颈长尾雉	广西	森林生态	明显增加
315	长江新螺段白鱀豚	湖北	野生动物	明显增加
316	六盘山	宁夏	森林生态	明显增加
317	八仙山	天津	森林生态	明显增加
318	北仑河口	广西	海洋海岸	明显增加
319	大丰麋鹿	江苏	野生动物	明显增加

附表4 国家级自然保护区保护效果分级表

序号	名称	省份	类型	保护成效分级
1	八面山	湖南	森林生态	明显变好
2	大巴山	重庆	森林生态	明显变好
3	大田	海南	野生动物	明显变好
4	丹江湿地	河南	内陆湿地	明显变好
5	梵净山	贵州	森林生态	明显变好
6	花萼山	四川	森林生态	明显变好
7	宽阔水	贵州	森林生态	明显变好
8	麻阳河	贵州	野生动物	明显变好
9	猫儿山	广西	森林生态	明显变好
10	米仓山	四川	森林生态	明显变好
11	七姊妹山	湖北	野生植物	明显变好
12	铜鼓岭	海南	海洋海岸	明显变好
13	星斗山	湖北	野生植物	明显变好
14	药山	云南	森林生态	明显变好
15	长江上游珍稀、特有鱼类	四川	野生动物	明显变好
16	汉中朱鹮	陕西	野生动物	明显变好
17	八岔岛	黑龙江	内陆湿地	明显变好
18	太统-崆峒山	甘肃	森林生态	明显变好
19	哀牢山	云南	森林生态	略微变好
20	白水江	甘肃	野生动物	略微变好
21	赤水桫椤	贵州	野生植物	略微变好
22	大盘山	浙江	野生植物	略微变好
23	东方红湿地	黑龙江	内陆湿地	略微变好
24	防城金花茶	广西	野生植物	略微变好
25	古田山	浙江	野生动物	略微变好
26	湖南舜皇山	湖南	森林生态	略微变好
27	画稿溪	四川	野生植物	略微变好
28	吉林长白山	吉林	森林生态	略微变好
29	借母溪	湖南	森林生态	略微变好
30	九宫山	湖北	森林生态	略微变好
31	柳江盆地地质遗迹	河北	地质遗迹	略微变好
32	陇县秦岭细鳞鲑	陕西	野生动物	略微变好

序号	名称	省份	类型	保护成效分级
33	芦芽山	山西	野生动物	略微变好
34	莽山	湖南	森林生态	略微变好
35	宁夏罗山	宁夏	森林生态	略微变好
36	千家洞	广西	森林生态	略微变好
37	桃红岭梅花鹿	江西	野生动物	略微变好
38	五峰后河	湖北	森林生态	略微变好
39	炎陵桃源洞	湖南	森林生态	略微变好
40	阳明山	湖南	森林生态	略微变好
41	浙江九龙山	浙江	野生植物	略微变好
42	龙湾	吉林	内陆湿地	略微变好
43	山口红树林	广西	海洋海岸	略微变好
44	雅长兰科植物	广西	野生植物	略微变好
45	东寨港	海南	海洋海岸	略微变好
46	尕海—则岔	甘肃	森林生态	略微变好
47	河南黄河湿地	河南	内陆湿地	略微变好
48	九段沙湿地	上海	内陆湿地	略微变好
49	科尔沁	内蒙古	野生动物	略微变好
50	扎龙	黑龙江	野生动物	略微变好
51	漳江口红树林	福建	海洋海岸	略微变好
52	八大公山	湖南	森林生态	无明显变化
53	霸王岭	海南	野生动物	无明显变化
54	白马雪山	云南	森林生态	无明显变化
55	白石砬子	辽宁	森林生态	无明显变化
56	百花山	北京	森林生态	无明显变化
57	北京松山	北京	森林生态	无明显变化
58	苍山洱海	云南	内陆湿地	无明显变化
59	岑王老山	广西	森林生态	无明显变化
60	察隅慈巴沟	西藏	森林生态	无明显变化
61	车八岭	广东	森林生态	无明显变化
62	崇明东滩鸟类	上海	野生动物	无明显变化
63	大海陀	河北	森林生态	无明显变化
64	大黑山	内蒙古	森林生态	无明显变化
65	大青沟	内蒙古	森林生态	无明显变化
66	大兴安岭汗马	内蒙古	森林生态	无明显变化
67	大沽河湿地	黑龙江	内陆湿地	无明显变化

序号	名称	省份	类型	保护成效分级
68	大洲岛	海南	海洋海岸	无明显变化
69	戴云山	福建	森林生态	无明显变化
70	丹霞山	广东	地质遗迹	无明显变化
71	吊罗山	海南	森林生态	无明显变化
72	东洞庭湖	湖南	野生动物	无明显变化
73	丰林	黑龙江	森林生态	无明显变化
74	蜂桶寨	四川	野生动物	无明显变化
75	凤阳山—百山祖	浙江	森林生态	无明显变化
76	佛坪	陕西	野生动物	无明显变化
77	伏牛山	河南	森林生态	无明显变化
78	福建武夷山	福建	森林生态	无明显变化
79	高黎贡山	云南	森林生态	无明显变化
80	古牛绛	安徽	森林生态	无明显变化
81	官山	江西	森林生态	无明显变化
82	哈泥	吉林	内陆湿地	无明显变化
83	海棠山	辽宁	森林生态	无明显变化
84	黑里河	内蒙古	森林生态	无明显变化
85	黑龙江凤凰山	黑龙江	野生植物	无明显变化
86	黑龙江双河	黑龙江	森林生态	无明显变化
87	恒仁老秃顶子	辽宁	森林生态	无明显变化
88	呼中	黑龙江	森林生态	无明显变化
89	壶瓶山	湖南	森林生态	无明显变化
90	虎伯寮	福建	森林生态	无明显变化
91	花坪	广西	野生植物	无明显变化
92	化龙山	陕西	森林生态	无明显变化
93	黄连山	云南	森林生态	无明显变化
94	黄桑	湖南	森林生态	无明显变化
95	珲春东北虎	吉林	野生动物	无明显变化
96	鸡公山	河南	森林生态	无明显变化
97	尖峰岭	海南	森林生态	无明显变化
98	江西马头山	江西	森林生态	无明显变化
99	江西武夷山	江西	森林生态	无明显变化
100	将乐龙栖山	福建	森林生态	无明显变化
101	金佛山	重庆	野生植物	无明显变化
102	金平分水岭	云南	森林生态	无明显变化

续表

序号	名称	省份	类型	保护成效分级
103	金寨天马	安徽	森林生态	无明显变化
104	缙云山	重庆	森林生态	无明显变化
105	井冈山	江西	森林生态	无明显变化
106	九连山	江西	森林生态	无明显变化
107	九万山	广西	森林生态	无明显变化
108	君子峰	福建	森林生态	无明显变化
109	昆嵛山	山东	森林生态	无明显变化
110	雷公山	贵州	森林生态	无明显变化
111	历山	山西	森林生态	无明显变化
112	连康山	河南	森林生态	无明显变化
113	凉水	黑龙江	森林生态	无明显变化
114	梁野山	福建	森林生态	无明显变化
115	辽宁仙人洞	辽宁	森林生态	无明显变化
116	六步溪	湖南	森林生态	无明显变化
117	龙感湖	湖北	内陆湿地	无明显变化
118	滦河上游	河北	森林生态	无明显变化
119	马山	山东	地质遗迹	无明显变化
120	芒康滇金丝猴	西藏	野生动物	无明显变化
121	茅荆坝	河北	森林生态	无明显变化
122	茂兰	贵州	森林生态	无明显变化
123	梅花山	福建	森林生态	无明显变化
124	美姑大风顶	四川	野生动物	无明显变化
125	闽江源	福建	森林生态	无明显变化
126	牡丹峰	黑龙江	森林生态	无明显变化
127	穆棱东北红豆杉	黑龙江	野生植物	无明显变化
128	纳板河流域	云南	森林生态	无明显变化
129	南岭	广东	森林生态	无明显变化
130	南瓮河	黑龙江	内陆湿地	无明显变化
131	南阳恐龙蛋化石群	河南	古生物遗迹	无明显变化
132	南岳衡山	湖南	森林生态	无明显变化
133	内伶仃岛—福田	广东	海洋海岸	无明显变化
134	牛背梁	陕西	野生动物	无明显变化
135	弄岗	广西	森林生态	无明显变化
136	庞泉沟	山西	野生动物	无明显变化
137	鄱阳湖南矶湿地	江西	野生动物	无明显变化

续表

序号	名称	省份	类型	保护成效分级
138	塞罕坝	河北	森林生态	无明显变化
139	桑园	陕西	野生动物	无明显变化
140	陕西子午岭	陕西	森林生态	无明显变化
141	蛇岛老铁山	辽宁	野生动物	无明显变化
142	神农架	湖北	森林生态	无明显变化
143	十万大山	广西	森林生态	无明显变化
144	太白山	陕西	森林生态	无明显变化
145	唐家河	四川	野生动物	无明显变化
146	天宝岩	福建	野生植物	无明显变化
147	天佛指山	吉林	野生植物	无明显变化
148	天华山	陕西	野生动物	无明显变化
149	围场红松洼	河北	草原草甸	无明显变化
150	文山	云南	森林生态	无明显变化
151	乌岩岭	浙江	森林生态	无明显变化
152	乌伊岭	黑龙江	内陆湿地	无明显变化
153	无量山	云南	森林生态	无明显变化
154	五鹿山	山西	野生动物	无明显变化
155	五指山	海南	森林生态	无明显变化
156	西双版纳	云南	森林生态	无明显变化
157	习水中亚热带常绿阔叶林	贵州	森林生态	无明显变化
158	象头山	广东	森林生态	无明显变化
159	小陇山	甘肃	野生动物	无明显变化
160	小五台山	河北	森林生态	无明显变化
161	小溪	湖南	森林生态	无明显变化
162	雪宝顶	四川	野生动物	无明显变化
163	鸭绿江上游	吉林	野生动物	无明显变化
164	雅鲁藏布大峡谷	西藏	森林生态	无明显变化
165	亚丁	四川	森林生态	无明显变化
166	雁鸣湖	吉林	内陆湿地	无明显变化
167	鹞落坪	安徽	森林生态	无明显变化
168	医巫闾山	辽宁	森林生态	无明显变化
169	鹰嘴界	湖南	森林生态	无明显变化
170	永德大雪山	云南	森林生态	无明显变化
171	云南大围山	云南	森林生态	无明显变化
172	长岛	山东	野生动物	无明显变化

续表

序号	名称	省份	类型	保护成效分级
173	长青	陕西	野生动物	无明显变化
174	浙江天目山	浙江	野生植物	无明显变化
175	周至	陕西	野生动物	无明显变化
176	六盘山	宁夏	森林生态	无明显变化
177	鼎湖山	广东	森林生态	无明显变化
178	董寨	河南	野生动物	无明显变化
179	红星湿地	黑龙江	内陆湿地	无明显变化
180	会泽黑颈鹤	云南	野生动物	无明显变化
181	蓟县中、上元古界地层剖面	天津	地质遗迹	无明显变化
182	木论	广西	森林生态	无明显变化
183	南滚河	云南	野生动物	无明显变化
184	努鲁儿虎山	辽宁	森林生态	无明显变化
185	青木川	陕西	野生动物	无明显变化
186	长宁竹海	四川	森林生态	无明显变化
187	阿尔金山	新疆	荒漠生态	无明显变化
188	阿鲁科尔沁	内蒙古	草原草甸	无明显变化
189	艾比湖湿地	新疆	内陆湿地	无明显变化
190	安南坝野骆驼	甘肃	野生动物	无明显变化
191	安西极旱荒漠	甘肃	荒漠生态	无明显变化
192	巴音布鲁克	新疆	野生动物	无明显变化
193	白音敖包	内蒙古	森林生态	无明显变化
194	宝清七星河	黑龙江	内陆湿地	无明显变化
195	滨州贝壳堤岛与湿地	山东	海洋海岸	无明显变化
196	查干湖	吉林	内陆湿地	无明显变化
197	察青松多白唇鹿	四川	野生动物	无明显变化
198	昌黎黄金海岸	河北	海洋海岸	无明显变化
199	达赉湖	内蒙古	内陆湿地	无明显变化
200	大连斑海豹	辽宁	野生动物	无明显变化
201	敦煌西湖	甘肃	野生动物	无明显变化
202	敦煌阳关	甘肃	内陆湿地	无明显变化
203	鄂托克恐龙遗迹化石	内蒙古	古生物遗迹	无明显变化
204	甘家湖梭梭林	新疆	荒漠生态	无明显变化
205	甘肃莲花山	甘肃	森林生态	无明显变化
206	甘肃祁连山	甘肃	森林生态	无明显变化
207	贡嘎山	四川	森林生态	无明显变化

序号	名称	省份	类型	保护成效分级
208	哈纳斯	新疆	森林生态	无明显变化
209	海子山	四川	内陆湿地	无明显变化
210	合浦营盘港—英罗港儒艮	广西	野生动物	无明显变化
211	衡水湖	河北	内陆湿地	无明显变化
212	洪河	黑龙江	内陆湿地	无明显变化
213	惠东港口海龟	广东	野生动物	无明显变化
214	九寨沟	四川	野生动物	无明显变化
215	可可西里	青海	野生动物	无明显变化
216	拉鲁湿地	西藏	内陆湿地	无明显变化
217	雷州珍稀海洋生物	广东	野生动物	无明显变化
218	类乌齐马鹿	西藏	野生动物	无明显变化
219	连城	甘肃	森林生态	无明显变化
220	隆宝	青海	野生动物	无明显变化
221	罗布泊野骆驼	新疆	野生动物	无明显变化
222	马边大风顶	四川	野生动物	无明显变化
223	民勤连古城	甘肃	荒漠生态	无明显变化
224	南麂列岛	浙江	海洋海岸	无明显变化
225	挠力河	黑龙江	内陆湿地	无明显变化
226	内蒙古贺兰山	内蒙古	森林生态	无明显变化
227	泥河湾	河北	地质遗迹	无明显变化
228	鄱阳湖候鸟	江西	野生动物	无明显变化
229	青龙山恐龙蛋化石群	湖北	古生物遗迹	无明显变化
230	三江源	青海	内陆湿地	无明显变化
231	色林错	西藏	野生动物	无明显变化
232	山旺古生物化石	山东	古生物遗迹	无明显变化
233	石首麋鹿	湖北	野生动物	无明显变化
234	太行山猕猴	河南	野生动物	无明显变化
235	洮河	甘肃	森林生态	无明显变化
236	铜陵淡水豚	安徽	野生动物	无明显变化
237	图牧吉	内蒙古	野生动物	无明显变化
238	托木尔峰	新疆	森林生态	无明显变化
239	王朗	四川	野生动物	无明显变化
240	威宁草海	贵州	内陆湿地	无明显变化
241	乌拉特梭梭林—蒙古野驴	内蒙古	荒漠生态	无明显变化
242	五大连池	黑龙江	地质遗迹	无明显变化

序号	名称	省份	类型	保护成效分级
243	西天山	新疆	森林生态	无明显变化
244	锡林郭勒草原	内蒙古	草原草甸	无明显变化
245	小金四姑娘山	四川	野生动物	无明显变化
246	小秦岭	河南	森林生态	无明显变化
247	兴隆山	甘肃	森林生态	无明显变化
248	徐闻珊瑚礁	广东	海洋海岸	无明显变化
249	循化孟达	青海	森林生态	无明显变化
250	雅鲁藏布江中游河谷黑颈鹤	西藏	野生动物	无明显变化
251	盐池湾	甘肃	野生动物	无明显变化
252	阳城莽河猕猴	山西	野生动物	无明显变化
253	湛江红树林	广东	海洋海岸	无明显变化
254	长江天鹅洲白鱀豚	湖北	野生动物	无明显变化
255	长沙贡玛	四川	野生动物	无明显变化
256	珠江口中华白海豚	广东	野生动物	无明显变化
257	珠穆朗玛峰	西藏	森林生态	无明显变化
258	北票鸟化石	辽宁	古生物遗迹	无明显变化
259	大明山	广西	森林生态	无明显变化
260	大瑶山	广西	森林生态	无明显变化
261	额尔古纳	内蒙古	森林生态	无明显变化
262	内蒙古大青山	内蒙古	森林生态	无明显变化
263	饶河东北黑蜂	黑龙江	野生动物	无明显变化
264	胜山	黑龙江	森林生态	无明显变化
265	松花江三湖	吉林	森林生态	无明显变化
266	卧龙	四川	野生动物	无明显变化
267	乌云界	湖南	森林生态	无明显变化
268	扬子鳄	安徽	野生动物	无明显变化
269	永州都庞岭	湖南	森林生态	无明显变化
270	张家界大鲵	湖南	野生动物	无明显变化
271	宝天曼	河南	森林生态	无明显变化
272	北仑河口	广西	海洋海岸	无明显变化
273	金钟山黑颈长尾雉	广西	森林生态	无明显变化
274	大山包黑颈鹤	云南	野生动物	无明显变化
275	额济纳胡杨林	内蒙古	荒漠生态	无明显变化
276	哈巴湖	宁夏	荒漠生态	无明显变化
277	河北雾灵山	河北	森林生态	无明显变化

序号	名称	省份	类型	保护成效分级
278	黄河三角洲	山东	海洋海岸	无明显变化
279	青海湖	青海	野生动物	无明显变化
280	塔里木胡杨	新疆	荒漠生态	无明显变化
281	羌塘	西藏	荒漠生态	无明显变化
282	赛罕乌拉	内蒙古	森林生态	无明显变化
283	伊通火山群	吉林	地质遗迹	无明显变化
284	成山头海滨地貌	辽宁	地质遗迹	略微变差
285	丹东鸭绿江口湿地	辽宁	海洋海岸	略微变差
286	若尔盖湿地	四川	内陆湿地	略微变差
287	三江	黑龙江	内陆湿地	略微变差
288	三亚珊瑚礁	海南	海洋海岸	略微变差
289	厦门珍稀海洋物种	福建	野生动物	略微变差
290	升金湖	安徽	野生动物	略微变差
291	向海	吉林	内陆湿地	略微变差
292	兴凯湖	黑龙江	内陆湿地	略微变差
293	珍宝岛湿地	黑龙江	内陆湿地	略微变差
294	八仙山	天津	森林生态	略微变差
295	红花尔基樟子松林	内蒙古	森林生态	略微变差
296	临安清凉峰	浙江	森林生态	略微变差
297	龙溪—虹口	四川	森林生态	略微变差
298	攀枝花苏铁	四川	野生植物	略微变差
299	新乡黄河湿地鸟类	河南	内陆湿地	略微变差
300	长兴地质遗迹	浙江	地质遗迹	略微变差
301	莫莫格	吉林	野生动物	略微变差
302	宁夏贺兰山	宁夏	森林生态	略微变差
303	荣成大天鹅	山东	野生动物	略微变差
304	深沪湾海底古森林遗迹	福建	古生物遗迹	略微变差
305	沙坡头	宁夏	荒漠生态	略微变差
306	达里诺尔	内蒙古	野生动物	明显变差
307	泗洪洪泽湖湿地	江苏	内陆湿地	明显变差
308	哈腾套海	内蒙古	荒漠生态	明显变差
309	辉河	内蒙古	内陆湿地	明显变差
310	灵武白芨滩	宁夏	荒漠生态	明显变差
311	西鄂尔多斯	内蒙古	野生植物	明显变差
312	大丰麋鹿	江苏	野生动物	明显变差

续表

序号	名称	省份	类型	保护成效分级
313	盐城湿地珍禽	江苏	野生动物	明显变差
314	白水河	四川	森林生态	明显变差
315	大布苏	吉林	地质遗迹	明显变差
316	古海岸与湿地	天津	古生物遗迹	明显变差
317	长江新螺段白鱀豚	湖北	野生动物	明显变差
318	双台河口	辽宁	野生动物	明显变差
319	鄂尔多斯遗鸥	内蒙古	野生动物	明显变差